Proportionen und ihre Mus

Karlheinz Schüffler

Proportionen und ihre Musik

Was Brüche und Tonfolgen miteinander zu tun haben

Karlheinz Schüffler
Mathematik
Heinrich-Heine-Universität Düsseldorf
Düsseldorf, Deutschland

ISBN 978-3-662-59804-7 ISBN 978-3-662-59805-4 (eBook)
https://doi.org/10.1007/978-3-662-59805-4

Die Deutsche Nationalbibliothek verzeichnet diese Publikation in der Deutschen Nationalbibliografie; detaillierte bibliografische Daten sind im Internet über http://dnb.d-nb.de abrufbar.

Springer Spektrum

Einbandabbildung: Egon Boemsch/Adobe Stock
Planung/Lektorat: Annika Denkert

Springer Spektrum ist ein Imprint der eingetragenen Gesellschaft Springer-Verlag GmbH, DE und ist ein Teil von Springer Nature.
Die Anschrift der Gesellschaft ist: Heidelberger Platz 3, 14197 Berlin, Germany

Für meine Enkelkinder
Anthea, Christian,
Helena und Hendrick

Vorwort

…schließlich habe er erkannt, dass nicht nur in dieser modulatio (musica) die Zahlen herrschen, sondern sie überhaupt alles erst vollenden

Augustinus (de ordine XIV, aus (5), S. 124).

Zu allen Zeiten gab es Zahlen, von denen ein geheimnisvoller Zauber ausging. Sind es heute vielleicht gigantische Primzahlmonster, die uns in ihrer unvorstellbaren Größe dem unerreichbaren Rand des Begreifbaren näherbringen wollen, sind es in den Zeiten der erwachenden Analysis die Irrationalitäten und Transzendenzen berühmter Zahlen wie π und e sowie das Reich der Funktionen, so waren es in den vielen Jahrhunderten des Altertums vor allem die – zu Höherem auserwählten – Zählzahlen unserer Erfahrungswelt. Mit den Zahlen Eins, Zwei und Drei verbinden sich Kulturen und Religionen; kaum ein Märchen, ohne dass nicht irgendwie die Sieben ihr Spiel treibt; und die zwölf Apostel sind gewiss nicht das einzige Beispiel für die Wichtigkeit, die diese Zahl für sich beansprucht. Und erst die Zahl Sechs: Sie ist die Summe ihrer echten Teiler – und daher vollkommen und überhaupt die Allererste dieser Art!

Wir können getrost annehmen, dass es ehedem unter den Zahlen zu einem – sicher nicht gefahrlosen – Gezänk um die unangefochtene alleinige Bedeutsamkeit gekommen sein muss. Über den Ausgang dieses Streits ist Verlässliches zwar nicht bekannt – wir haben jedoch gute Gründe zur Annahme, dass sich manche unter ihnen besonnen und erkannt haben, dass sie gemeinsam – möglicherweise – noch zu ganz anderen Sachen fähig seien. Die „1" hatte dies ja bereits im Anfang ihres (S)eins erkannt: Verbindet sie doch von alters her die *rationes arithmetica* ($1{:}n$) mit den *rationes harmonia* ($n{:}1$).

▶ *So haben sich vier Zahlen zusammengetan und beschlossen, die musica theoretica zu gründen:* 6 – 8 – 9 – 12.

Diese vier Zahlen hatten nämlich als Erste erkannt, dass sie noch eine ganz andere Vollkommenheit als Schatz hüten konnten, als wenn sie alleine geblieben wären: Die beiden inneren durften sich arithmetisches und harmonisches Mittel der beiden äußeren nennen. Und sie entdeckten spannende Zaubereien: Wenn sie sich in ihrer Proportion zur Königin Eins umkehrten, also von der arithmetischen Welt in die harmonische Welt wechselten, vertauschten die inneren unter ihnen ihre Medietätenrollen: Aus arithmetisch wurde harmonisch und aus harmonisch wurde arithmetisch. Was sie aber noch als höheres Geheimnis hüteten, war ihr Glaube, dass sie untereinander wahrlich in gerechten Beziehungen zueinander lebten. Da sie nämlich in die Zukunft schauen konnten, waren sie sich eines Zahlenunwesens sicher, welches sich geometrisches Mittel nannte und welches den Platz zwischen den beiden inneren beanspruchte. Ein tapferer Mann aus Gerasa – Nicomachus hieß er – erzählte ihnen nämlich, dass ebenso wie die äußeren zu diesem Zahlenunwesen die umgekehrte Proportion besäßen, so dies auch für die beiden inneren der Fall sei.

Neidisch ob all dieser vollkommenen Symmetrie beschloss die „10", zumindest gelegentlich um Aufnahme in diesen Bund zu ersuchen, was ihr auch bisweilen und dann unter Vorbehalt tatsächlich gewährt wurde – wenn auch nicht von dem großen Pythagoras. Aber dafür erkannten andere Große, wohin ihr Beitrag zur musica theoretica letztendlich führen konnte.

So ist die Harmonia perfecta maxima 6:8:9:12 entstanden, und unter der Mitwirkung der 10 – die den Titel einer contra-harmonischen Medietät bekam und die es auch noch schaffte, ihre vordere geometrische Proportionale als kleine contra-arithmetische Schwester in den Bund hineinzuschmuggeln – begründete die Harmonia perfecta maxima das, was man später diatonische Musik der reinen Oktaven, Quinten und Terzen nannte.

Wir unternehmen in diesem Buch einen Streifzug durch diejenige Verbindung der beiden Kulturwissenschaften **Mathematik** und **Musik,** die von alters her und zu allen Zeiten zu all dem führte, was zur Grundlage der Musiktheorie der Töne, Intervalle, Klänge und Skalen geworden ist. Dies ist die Lehre von den

- **Proportionen und ihrer Konsonanz,**

die in ihrer Jahrtausende währenden Allianz das ganze Gebäude der Begriffe und ihrer lebendigen Verankerungen untereinander hervorgebracht hat.

Das Buch wendet sich sowohl an **Mathematiker** als auch an **Musiker** – vor allem aber auch an **kulturhistorisch interessierte Leser.** Ebenso hoffen wir, dass auch der **schulische Betrieb** hilfreiche Impulse nutzen möchte, die wir in der Konzeption des Textes eingearbeitet haben.

- Für die **„Mathematiker"** bietet das Buch eine neue, umfassende Darlegung der antiken Proportionenlehre, ihrer Axiomatik und den daraus erwachsenen Gesetzen. Gleichzeitig ergibt sich hieraus ein neues interessantes Anwendungspotential durch die Vernetzung mit musiktheorischen Beispielen.
- Für die **„Musiker"** bietet das Buch diejenigen fachlichen Hintergründe, aus deren Gesetzmäßigkeiten sich die Theorie der Skalen, der Akkorde und vor allem anderen: der Begrifflichkeiten nachhaltig verstehen lässt; dabei geben wir auch den Belangen

der Orgel und ihren aus den Proportionen heraus geborenen Klangfarben einen großen Raum. So empfehlen wir insbesondere den **Studierenden,** den Zugang zu den grundlegenden theoretischen Begrifflichkeiten ihres Faches auch durch eine von der Mathematik geleiteten Herangehensweise nutzen zu wollen.

- Für die **„kulturhistorisch Interessierten"** möchten wir einen Einblick in die Lebendigkeit des Beziehungsgeflechts beider Wissenschaften geben, welche seit der Antike bis in unsere heutige Zeit im Fokus heftiger Diskussionen stand und noch immer steht.
- Insbesondere empfehlen wir die Lektüre denjenigen **Lehrerinnen** und **Lehrern,** welche beispielsweise im Rahmen von gesonderten Leistungskursen ihrer Fachgebiete auch querverlaufende – und deshalb besonders akzeptanzbehaftete wie einprägsame – Anwendungsbereiche mit ihren Schülerinnen und Schülern erarbeiten möchten.

Aus **mathematischer Hinsicht** ist es nämlich erfahrungsgemäß eine enorme Hilfe zu sehen, dass sich hinter manch „grauer Rechentheorie" eine aber gerade genau hierdurch verstehbare und beschreibbare Praxis befindet – in unserem Fall eben die Vielzahl der Klangkonstrukte.

Aus **musikalischer Sicht** ist es umgekehrt nicht wirklich falsch, wenn zu den musikfachlichen Ebenen der Tonleitertheorien auch auf Mathematik beruhende Elemente hinzutreten, welche nicht nur dem Verstehen hervorragende Dienste erweisen, sondern auch – zusammen mit anderen – dem Fach „Musiktheorie" neben seinem künstlerischen Genuss auch die Attitüde einer Wissenschaft mit all den dazugehörigen Merkmalen verleihen.

▶ *Kurzum: Dieses Buch ist der Mathematik der antiken Proportionenlehre gewidmet; dabei entwickeln wir die Thematik aus den Prinzipien und Belangen der ebenfalls antiken Musiktheorie; wir beschreiben die Theorie in der Umgangssprache unserer heutigen Mathematik – und wir wählen alle unsere Anwendungsbezüge und -beispiele ausschließlich aus dem Bereich der Musik und ihrer Theorie der diatonischen und nicht-diatonischen Strukturen und Konstruktionen. Leitfaden unserer Ideen ist die Harmonia perfecta maxima.*

Danksagung

Dem Verlag Springer Spektrum und seiner Chef-Lektorin, Frau Ulrike Schmickler-Hirzebruch, sowie ihrer Mitarbeiterin, Frau Barbara Gerlach, danke ich aufs Herzlichste für die Übernahme des Buches in das Verlagsprogramm; dabei schließe ich sehr gerne Frau Dr. Annika Denkert und Frau Stella Schmoll – beide vom Verlag Springer Spektrum – in den Dank mit ein: Annika Denkert hat die Betreuung der Herausgabe dieses Buches von Ulrike Schmickler-Hirzebruch übernommen, und Stella Schmoll hat dabei die redaktionstechnischen Belange bis hin zum Druck überwachend gesteuert. Danken möchte ich ebenfalls meinem früheren Studenten, Herrn Sascha Keil, für seine treue Mitarbeit und mannigfache Hilfe bei technischen Umsetzungen; mein Freund und Kollege Stefan Ritter hat sich um die eine oder andere Abbildung verdient gemacht, auch ihm danke ich herzlich. In den letzten Phasen der Entstehung hat mich meine Frau eher selten gesehen; dabei war ich weniger getrieben durch äußere Fristvorgaben – nein, je tiefer ich in diese beiden, miteinander verbundenen, antiken Welten eintauchte, umso spannender fand ich den Drang, all diese Dinge zu ergründen – wobei es mir auch ein vordringliches Anliegen war, altes Wissen, das sich in kaum les- und verstehbaren Literaturen und nur unter großen Mühen finden lässt, in unserer modernen Sprache generalisierend und neu aufzubereiten, um dabei dem Spieltrieb freien Lauf zu lassen, neue Dinge zu erobern.

Meinen Leserinnen und Lesern danke ich, wenn sie mich bei diesem – durch die Wissenschaft der Mathematik gesäumten Weg – in die antike Welt der Musiktheorie begleiten möchten.

Düsseldorf und Willich
im März 2019

Karlheinz Schüffler

Einleitung

Die Göttin Harmonia sei wegen der himmlischen Harmonie die Tochter des Jupiters gewesen und der Venus wegen des Vergnügens…

Remigius
(aus [5], S. 129)

Schon seit der frühen Antike gehörten die beiden Wissenschaften Mathematik und Musik zum Kreis der „Künste" – nämlich zu den „Septem artes liberales":

- **geometria, arithmetica, astronomia und musica**

waren ehedem das, was das antike Weltbild als „die Wissenschaften und ihre Kultur" ansah. Dabei war die musica – nicht wie gemeinhin angenommen – die Kunst des Musizierens: Vielmehr bestand sie in der Beschreibung der **Gesetzmäßigkeiten von Tönen** und ihren Beziehungen untereinander mithilfe der Gesetze der Arithmetik ganzer Zahlen. Man unterschied sehr genau zwischen

- **musica theoretica und musica practica;**

und die Erstere galt als mathematische Wissenschaft; sie hatte die Lehre der Konsonanzen zum Gegenstand. Diese waren aber wiederum als „Proportionen der monochordischen Teilungen" festgelegt.

▶ *Deswegen verwundert es nicht, dass uns – bei Lichte besehen – sehr viele Grundbegriffe musiktheoretischer Art in einem mathematisch erscheinenden Gewand begegnen: „Halbtöne, Ganztöne, Oktaven, Septimen, Quinten, Terzen, Sekunden, Quintenkreis" – das sind einige wesentliche Dinge des strukturellen Instrumentariums der Skalenlehre. Auch das Wort **„harmonisch"** begegnet uns – zunächst scheinbar getrennt – in beiden Disziplinen; es ist dort allerdings auch tatsächlich in – mehreren – profunden Bedeutungseinheiten verankert.*

Genau genommen hat also die einzigartige Verbindung von Musik und Mathematik ihre frühhistorische Verankerung in dem Zusammenspiel der **Lehre der „consonantiae“ und der Lehre der „proportiones“.**

Denn tatsächlich ist die historische „Musiktheorie“ – insbesondere diejenige der griechischen Antike – eine fortwährende, stete Diskussion rund um die Konsonanzen; hierbei ist sie ebenso äußerst feingliedrig wie leider aber auch uneinheitlich mit manchen gegensätzlichen Begrifflichkeiten und Ansichten. Diese Konsonanzen wurden zwar – wie erwähnt – einerseits und ursprünglich als Proportionen gewisser (erlaubter) Verhältnisse an Saiteninstrumenten gewonnen, woraus die griechische Bezeichnung *„chordōn symphōnia“* (Zusammentönen von Saiten) stammt. Andererseits jedoch dominierten Zahlenspiele, Verhältnisse über die „musica practica“.

Es handelt sich dabei in der Hauptsache um die **„Lehre der Proportionen“,** wie man sie bei Aristoteles (384–322 v. Chr.) und Euklid (330–275 v. Chr.) beschrieben findet. Wie eng diese Proportionenlehre mit der musica – also der Lehre der consonantiae – verbunden war, erkennt man daran, dass sie ursprünglich mit Pythagoras als eine rein musikalisch motivierte Intervall- und Skalenlehre startete; sie ging dann über in eine mathematische Zahlenproportionenlehre und wurde schließlich in ihrer abstraktesten Form – bei welcher sogar eine Abstraktion von Zahlen auf Mengen interpretierbar ist – im Wesentlichen von Eudoxos (408–347 v. Chr.) entwickelt.

▶ *Es zeigt sich nämlich, dass der Vergleich jeglicher „Größen, Magnituden“, auf einem Proportionenbegriff beruht, welcher allein die natürlichen Zahlen kennt und mit ihnen die Kommensurabilität jener Magnituden beschreibt. Dabei besteht der Kern der antiken „Kommensurabilität“ in der Annahme, je zwei vergleichbare Dinge seien stets kommensurabel – will sagen: Es gibt immer eine Einheit, so dass beide Magnituden sich jeweils (ganzzahlig) aus dieser Einheit zusammensetzen.*

Diese Annahme war – noch zu Zeiten des Pythagoras und lange danach – ein Gesetz, und eine Infragestellung konnte schlimm enden. Für uns ist sicher klar, dass die Forderung nach Kommensurabilität gleichwertig zur alleinigen Existenz rationaler Zahlen war – Irrationalitäten waren – sozusagen per Dekret – nicht vorhanden. Dabei hätte doch die Diagonale im Einheitsquadrat diesen Irrtum beseitigen können: Weil dort nun mal die Diagonallänge $\sqrt{2}$ beträgt und diese Zahl nicht in der Form n/m geschrieben werden kann, ist die Kommensurabilität von $\sqrt{2}$ mit 1 nicht gegeben. Bezeichnenderweise hat man diese Zahlen immer als „nicht angebbare Größen“ genannt.

Die **Lehre der Musik** entsprach also der **Lehre der Proportionen der Töne** – wobei letztere durchaus frei von einem physikalischen Existenzgewand war. Dabei können wir auch die Analogie (Gleichheit) von

- **„Proportion zweier Töne“** und **„Intervall“**

verwenden. So entsprechen der pythagoräischen (reinen) Quinte die (antik-notierte) Proportion 2:3, der Oktave die Proportion 1:2 und der Prim die Proportion 1:1. Während nun

Pythagoras seine Musik ausschließlich aus diesen drei Bausteinen mittels Aneinanderfügen („Adjungieren, Iterieren") schuf und außer diesen drei (Prim-) Zahlen 1, 2 und 3 und daraus „abgeleiteten Zahlen" nichts anderes als erlaubt zuließ, begegnen wir in der griechischen Tetrachordik mit ihren dorischen, phrygischen, (mixo-) lydischen und vielen anderen Skalen unglaublich bizarren Intervallproportionen. So kennt beispielsweise die phrygische Skala des Archytas von Tarent (im 4. Jh. v. Chr.) das winzige Enharmonion mit der Proportion 35:36 – also vom Rang eines knappen Vierteltons – als „konsonantes" Intervall, offenbar die Primzahl 7 mit sich führend – ein Beispiel von vielen.

Sowohl im Bereich musikalischer Konstruktionen als auch in der Arithmetik der Proportionen selber spielt das „Aneinanderfügen" von Proportionen zu sogenannten

- **Proportionenketten**

eine zentrale Rolle; kommen wir doch so – auf die Musik übertragen – zu Akkorden und Skalen. Eine ganz besonders bemerkenswerte Verflechtung entsteht für diese Proportionenketten, wenn noch zusätzlich die klassischen Mittelwerte („Medietäten") ins Spiel gebracht werden: Bereits das Reich der allseits bekannten

- **babylonischen Mittelwerte („arithmetisch – harmonisch – geometrisch")**

bietet schon von ganz alleine eine Fülle von höchst interessanten Symmetrien zwischen Proportionenketten und ihren Umkehrungen, den „Reziproken", und dieses Beziehungsnetz kann noch erheblich umfassender beschrieben werden, wenn wir diese und noch weitere – in der Antike als eigene Wissenschaft angesehenen –

- **Medietäten (Mittelwerte)**

in die Betrachtung miteinbeziehen. Um ein einfaches Beispiel zu nennen:

▶ Die arithmetisch gemittelte Proportion der Quinte $2:3 \cong 20:30$ liefert die reine **große** Terz $20:25 \cong 4:5$, die harmonisch gemittelte Proportion 20:30 liefert dagegen die reine **kleine** Terz $20:24 \cong 5:6$. Fazit: Dur und Moll der reinen Diatonik sind geboren; die Proportionenkette des diatonischen Moll-Dreiklangs ist die „Reziproke" der Proportionenkette des Dur-Dreiklangs.

Die Antike kannte in ihrer Proportionenlehre an die zehn Medietäten – man ahnt, dass sich ein musiktheoretisches Spiel mit Intervallen, Skalen und deren Akkorden in einer eigenen Welt unerschöplicher Beziehungen öffnet.

Zur Kapitelübersicht

In **Kap.** 1 **(Proportionen)** beginnen wir mit einigen Betrachtungen über die Ursprünge der Verbindungen von Mathematik und Musik – soweit es im Rahmen der Proportionenlehre von Bedeutung ist. Dann beginnt eine – auf den historischen Begriffen aufbauende – Proportionenlehre. Wir entwickeln hierbei das Regelwerk antiker Rechengesetze aus einem Minimalvorrat gegebener „plausibler" Grundregeln, denen die Rolle von „Axiomen" zugedacht werden kann und die man in historischen Beschreibungen ausmachen kann. Das Kapitel schließt mit einem Abschnitt über die Proportionenfusion, der Proportionengleichung schlechthin und ihrer Algebra.

Das **Kap.** 2 **(Proportionenketten)** stellt alle konstruktiven Elemente des Hantierens mit Proportionen und die dazu notwendigen Regeln und begründenden Theoreme her. Proportionenketten sind von Hause aus Zusammensetzungen mehrerer Proportionen zu einer komplexeren Konstruktion. Wir entwickeln dann dank einer Struktur spendenden Algebra und vermittels der mathematischen Begriffe wie

- Ähnlichkeit,
- Umkehrung,
- Symmetrie,
- Adjunktion

eine ordnende Systematik für Proportionenketten. Ein musikalisches Pendant dieser Konstruktionen sind dann Intervalle, Skalen und ihre Akkorde. Und genau diese ordnende Proportionenalgebra ist auch für entsprechende Anwendungen in diesen musikalischen Bereichen verantwortlich. Von besonderem Reiz ist dabei das Zusammenspiel von **Symmetrie** und **Umkehrung;** im **Proportionenkettentheorem** wird diese Algebra umfassend und in einer möglichst allgemeinen Form gezeigt.

Das **Kap.** 3 **(Medietäten)** ist den Mittelwerten gewidmet. Zunächst stellen wir die drei historisch-abstrakten und in der Literatur auch gerne genauso vorfindbaren Beschreibungsmöglichkeiten für „Mittelwerteproportionen" vor, die wir dann durch die **„babylonische Medietätentrinität"**

- **geometrisch – arithmetisch – harmonisch**

mit den Theoremen des **Nicomachus** und **Iamblichos** verbinden, welche in der damaligen Musiktheorie mit der Beschreibung der **„Harmonia perfecta maxima"** im Falle des pythagoräischen Oktavkanons ihre perfekte universelle Bedeutung erlangt hatten, und wir stellen die allgemeine Fassung dieser wichtigen Symmetrieprinzipien vor, welche zeigt, dass all jene ehedem bestaunten Zahlenspielereien allgemein und naturgegeben sind.

Das Bemühen, Akkord- und Skalenstrukturen unmittelbar aus Mittelungen vorhandener Proportionen zu gewinnen, führte zu weiteren – heutzutage weitgehend unbekannten – Medietäten, wie zum Beispiel zum „contra-harmonischen Mittel" oder zum „contra-arithmetischen Mittel" oder zu „höheren vorderen, mittleren oder hinteren Proportionalen" und manch anderen tieferen Geheimnissen. Im Zentrum dieser Mathematik stehen das Theorem über **die Symmetrie der 3. Proportionalen** und das Theorem über **die Symmetrie der klassischen Mittelwerte,** welches die aus diesen

Mittelwerten gebildeten – meist dreigliedrigen – Proportionenketten hinsichtlich ihrer Symmetrie- und Ähnlichkeitseigenschaften und ihrer Verwandtschaften untereinander sowie ihre Berechnungsformeln beschreibt. Es folgt dann ein Abschnitt, welcher die **geometrische Medietät** als „Machtzentrum" aller Mittelwerte charakterisiert. Wir stellen die wichtigsten Symmetriemechanismen dieser zweifellos wichtigsten Medietät in einem zielorientierten Theorem über **die Harmonia perfecta maxima abstracta** vor. Dann schließt sich das Theorem über **die Harmonia perfecta maxima diatonica** der reinen Diatonik an, in welchem wir alle Symmetrien allgemeiner fünfstufiger musikalischer Proportionenketten beschreiben und beweisen.

Im **Kap.** 4 **(Proportionenfolgen babylonischer Medietäten)** gehen wir zunächst auf die grundsätzlichen Möglichkeiten ein, gegebene Proportionen oder Ketten zu arithmetischen, geometrischen oder harmonischen Ketten zu erweitern. Hierauf folgt nun eine Diskussion der **Contra-Medietätenfolge,** welche sich als eine Mittelwertfolge zu einer exponentiellen Proportionenparameterfamilie definieren lässt. Die Contra-Medietäten zeigen eine tiefere innere dreifach strukturierte Symmetrie, welche sich dem gemeinsamen (!) geometrischen Mittel unterordnet, sofern man diese unendliche Medietätenfolge entsprechend ordnet.

▶ *Hier haben wir sicher Neuland betreten, und der Blick auf die in manchen Spezial-Literaturen in biblischen Ausmaßen beschriebenen musikalischen Intervallverhältnisse aller unendlich vielen möglichen Contra-Medietäten kann gewiss von unserer strafferen mathematischen Beschreibung profitieren.*

Der zweite Schwerpunkt besteht in einer Vorstellung des Iterationsverfahrens für **babylonische Medietätenfolgen** – mit dem Ergebnis, dass wir zweiseitige Proportionenkettenpaare mit unendlich vielen Gliedern erhalten – mit der bemerkenswerten Feststellung, dass ihre Magnituden allesamt auf einer Kurve – der **Hyperbel des Archytas** – liegen und darüber hinaus die Symmetrien gewöhnlicher endlicher babylonischer Proportionenketten bis in ihre verästelten Unendlichkeiten weiterführen – eine **Harmonia perfecta infinita** ist erreicht – und zwar sowohl für die babylonischen Medietätenfolgen als auch für die Contra-Medietätenfolgen.

▶ *Dieses Theorem über die „Harmonia perfecta infinita" verkörpert gleichzeitig eine ebenso inspirierende wie einzigartige Verbindung von Analysis und Geometrie einerseits sowie antiker Musiklehre und ihrer modernen Theorie andererseits, und es stellt das mathematische Zentrum unseres Textes dar.*

Schließlich gehen wir im letzten **Kap.** 5 **(Die Musik der Proportionen)** auf eine Vielzahl von Anwendungen der gefundenen Symmetrien rund um Proportionenketten und ihrer Harmonia perfecta maxima im Bereich der Intervalle, Akkorde und Skalen ein.

Wir starten mit den Gesetzen von Saite und Ton – jenem unverzichtbaren Instrument **„Monochord"**, welches die Verbindung schlechtin von ***hörbaren, aber nicht messbaren mit messbaren, aber nicht hörbaren*** Proportionen darstellt.

Die Proportionenkettenlehre begleitet uns dann in die Vorstellung einiger musikalischer Tonsysteme – wie dem pythagoräischen, dem diatonischen und den sogenannten ekmelischen Systemen.

▶ Großen Wert haben wir auf die Entwicklung der **antiken Intervalle** und ihrer Gesetzmäßigkeiten aus den Rechenregeln der Proportionenlehre gelegt, und ganz besonders bieten wir eine systematische Entdeckung, ein Kennenlernen und den übenden Gebrauch aller signifikanten Ganz-, Halb- und Vierteltöne sowie der Kommata der Enharmonik aus dem Proportionengedanken und seinen Gesetzen an.

Der Zusammenhang von Musik und Proportionen wird auch gerne in der **Akkordik** gesehen: Die Proportionenkette 4:5:6 des Dur-Dreiklangs liefert in ihrer Reziproken 10:12:15 – wie schon erwähnt – den Moll-Dreiklang; dass hierbei auch das arithmetische Mittel 5 (der Zahlen 4 und 6) zum harmonischen Mittel 12 (der Zahlen 10 und 15) wechselt, überrascht uns allerdings nach der Lektüre des zentralen Theorems über die Symmetrien der Medietätenketten sowie des Theorems von Nicomachus nicht mehr.

Eine außerordentliche Rolle beim Aufbau jeglicher Skalen, angefangen bei den altgriechischen sowie den Kirchentonarten über die Temperierungen des Bach-Zeitalters und schließlich bis hin zum vereinfachten Dur und Moll unserer Zeit, spielen die **Tetrachorde** – jene Elemente, welche die Quart als aus drei Stufen aufgebaute viertönige Skalen charakterisieren. Aus diesen Strukturen lassen sich darüber hinaus auch die Architekturen **gregorianischer** und **kirchentonaler** Formen beschreiben. Der Abschnitt **Modologie** greift diese Thematik auf. Ein Steilkurs begleitet die Leser vom Universaltonsystem der Antike, dem **„systema teleion“** und seinen Oktochorden, hin zu den griechischen und den **Kirchentonarten.**

Und im letzten Abschnitt **(Proportionen und die Orgel)** erklären wir die für die Orgelmusik typische und für Organisten äußerst relevante **Register-Fußzahl-Arithmetik (Orgelregisterkalkül),** einschließlich des Phänomens akustischer „32-Fuß-Bässe“ und ähnlichen trickreichen mathematischen Anwendungen auf akustische Proportionen. Dadurch ist es eher möglich, dass wir ein neues Verständnis für die Farbigkeit einer gegebenen Orgel in ihrer Eigenschaft als orchestrales Instrument mit seinen schier unendlich vielen Klangmöglichkeiten gewinnen.

▶ *Auch diese Arithmetik der Orgelregister ist ursprünglicher Natur und durch die Proportionenvorstellung von Intervallen und Klangkombinationen definiert.*

Abgerundet wird dieses spezielle Thema durch einige Beispiele aus der spannenden realen Welt der **Dispositionen** dieses Instruments.

In einem **Anhang** befindet sich unter anderem auch eine Nachschlagetabelle fast aller antiken Intervalle der Diatonik mit ihren Proportionenmaßen, ihren Frequenz- und Centmaßen. Auch haben wir diejenigen vier Funktionen hinzugefügt, deren graphische

Verläufe sowohl die Mittelwertbeziehungen als auch die Symmetriegesetze der Harmonia perfecta dann auch dem Auge als einprägsame Elemente der Theorie anbieten.

Schließlich: Unsere Darlegung wird dabei durchaus gebräuchliche Formen mathematischer Lektüre nutzen, die neben einer üblich gewordenen Schreib- und Bezeichnungsweise auch darin besteht, Begriffe – vor allem die entscheidenden – dort, wo es möglich ist, definitorisch (einigermaßen) scharf zu fassen und alle Fakten wie deren interne Zusammenhänge, Entdeckungen und Folgerungen in einem vertrauten geordneten System von Definitionen, Sätzen (von denen die meisten **„Theoreme"** heißen), ihren Beweisen sowie hilfreichen Bemerkungen und **musikalischen Beispielen** zu präsentieren. Tatsächlich haben wir ganz bewusst auf andere – insbesondere geometrisch motivierte – Anwendungen der Proportionenlehre verzichtet – sehen wir von einem einzigen Fall einmal ab. So findet der Leser nicht nur im letzten großen Kap. 5, sondern auch die ganze Lektüre begleitend passende Beispiele aus der musiktheoretischen Welt.

▶ **Lesehinweis** Wir möchten auch deutlich darauf hinweisen, dass dieses Buch den unterschiedlichen Interessen wie auch Kenntnissen und Neigungen seiner differenten Leserschaft entgegenzukommen versucht: Wir können uns nämlich sehr gut vorstellen, dass gerade das 5. Kapitel den Einstieg ebenso herzustellen vermag wie der übliche Start im ersten Kapitel – und wer dann nachträglich den mathematischen Dingen auf den Grund gehen möchte, ist durch Zurückblättern sicher bald auf dem gewünschten Erfolgskurs. Gewiss mögen hierzu auch unsere vielfältigen musiktheoretischen Beispiele, die den kompletten Text begleiten, beitragen.

Zum Gebrauch: Proportionenkonvention a:b oder b:a?

Was ist eine Oktave, was eine Quinte?

Wikipedia sagt zum Ersteren: „Als **Oktave** (seltener *Oktav,* von **lateinisch** *octava* ‚die achte') bezeichnet man in der Musik das **Intervall** zwischen zwei Tönen, deren **Frequenzen** sich wie 2:1 verhalten."

In der Tat ist diese „Verhältnisangabe" die überwiegend üblich gewordene Antwort zur eingangs gestellten Frage – und bei der Quinte folgt ebenso die Angabe der Ratio 3:2. Was in der obigen Definition allerdings fehlt, ist die Angabe, auf welche Reihung sich diese Verhältnisangabe bezieht. Haben wir zwei Töne a und b, die eine Oktave bilden – welches Frequenzverhältnis ist dann mit 2:1 gemeint: b zu a oder a zu b (b/a oder a/b)?

Außerdem ist – entgegen der obigen Wikipedia-Definition – ein musikalisches Intervall $[a, b]$ nicht der „Raum zwischen zwei Tönen", sondern es ist das „geordnete Tonpaar (a, b)" selbst. Hierbei ist a ein Startton oder auch Bezugston und der zweite Ton b ist der Zielton.

Frage: Wie ist nun eine Angabe, ein Intervall habe das „Verhältnis" $x{:}y$ – also beispielsweise 1:2 oder 2:1 – zu deuten?

In Vorwegnahme späterer Erklärungen finden wir im Proportionengedanken und seiner symbolischen Verschriftlichung folgendes Konzept: Sind zwei Größen (Magnituden – zum Beispiel Töne) a und b gegeben, dann bedeutet die Proportionengleichung

$$a{:}b \cong 1{:}2$$

(lies „a verhält sich zu b wie (die Zahl) 1 zu (der Zahl) 2"), dass das prägende Merkmal (Tonhöhe, Frequenz, Länge, Inhalt, Gewicht…) der Magnitude b doppelt so groß ist wie dasjenige der Magnitude a. Und es hat ja die dazu äquivalente brucharithmetisch gedeutete Gleichung „$a/b = 1/2$" auch genau die Lösung „$b = 2a$".

Die Frage zur Proportionenangabe ist also die Frage, wie Töne „gemessen" werden. Hierzu gibt es – im Prinzip – die beiden Formen:

A) Die Tonhöhenproportion
Hier verbinden wir (im Grunde jedoch unbewusst) die Frequenz des Tones (das heißt seiner physikalischen Grundschwingung). Schreiben wir das Verhältnis der Schwingungen zweier geordneter Töne (a, b) als Proportion, so folgt, dass das Intervall $[a, b]$ die Proportion

$$a{:}b = \text{ Frequenz von } a\text{: Frequenz von } b$$

hat – wir sprechen von der Tonhöhenproportion.

→ *Die Oktave hat die Tonhöhenproportion* 1:2.

B) Die Monochordproportion (Saiten-/Pfeifenlängenproportion)
Zu allen Zeiten, in denen man von Schwingungen und Frequenzen nichts wusste, wurden Tonbeziehungen in der Regel durch das Längenverhältnis der schwingenden Monochordsaiten gemessen: Haben wir eine eingespannte Saite mit dem Grundton a und verkürzen wir beispielsweise diese Saite auf die Hälfte, so erklingt der neuere Ton b von jeder dieser Hälften „um eine Oktave höher". Das Längenverhältnis der tonerzeugenden Saiten L_a (Grundton) und L_b (Oktavton) steht also im Verhältnis 2:1.

→*Die Oktave hat die **Monochordproportion*** 2:1

Wir haben uns entschieden, in diesem Text durchgängig die **Tonhöhenproportion (A)** zu verwenden. Die Proportionen (2:3), (3:4), (4:5) stehen demnach für reine Quinten, Quarten, große Terzen und so fort. Sagen wir also $a{:}b \cong 1{:}2$, so haben wir hierdurch eine (Aufwärts-) Oktave beschrieben.

Es gibt gleich mehrere Gründe, dies so zu tun, zum einen: Indem wir für ein Tonpaar die Proportion $a{:}b$ notieren, denken wir mehr musikalisch denn geometrisch: Unser geistiges Auge wird (stets) von einer Tastatur begleitet, die ganz spontan und unaufgefordert die Proportion in zwei Töne verwandelt und welche wir uns auch in einer inneren Welt hörbar vorstellen.

Ein zweiter Gedanke stützt diese Wahl auf ganz andere Weise: Die Harmonik – insbesondere die des Altertums – ist die Wissenschaft der Tonbeziehungen, welche sich aus den Proportionen zu den natürlichen Zahlen ergeben. So lesen wir beispielsweise bei [Hans Kayser (10), S. 48 ff.]:

> *Setze ich die Schwingungszahl des Grundtones gleich 1, so schauen wir nach, welche Töne für die Schwingungszahlen 2, 3, 4, 5, 6... herauskommen... Das sind dann die Oktave über dem Grundton* (1:2)*, dann die Quinte über dieser Oktave* (2:3)*, dann die Doppeloktave über dem Grundton* (1:4)*, dann die reine große Terz über der Doppeloktave* (4:5) *und dann darüber noch eine kleine Terz* (5:6)*...*

Aus dem sogenannten Obertonspektrum eines Tons reihen sich die Proportionen in der Form $(1{:}n)$ zur Grundschwingung, und es entstehen folgerichtig die Proportionendarstellungen der Intervalle, die nicht das Verhältnis vom Endton zum Bezugston beschreiben, sondern der verschriftlichten Richtung der Proportion folgen.

Ein dritter Gedanke: Die Harmonik hat weit mehr als nur einfache 1-stufige Proportionen, sondern vor allem mehrgliedrige Ketten zum Gegenstand. So steht die simple Zahlenproportionenkette 4:5:6 für den „Durakkord der reinen Diatonik", genauer: Drei Töne a, b und c bilden einen Durdreiklang, wenn die Ähnlichkeitsgleichung

$$a{:}b{:}c \cong 4{:}5{:}6$$

gilt. Und genauso, wie man von links nach rechts liest, ergibt sich für $a{:}b$ die Proportion 4:5 und für $a{:}c$ die Proportion 4:6, will sagen, b hat das 5/4-fache und c hat das 3/2-fache der Frequenz von a.

▶ *Fazit: Indem wir längere Ketten lesen, sieht das Auge in der Proportionenabfolge simultan die Intervallfolge – ohne dabei die Rollen von End- und Startpunkt vertauschen zu müssen.*

Wir verwenden also im ganzen Buch durchgängig das (Tonhöhen-) Proportionenmaß 1:2 für die Oktave, und entsprechend sind alle durch Zahlenproportionen beschriebenen Intervalle zu interpretieren.

Unberührt bleibt dagegen das „Frequenzmaß" b/a eines musikalischen Intervalls: Es ist ja geradezu genau dadurch definiert, denjenigen Faktor anzugeben, um den die Frequenz eines gegebenen (Grund-) Tons (a) verändert werden muss, damit der Ton b entsteht – dieser Faktor ist offenbar b/a.

▶ *Beim Frequenzmaß eines Intervalls $[a, b]$ steht also der Zielton (b) im Fokus, beim Proportionenmaß (A) dagegen das „Verhältnis von Anfangston zu Endton".*

Aus einer oberflächlichen Sicht ist also das Frequenzmaß scheinbar direkt an die Monochordproportion angebunden: Quinte 3:2 $\leftrightarrow$ Frequenzmaß $3/2$.

Im Übrigen sind beide Formen A) und B) über den musikalischen Wirkmechanismus „aufwärts – abwärts" verbunden: Die Intervalle $a{:}b$ nach A) und $a{:}b$ nach B) haben das gleiche Frequenzmaß – verlaufen jedoch in entgegengesetzte Richtungen. So ist etwa das Intervall 2:3 nach A) eine reine Aufwärtsquinte, während das Intervall 2:3 gemäß B) eine reine Abwärtsquinte beschreibt.

Um all dies in einem abschließenden Beispiel zu illustrieren, betrachten wir die im Altertum berühmte Proportionenkette des **„Senarius"**,

$$1{:}2{:}3{:}4{:}5{:}6,$$

jenem Proportionen-Urelement aus den Primzahlen (1), 2, 3 und 5, aus dem alle **„emmelisch"** genannten Intervalle entstanden. Intervalle, zu deren Proportionen auch andere Primzahlen außer 2, 3 und 5 als Faktoren benötigt werden, heißen übrigens **„ekmelische"** Intervalle. Wenn wir Noten hierüber schreiben, so ergeben sich bei gegebenem Start c_0 die in reiner Stimmung gespielten Töne $c_0 - c_1 - g_1 - c_2 - e_2 - g_2$, und wir lesen von links nach rechts (von Ton zu nächstem Ton) **und** konkordant zur Proportionenkette die Stufenintervalle ab:

Oktave (1:2), Quinte (2:3), Quarte (3:4), großeTerz (4:5), kleineTerz (5:6), was dem Notenbild

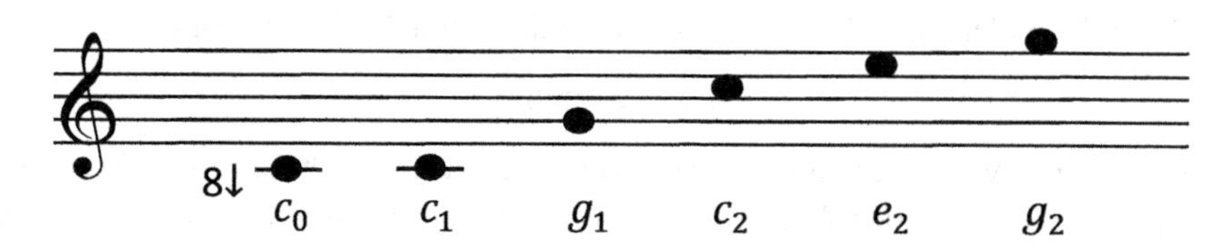

entspricht. Wir hoffen, dass diese Lesart der schnelleren Erfassung dient, weil sie geradezu perfekt an das Konzept der Proportionenreihen angelehnt ist.

Inhaltsverzeichnis

1 Proportionen

> *Die Harmonie besteht aus Tönen und Intervallen, und zwar ist der Ton das Eine und Selbige, die Intervalle sind das Anderssein und der Unterschied der Töne, und indem sich dies mischt, ergeben sich Gesang und Melodie…*
>
> Aristoxenes
> (aus [5], S. 79)

Es besteht kein Zweifel: Kaum ein anderer Begriff wie derjenige der „Proportion" begleitet die musikalische Theorie der Intervalle – also auch der Tonabstände – mit allen ihren Bedeutungen. So lesen wir allenthalben, dass

„das Intervall der reinen Quinte im Verhältnis 2:3 steht",
„die Oktave durch die Bedingung 1:2 definiert ist"

und so fort. Beinahe alles, was mit Skalen, ihren charakteristischen Merkmalen und Unterscheidungen zusammenhängt, wird allgegenwärtig durchzogen von einer Sprache, welche sich – indem sie zu präzisen Beschreibungen aussagen will – in der Terminologie der „Proportionen" rundum bedient.

In diesem Kapitel stellen wir ein Fundament des Rechnens mit Proportionen vor. Wir beginnen mit einer an manchen antiken Vorstellungen orientierten Einordnung diverser mathematisch-musikalischer Begriffe. Dann entwickeln wir aus diesen Vorstellungen den **Proportionenbegriff** und stellen eine an die klassisch-antike Denkweise angelehnte **Axiomatik der Rechengesetze** – genannt „die Proportionenlehre" – vor, welche vor allem in den Theoremen 1.1 und 1.2 zentriert ist. Dabei verankern wir die Proportionenlehre auf Grundregeln, welche zu dem Katalog antiker Rechenregeln führt. Schließlich gehen wir auch auf die **Multiplikation von Proportionen** ein, indem wir sie als Prozess einer Verschmelzung **(Fusion)** zweier (oder mehrerer) Proportionen ansehen – was musikalisch der Schichtung von Intervallen zu einem neuen Intervall entspricht.

K. Schüffler, *Proportionen und ihre Musik*, https://doi.org/10.1007/978-3-662-59805-4_1

1.1 Arithmetica und Harmonia – die Genesis

Leider ist von der griechischen Musik – der ältesten Quelle der abendländischen Kultur – nur theoretisches Material (Schriften) erhalten – ganz im Gegensatz zur Architektur, zur Bildhauerei, zur Malerei, zur Münz- und Gemmenkunst sowie zur Dichtkunst. Gäbe es nur ein einziges Hörbeispiel – wie viel aufschlussreicher wäre ein solcher Glücksfall über die Art und Weise, wie Musik verstanden wurde. Gewiss: Das Wissen über antike Instrumente lässt uns zwar gleichwohl vieles hierüber erahnen und als gesichert erkennen – wie sich das aber wirklich in der antiken „musica practica" anfühlte, gibt uns noch reichlich Raum für fantasievolle Vorstellungen und Recherchen. Und eine bloße theoretische Beschreibung der musikalischen Vorgänge könnte uns vielleicht nur sehr eingeschränkt nutzen. Und doch: Je mehr wir über die metrischen Daten der „musica theoretica" wissen, umso mehr können wir uns – auch dank moderner Technik – in die Klangstrukturen der „musica practica" hineinhören.

Eine chronologisch geordnete Liste bedeutender älterer schriftlicher Abhandlungen musiktheoretischer Informationen enthält viele bekannte Namen – wie zum Beispiel

- Aristoteles (4. Jh. v. Chr.): 19. Kapitel der „Problemata" und 5. Kapitel des 8. Buches der „Republica"
- Aristoxenes (Schüler des Aristoteles, Ende 4. Jh. v. Chr.): drei Bücher: Elemente der Musik
- Euklides (3. Jh. v. Chr.): Einleitung in die Musik sowie die Teilung der Saite
- Philodemus (1. Jh. v. Chr.): Über die Musik
- Plutarch (1. Jh. n. Chr.): Schrift über die Musik
- Aristides Quintilianus (2. Jh. n. Chr.): Werk über die Musik (in drei Bänden)
- Claudius Ptolemäus (2. Jh. n. Chr.): Harmonik (drei Bücher)
- Juliu Pollux (2. Jh. n. Chr.): Instrumentenkunde
- Theo von Smyrna (2. Jh. n. Chr.): Mathematische Beschreibung der Musik
- Nicomachus von Gerasa (60–120 n. Chr.): zwei Bücher über Musiktheorie
- Anitius Manlius Severinus Boethius (6. Jh. n. Chr.): fünf Bücher über Musik
- Michael Constantin Psellus (11. Jh. n. Chr.): Das Quadrivium
- Manuel Bryennius (14. Jh. n. Chr.): Harmonik.

Auf der anderen Seite ist es so, dass unsere heutige Auffassung von Musik – nämlich als eine unmittelbar der akustischen Ästhetik sich offenbarende Kunst – keineswegs zu jenen Zeiten Bestand hatte: Musizieren und Musikwissenschaft muss man als beinahe gänzlich getrennte Bereiche ansehen. Während nämlich das Musizieren auf den damaligen Instrumenten wie Flöten, Lyren und dergleichen als Tätigkeiten niederen Ranges galt und die „Musiker" daher eher am unteren Ende einer Gesellschaftsordnung ihr Brot verdienten, so war die Musiktheorie Teil des **„Quadriviums"** – jener obersten Geisteswissenschaft aus den vier „mathematischen" Disziplinen

- **Arithmetica – Geometria – Astronomia – Musica.**

Diese vier freien Künste standen im Rang sogar noch über denen des **„Triviums"**, das aus den drei philosophischen Künsten

- **Dialectica – Grammatica – Rhetorica**

bestand. Zusammen bildeten sie die **„Septem Artes liberales"**, wie dies die Abb. 1.1 erkennen lässt – die sieben freien Künste, welche noch bis zum Beginn der Neuzeit – zusammen mit der Theologie und der Medizin – das definierten, was man „Wissenschaft" nannte und was folglich die Lehre an allen historischen Universitäten war. In dem Bild der vier mathematischen Künste – also des Quadriviums – ergibt sich eine innere Struktur, welche die Geometrie mit der Arithmetik und die Astronomie mit der Musik als eng verbunden darstellte:

- **Geometria ⇄ Arithmetica sowie Astronomia ⇄ Musica.**

Aus genau dem engen Beziehungsverhältnis dieser Geschwisterpaare schöpft sich schließlich auch der Reichtum der gemeinsamen Begriffswelten. Tatsächlich begegnen wir in den antiken Schriften einer Fülle an Gedanken, in welcher mit einer solchen unerschütterlichen Hingebung der Bedeutung dieser Zusammenhänge gehuldigt wird, dass wir hieraus einen neuen Zugang über „wissenschaftliches" Denken in antiker Zeit gewinnen könn(t) en. Das folgende Zitat von **Aristides Quintilianus** mag als Kostprobe dienen, und wir erinnern ganz kurz an die bereits im Vorwort genannte Harmonia perfecta maxima mit ihren „heiligen musikalischen Zahlen" 6 – 8 – 9 – 12, auf die sich das Folgende bezieht:

> *„…von den musikalischen Zahlen wird gesagt, sie alle seien vollkommene Zahlen und heilig. Ganz besonders gelte dies von der Ration des Ganztones (der grossen Secunde)* 8:9. *Dies Zahlenverhältnis drücke die Harmonie des Weltalls aus; denn der Planeten seien sieben; der Zodiacus bilde eine achte Sphäre hinzu; es zeige sich also die hervorragende kosmische Bedeutung der Neunzahl. Setze man für* 8:9 *aber* 16:18*, so ergebe die Zahl 17 eine gar sinnreiche Zerlegung des Ganztons in zwei Halbtöne. Weil die Zahl 17 aber die arithmetische Mittlere sei zwischen 16 und 18, so deute dieselbe den Urgrund der Verbindung des Mondes mit der Erde an (usw.)…" (aus [6], S. 16).*

Der Motor dieses Beziehungsgeflechts bestand nun darin, dass beinahe alle Formen des Bestimmens, des Beschreibens und des Begründens sich sowohl der Sprache als auch der Elemente der „Proportionenlehre" bedienten, jener Form der damaligen Mathematik, die sowohl die Geometrie wie auch die Arithmetik gleichermaßen durchdrang. Wenn wir beispielsweise an die wohlbekannten **„Strahlensätze" der Geometrie** denken, so haben wir ziemlich gut vor Augen, wie das **Denken in „Verhältnissen"** sich zu einer prägenden Form der Wissenschaften des Quadriviums vollzog. Dieses Denken in Verhältnissen hatte zwar seine eigenen Gesetze samt deren hierauf aufbauenden Regeln – eine verlässliche und allseits gültige Basis konnte – wie sollte es auch – sich dagegen nicht wirklich einstellen.

Abb. 1.1 Die Septem Artes Liberales. (Aus dem „Hortus deliciarum" der Herrad von Landsberg, 12. Jahrhundert) (© akg-images/picture alliance)

In den nachfolgenden Abschnitten dieses ersten Kapitels werden wir deshalb das Rechenregelwerk der Proportionenlehre näher vorstellen.

Worum geht es in der Proportionenlehre?

In der Proportionenlehre werden „Magnituden" verglichen, „ins Verhältnis zueinander gesetzt". Hierbei sind – zuvorderst – zwei Dinge beachtenswert:

Erstens: Wie schon in der Einleitung erwähnt, spielt der Begriff der „Kommensurabilität" eine nicht zu unterschätzende Rolle; er besagt, dass von zwei Magnituden a und b – sollten sie in einer Proportion zueinander stehen (oder: eine *ratio* bilden) – gesagt werden kann:

a verhält sich zu b wie (die natürliche Zahl) n zur (natürlichen Zahl) m.

Wenn wir hierzu schreiben $a:b \cong n:m$, so drückt das Zeichen $\cong$ bereits aus, dass der Bereich des gewöhnlichen Zahlenrechnens hierbei nicht unbedingt vorliegt,

denn man beachtet

zweitens, dass unter den zu vergleichenden Objekten – also jenen Magnituden, die man in eine Proportion zueinander bringt – auch allerlei abstrakte Dinge wie Flächen, Körper, Töne, Winkel usw – und natürlich auch Zahlen – sich einfinden, so dass ein Symbol „$a:b$" nicht zwingend als ein den einfachsten Rechengesetzen gehorchender „Bruch" zu deuten wäre. Tatsächlich kann beobachtet werden, dass sehr subtile Beschreibungen dessen, was

$$a:b \cong n:m$$

sein soll, im Nachhinein auch die überraschende Konsequenz mit sich führen, dass die Kommensurabilitätsforderung mit ihrer folgerichtigen Rationalität aller Zahlenverhältnisse durch eine universellere – den Irrationalzahlen Raum gebende – Argumentationsebene ersetzt werden kann: Die Grenzen der Kommensurabilität werden also doch – vielleicht unbewusst – überschritten, zumindest in dem einen oder anderen Fall.

Die Lehre der Proportionen führte nun unmittelbar zur **Lehre der Medietäten** und ihrer Fülle an „Mittelwerten" **(Medietäten),** die ihrerseits wiederum den Weg der „Arithmetica" und der „Harmonia" – auf die wir noch zu sprechen kommen – hin zur „musica" bestimmten. Zunächst waren das die drei babylonischen Mittelwerte, wie sie vermutlich bereits den Pythagoräern bekannt waren; zumindest gibt es noch in der späten Antike bei Archytas ($\approx$ 430–350 v. Chr.) die Aufzählung der auch als **„babylonisch"** bezeichneten Medietäten

- arithmetisches Mittel,
- geometrisches Mittel,
- harmonisches Mittel.

In der Antike waren diese insbesondere auch als **„musikalische Medietäten"** bekannt; so lesen wir beispielsweise bei Nicomachus von Gerasa:

> *„...dass die Kenntnis der Lehre von den verschiedenen Arten der Medietäten (erstens das arithmetische, zweitens das geometrische und drittens das umgekehrte, das auch harmonisch genannt wird) überaus nothwendig sei für die Naturkunde und die Lehre der Musik, für die Betrachtung der Sphären (die Astronomie) wie der Gesetze geometrischer Messung im Ebenen (also für die gesammte Physik und Zweige des Quadriviums), am meisten aber für das Verständnis der Lesung der alten Schriften..."(aus [6], S. 118 ff.)*

Zu diesen klassischen Mittelwerten, denen man auch in anderen alten Kulturen wie der ägyptischen und der persischen begegnet, kommen noch weitere Medietäten hinzu: zunächst sind dies

- das contra-harmonische Mittel,
- das contra-arithmetische Mittel,

deren Rolle in der reinen Diatonik ganz entscheidend ist. Hinzukommen können schließlich noch einige andere Mittelwerte; das sind zum Teil solche, die aus iterierten arithmetischen und harmonischen Mittelungen – sprich Proportionen – entstehen. In der Antike kannte man (im Großen und Ganzen) zehn Medietäten.

In der **Musiktheorie** sind es aber insbesondere und fast ausschließlich diese fünf zuvor genannten Medietäten, die den diatonischen Tonraum definieren – wobei die geometrische Medietät nur im Hintergrund auftritt, dort aber den Hut aufhat – der spätere Abschn. 3.5 begründet diese Metapher weidlich.

Die Lehre der Musik (musica theoretica)
erwuchs nun ganz aus der Lehre der Proportionen, indem nämlich die Musik als geordneter Kosmos der Grundbausteine **„Intervalle"** begründet wurde, wobei dies alles in der Sprache der Proportionenlehre zum Ausdruck kam.

▶ **Wichtig**
Ein musikalisches Intervall – so würden wir heute sagen – ist ein **geordnetes** Paar zweier Töne *(a, b)*, und die musica theoretica beschreibt das Intervall als eine Proportion dieser beiden Töne (die wir mit unserem heutigen Wissen als das Verhältnis der Schwingungsfrequenzen (von *a* gegenüber *b*) deuten).

Nicht der einzelne Ton – seine absolute „Höhe", Farbe, Frequenz („Schwingungsmasse") und so fort – ist entscheidend, sondern das Verhältnis jener Magnituden von Eingang (Vorderglied *a*) zu Ausgang (Hinterglied *b*) des betrefflichen Intervalls.

Aus Intervallen werden schließlich durch Aneinanderfügen Tetrachorde und Skalen samt ihrer Akkorde gebaut: So entsteht das Gebäude der musica theoretica. Fügen wir auf der anderen Seite Proportionen aneinander, so entstehen Proportionenketten – die Brücke von den Tonskalen und ihren Akkorden zu den Zahlenverhältnissen ist errichtet.

Bei diesen Aufbaumechanismen vom Intervall zur Skala wie auch in der Konsonanztheorie spielt die Lehre der Medietäten in der Tat eine überragend große Rolle: Vermittelt sie doch im elementarsten Zusammenhang den Wechsel

- **Dur** und **Moll** im gewöhnlichen Sinn,
- **authentisch** und **plagalisch** im gregorianischen Kontext

als Zahlenspiel, welches von erstaunlichen Symmetrien begleitet wird. In der Arithmetik zweier aneinander gesetzter Intervalle sind es vor allem die babylonischen Mittelwerte mit ihren Contra-Partnern, welche den Aufbau der griechischen Tetrachordik und der späteren Diatonik bewerkstelligten.

Dabei sind alle diese Medietäten als Proportionenketten definiert, und das musikalische Zusammenspiel ihrer inneren Proportionen untereinander ist in der **Harmonia perfecta maxima** – jener „vollkommensten Harmonie" – am eindrucksvollsten erkennbar:

▶ Die Harmonia perfecta maxima nämlich schöpft ihre beinahe mystische Kraft aus der inneren Symmetrie arithmetischer („authentischer") und harmonischer („plagalischer") Mittelwerteproportionenketten, die wiederum ihre Symmetrien vor allem darin besitzen, dass sie reziprok zueinander sind und dass die geometrische Medietät einen Symmetriemittelpunkt zu allen anderen Medietäten darstellt – unbeschadet, ob jener Mittelwert als rationale Zahl existiert oder nicht.

Wir werden dieser Harmonia perfecta maxima in unserem Text nicht nur sehr häufig begegnen – vielmehr haben wir die Beschreibung der antiken Musiktheorie, so sie denn mit der Proportionenlehre ein wissenschaftliches Zwillingspaar bildet, aus dem Gedanken einer **Harmonia perfecta universale** heraus entwickelt.

Nach dieser kurzen Übersicht beschreiben wir nun, was als Basis musik-mathematischer Elemente im **sprachlichen,** im **philosophischen** wie auch im **arithmetischen** Sinn gelten kann (aber nicht muss). Hierbei können wir – verständlicherweise – nur einen sehr geringen Teil der historischen Betrachtungen berücksichtigen – und selbst dies auch nur im Stile eines Überblicks. Interessierte Leser finden in den weitschweifigen Literaturen einen riesigen Raum und begegnen auch den vielfältigsten Ansichten – mögen sie wissenschaftlich erscheinen, spekulativ oder gar bizarrer, seltsamer Natur sein.

Die Genesis: Arithmetica und Harmonia

Der ganze Reichtum der antiken Intervalle sowie die Lehre der Mittelwerte erschließt sich, wenn das Modell zweier zueinander reziproker Proportionenreihen „Arithmetica" und „Harmonia" allen Überlegungen zugrunde gelegt wird. Dieses Modell finden wir vornehmlich bei [6, 7] vorgestellt, und die äußerst anspruchsvolle Lektüre dieser aus dem 19. Jahrhundert stammenden Untersuchungen entwickelt über viele hundert Seiten eine beispiellose wie auch bewundernswerte Gesamtdarstellung musikalischer Proportionen. Demnach wird betont, dass die beiden Proportionenfolgen

$$1{:}1, 1{:}2, 1{:}3, \ldots \text{ usw. – kurz: } 1{:}n \text{ (Arithmetica)}$$
$$1{:}1, 2{:}1, 3{:}1, \ldots \text{ usw. – kurz: } n{:}1 \text{ (Harmonia),}$$

die wir in unserer heutigen Schreib- und Sichtweise eher mit den beiden Folgen

$$(n)_{n\in\mathbb{N}} = 1, 2, 3, 4, \ldots \text{ (Arithmetica) und}$$
$$\left(\frac{1}{n}\right)_{n\in\mathbb{N}} = 1, \frac{1}{2}, \frac{1}{3}, \frac{1}{4}, \ldots \text{ (Harmonia)}$$

identifizieren, einen (besser: den) wesentlichen Bestandteil der antiken zahlenmystischen harmonikalen Symbolik bilden und in Konsequenz auch zu den Verankerungen der damaligen aristotelischen Philosophie zu rechnen sind.

Anmerkung: Diese beiden Proportionenformen sind auch eine Konsequenz unserer eingangs des Buches im Abschnitt „Zum Gebrauch" erläuterten Sicht- und Notationsweise: Eine Magnitude *(b)*, die mit der Magnitude $a \cong 1$ die Proportion $a{:}b \cong 1{:}n$ eingeht, ist mit der natürlichen Zahl „*n*" identifizierbar; ebenso resultiert aus dem Verhältnis $a{:}b \cong n{:}1 \cong 1{:}\frac{1}{n}$, dass jetzt die Magnitude b als Stammbruch „$\frac{1}{n}$" angesehen werden kann.

Und in der Tat ist die Folge

$$(n)_{n\in\mathbb{N}} = 1, 2, 3, 4, \ldots$$

der Prototyp **aller arithmetischen Folgen,** und diejenige ihrer reziproken Werte, die „Aliquotbruchfolge"

$$\left(\frac{1}{n}\right)_{n\in\mathbb{N}} = 1, \frac{1}{2}, \frac{1}{3}, \frac{1}{4}, \ldots,$$

heißt seit eh und je **„harmonische Folge".** Sicher kann die Beziehung zur Musik als eine Quelle schlechthin für diese Namensgebung angesehen werden.

Diese beiden Proportionenfolgen stehen aus Sicht der Arithmetik – wie auch aus Sicht der Proportionenlehre – sowohl invers als auch reziprok zueinander. Invers: In musikalischer Hinsicht lassen sich invertierte Proportionen als gegenläufige Intervalle deuten: Bedeutet beispielsweise die Proportion 1:2 das Intervall einer Aufwärtsoktave zu einer gegebenen Tonika, so ist ihre Umkehrung 2:1 genau die Abwärtsoktave von dieser gewählten Tonika aus. „Reziprok" bedeutet, dass die Stufenfolge mehrgliedriger Proportionenketten ihre Reihung umkehrt, wenn man von „Arithmetica zu Harmonia" wechselt und umgekehrt – wir beschreiben diesen Prozess ausführlich im 2. Kapitel.

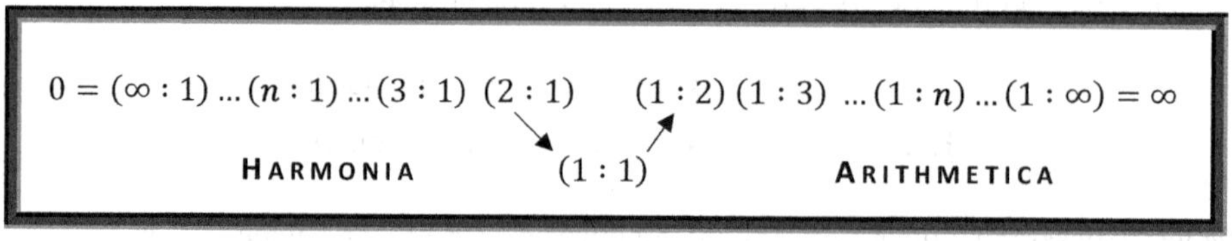

$$0 = (\infty : 1) \ldots (n : 1) \ldots (3 : 1)\ (2 : 1) \searrow (1 : 1) \nearrow (1 : 2)\ (1 : 3) \ldots (1 : n) \ldots (1 : \infty) = \infty$$

HARMONIA (1 : 1) ARITHMETICA

Abb. 1.2 Proportionenmodell des Nicomachus

Das Modell der beiden Reihen Arithmetica und Harmonia, skizziert in der Abb. 1.2, generiert also die musica theoretica und man nennt es das **harmonisch-arithmetische Proportionenmodell** – oder auch **Modell des Nicomachus** (60–120 n. Chr.), der es konsequent „zu Ende führte". Sicher aber geht es über Aristoteles, Platon bis zu den Pythagoräern zurück. Wobei allerdings bei Pythagoras selbst nur solche Proportionen vorkamen, die sich aus den Primzahlen 2 und 3 ableiten ließen.

In diesem Modell hat die „1" – dargestellt als Proportion 1:1 – eine sogar in theologische Dimensionen reichende Sonderstellung; schließlich vereint sie darüber hinaus die Arithmetica mit der Harmonia. Das Modell verbindet letztendlich

> die unbegrenzte Teilbarkeit der Einheit bis ins unendlich Kleine mit der bis ins unendlich Große vermehrbaren Menge der Einheit.
>
> Nicomachus; (siehe von Thimus [I, Anhang S. 12])

Genau genommen liegen in dieser Proportionenarithmetik die inneren Zusammenhänge der Gemeinsamkeiten von Astronomia und Musica des Platonischen Weltbildes.

Wie sehr dieses Modell auch bis in unsere heutige Musiktheorie hineinreicht, möge an folgender Zahlenspielerei – spätere Betrachtungen vorwegnehmend – deutlich werden:

Beispiel

Aus der **arithmetischen** Proportionenreihe entsteht (hier) das **Durgeschlecht:** Die ersten sechs Glieder der Proportionenreihe (der **Senarius**) ergeben den Akkord

$$1{:}2{:}3{:}4{:}5{:}6 \leftrightarrow c_0 - c_1 - g_1 - c_2 - e_2 - g_2,$$

wobei die Indizes Aufwärtsoktavlagen bezeichnen. Das Intervall $c_2 - e_2$ der Proportion 4:5 hat also das Frequenzmaß 5/4 und ist eine reine große Terz, und der Akkord

$$4{:}5{:}6 \leftrightarrow c_2 - e_2 - g_2$$

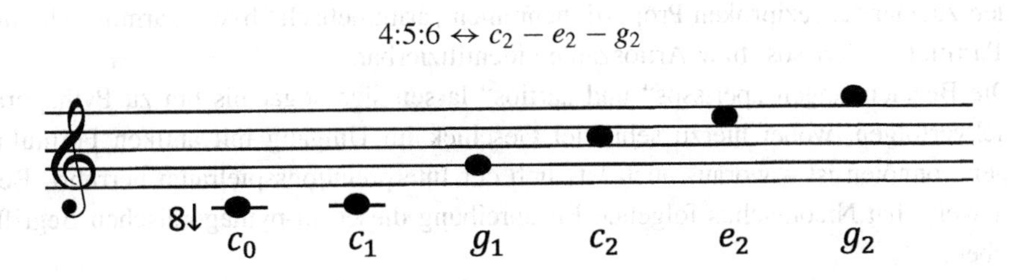

ist demnach ein C-Dur-Dreiklang in der „reinen diatonischen" Temperierung.

Aus der **harmonischen** Proportionenreihe entsteht das **Mollgeschlecht.** Die ersten sechs Proportionen ergeben jetzt den abwärts gelesenen Akkord

$$1{:}\frac{1}{2}{:}\frac{1}{3}{:}\frac{1}{4}{:}\frac{1}{5}{:}\frac{1}{6} \leftrightarrow c_3 - c_2 - f_1 - c_1 - as_0 - f_0.$$

Das Intervall $c_1 - as_0$ ist in der Tat die große reine (Abwärts-) Terz $\frac{1}{4}:\frac{1}{5} \cong 5:4$, und ebenso ist das Intervall $f_0 - as_0$ eine kleine reine (Aufwärts-) Terz im Frequenzverhältnis 5:6, und der aufwärts gelesene Akkord

$$f_0 - as_0 - c_1 \leftrightarrow \frac{1}{6}:\frac{1}{5}:\frac{1}{4} \leftrightarrow \frac{10}{60}:\frac{12}{60}:\frac{15}{60} \leftrightarrow 10:12:15$$

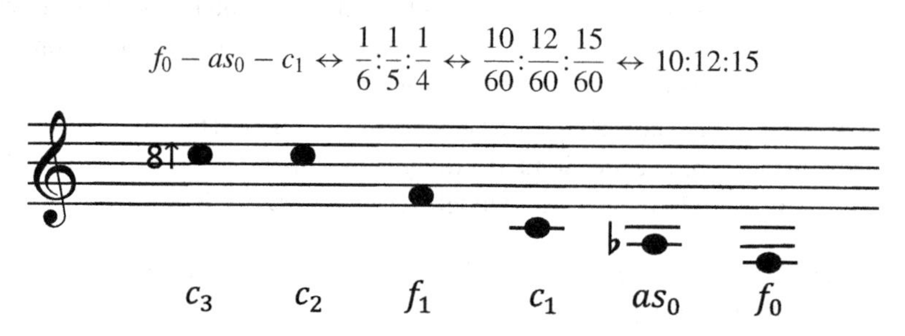

ist der f-Molldreiklang in der ebenfalls reinen diatonischen Stimmung.

Die historischen Zahlenfamilien Perissos und Artios
Die beiden Proportionenfamilien Arithmetica und Harmonia werden nach Auffassung bedeutender Forschungen mit einer Klassifizierung in

- **Perissoszahlen (περισσος)** für die **arithmetische** Proportionenfolge
- **Artioszahlen (ἄρτιος)** für die **harmonische** Proportionenfolge

verbunden – wenngleich diese Zuordnung leider nicht einheitlich gedeutet wird. Vielfach hat man nämlich diese Beschreibung als Zerlegung aller Zahlen in die Partitionen **gerade/ungerade** gedeutet, was aber wohl deswegen unzutreffend sein könnte, weil es keinen Sinn ergäbe, so die Befürworter und Verfechter einer arithmetisch-harmonischen Zahlenharmonik: Viel eher sei ja die Partition aller „konsonanten Proportionen" in die beiden zueinander reziproken Proportionenreihen „arithmetisch" bzw. „harmonisch" mit der Partition in Perissos- bzw. Artioszahlen identifizierbar.

Die Bezeichnungen „perissos" und „artios" lassen sich sogar bis hin zu Pythagoras zurückverfolgen, wobei hierzu sehr viel Geschick im Umgang mit antiken Formulierungen vonnöten ist – woraus auch letztlich der Interpretationsspielraum herrührt. Beispielsweise hat Nicomachus folgende Beschreibung dieser alt-pythagoräischen Begriffe gegeben:

> *Eine Artioszahl ist diejenige, welche den ins Größte und Kleinste demselbigen nach geführten Schnitt annimmt; ins Größte: dem Wie-Großen, ins Kleinste: dem Wie-Vielen nach, gemäß der natürlichen Wechselbeziehung der beiden Gattungen; eine Perissoszahl aber ist diejenige, welche dies nicht ertragen kann, sondern in zwei ungleiche Theile zerlegt wird.*
>
> *von Thimus (I, Anhang von R. Hasenclever, S. 12)*

Auf der Grundlage dieses Modells der arithmetisch-harmonischen Proportionenreihen können wir nun den Begriff der Konsonanz in seiner vermutlich ursprünglichsten Form formulieren:

Definition 1.1 (Konsonanz)
Ein (musikalisches) Intervall – das ist eine Proportion $\alpha{:}\omega$ – heißt **antik-konsonant,** wenn diese Proportion arithmetisch oder harmonisch ist – oder: wenn sie hieraus „abgeleitet" ist. Die Magnituden α, ω sind dann als natürliche (positive ganze) Zahlen anzusehen.

Eine Proportion heißt hierbei **abgeleitet,** wenn sie „Differenzproportion" zweier benachbarter arithmetischer oder harmonischer Proportionen ist (das erläutern wir im Abschn. 1.4).

Damit ist eine Plattform der historischen mathematischen Musiktheorie gefunden: Die ausführliche Diskussion der beiden Proportionenketten Arithmetica und Harmonia und ihrer Ableitungen gestattet – letztlich – die

- Entwicklung der Strukturtheorie der griechisch-antiken Tetrachordik samt ihrer späteren kirchentonalen Skalentheorie
- Verankerung zahlreicher Namen und Begriffe der Tetrachordik und der antiken Tonsysteme.

Die Modelle der musica theoretica
Im Vordergrund dieser antiken **musikalischen Proportionenlehre** und deren praktischer Verdeutlichung stehen folgende drei Modelle,

- **das Monochordmodell,**
- **der Kanon**
- **und die Tetractys,**

welche die Verbindung der Musik mit der Lehre der Proportionen sowohl „visuell" als auch „hörbar" herstellen.

Am **Monochord** – also einer gespannten Saite – werden die Tonhöhen (Intervalle) mit entsprechenden Saitenlängen in Beziehung gesetzt. Bei diesen Experimenten werden Tonverhältnisse durch „Verlängern" oder „Verkürzen" von Saiten gewonnen. Aus diesem Monochordmodell rühren auch manche Namen her, zum Beispiel

$$\text{hemilion} \equiv 1 + \frac{1}{2} \text{ oder epitriton } \equiv 1 + \frac{1}{3}.$$

Bei der um die Hälfte verlängerten Saite (hemilion) ist der alte Ton (der nicht verlängerten Saite) eine Quinte über dem neuen Ton (der verlängerten Saite), und bei der um ein Drittel verlängerten Saite (epitriton) ist dies eine Quarte. Beides kann aus den Monochordregeln des Satzes 5.1 im Kap. 5 sehr schnell hergeleitet werden. Auf die Gesetze der Monochordik gehen wir in diesem Kap. 5 (Die Musik der Proportionen) ausführlich ein.

Der **Kanon** besteht im Grunde ebenfalls „aus einer (aber gelegentlich auch aus mehreren) gespannten Saite, die über ein – in 12 Teile geteiltes – Lineal gelegt ist", so die Schilderung des spätantiken Gaudentius über ein Experiment, welches er Pythagoras zuordnete und welches wir in Abb. 1.3 skizziert sehen. Wir identifizieren dies (meist) mit der zwölfteiligen Zahlenkette

$$1 - 2 - 3 - 4 - 5 - \mathbf{6} - 7 - \mathbf{8} - \mathbf{9} - 10 - 11 - \mathbf{12},$$

aus welcher man die wichtigsten musikalischen Proportionen gewonnen hat. So sind ja mit den Proportionen 6:8, 6:9, 6:12, 8:9, 8:12 und 9:12 bereits alle konstruktiven Elemente der pythagoräischen Musiktheorie enthalten:

- 6:8 steht für die (pythagoräische) Quarte, Epitriton, Diatesseron,
- 6:9 steht für die (pythagoräische) Quinte, Hemiolion, Diapente,
- 6:12 steht für die Oktave, Diplasion oder auch Diapasion,
- 8:9 steht für den (pythagoräischen) Ganzton, Epogdoon, Tonos.

Es werden hierzu also nur die Zahlen 6, 8, 9 und 12 benötigt.

Wie uns die Abb. 1.3 zeigt, gibt es unterschiedliche Modelle des Lautenkanons; allerdings würden die dort gezeigten Gewichtsangaben niemals den angedachten Intervallverhältnissen entsprechen, da diese, die Spannungen und die Gewichte nicht in einem

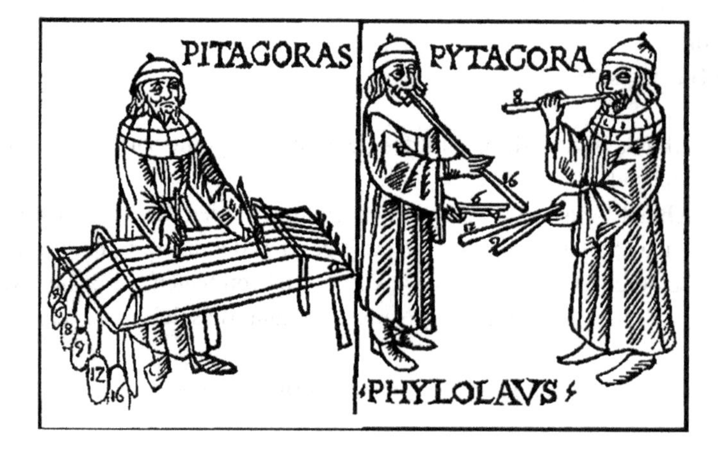

Abb. 1.3 Der Kanon in Bildern (Quelle: Herrmann, Die antike Mathematik)

„linearen“ Verhältnis zueinander stehen: Aus der Mersenne´schen Frequenzformel (siehe [16]) ersehen wir nämlich, dass die Frequenz einer gespannten Saite nicht zur Zugkraft P proportional ist – wohl aber zu deren Wurzel. So führt erst die Vervierfachung des Gewichts zur Verdopplung der Frequenz – also zur Oktave. Ausgehend von der Grundsaite mit 6 Gewichtseinheiten wären die Saite der Quarte dann mit $6 * (4/3)^2 = 32/3$ statt mit 8, die Saite der Quinte mit $6 * (3/2)^2 = 27/2$ statt mit 9 und die Saite der Oktave mit $6 * (2)^2 = 24$ statt mit 12 Gewichtseinheiten zu belasten.

Zu diesem ältesten Kanon

$$6 - 8 - 9 - 12 \; (\textbf{pythagoräischer Kanon})$$

kam dann später der sogenannte diatonische Kanon

$$6 - 8 - 9 - 10 - 12 \; (\textbf{diatonischer Kanon})$$

hinzu, der sowohl die **reine große** Terz 8:10 (≅ 4:5) als auch die **reine kleine Terz** 10:12 (≅ 5:6) enthält. Er geht aus dem pythagoräischen Kanon durch die Hinzunahme der contra-harmonischen Medietät (10) von 6 und 12 hervor, und nimmt man noch den an der geometrischen Medietät „gespiegelten“ Partner – nämlich die contra-arithmetische Medietät 72/10 – hinzu, so gewinnt man – bei Erweiterung um den Faktor 5 – schließlich den vollständigen diatonischen Kanon in ganzzahliger Magnitudenform,

$$30 - 36 - 40 - 45 - 50 - 60 \; (\textbf{vollständiger diatonischer Kanon})$$

Beide neuen Medietäten sind im pythagoräischen Kanon nicht ableitbar. So ist ja gerade die große pythagoräische Terz (der Ditonos) als Summe zweier (pythagoräischer) Ganztöne von der Proportion 64:81, was sich durch die große reine Terz, die wir nun in der Form 4:5 ≅ 64:80 schreiben, um ein sogenanntes „Syntonisches Komma“ 80:81 – einem knappen Viertel eines heutigen Halbtonschrittes – unterscheidet. In dieser keineswegs winzigen Unterschiedlichkeit liegt – verkürzt gesagt – auch genau die innere Ursache zur Theorie der Tonskalen, ihrer Widersprüchlichkeiten samt Defiziten und ihren zahlreichen Formen – von der Mitteltönigkeit bis zur modernen Gleichstufigkeitstemperatur (vgl. [Schüffler, 16]).

Die **Tetractys schließlich** ist zweifellos das *mystischste* Modell der musikalisch-pythagoräischen Zahlensymbolik: Die **pythagoräische Grundgleichung der Musik**

$$\text{Oktave} = \text{Quinte} \oplus \text{Quarte}$$

wird hierbei symbolisch und auf einprägsame Weise mit dem Zahlensystem verbunden.

Die Tetractys – skizziert in der Abb. 1.4 – schafft neben der Verbindung zur Musik auch etliche Verknüpfungen ihrer Basiszahlen zur Mathematik der Erfahrungswelt:

- **Ein** Punkt steht für den **„Punkt“**,
- **zwei** Punkte bestimmen eine **„Strecke“**,
- **drei** Punkte definieren das Dreieck, also die **„Fläche“**,
- **vier** Punkte bilden im Raum ein Tetraeder, somit einen **„Körper“**.

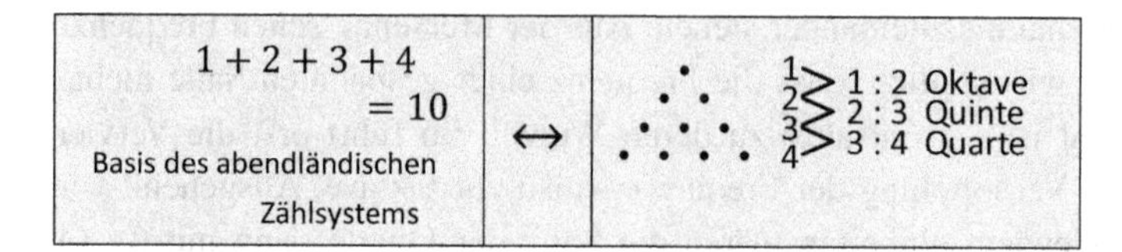

Abb. 1.4 Der musikalische Wirkungsbereich der Tetractys

Damit sind die Dimensionen der Geometrie und deren Objekte durch die Tetractyspyramide symbolisiert. Schließlich werden mit der Tetractys auch religiöse, weltanschauliche Bezüge verbunden – auf die wir hier jedoch nicht eingehen möchten.

Nun wenden wir uns der eigentlichen Proportionenlehre zu.

1.2 Die Proportion und die Ähnlichkeitsäquivalenz

Die „Proportionenlehre" lässt sich in drei gegliederte Phasen einteilen:

1. Die **musikalische Proportionenlehre.** Sie ist die älteste, stammt aus der Ära des Pythagoras (oder früher) und wurde durch Euklid – und später von Ptolemäus – beschrieben und überliefert. In dieser Lehre werden mittels der Tetractys wie vor allem aber auch mittels des Kanons die Intervalle und ihre Verhältnisse untereinander beschrieben.
2. Diese musikalische Proportionenlehre wurde später verallgemeinert und erscheint als **Proportionenlehre der ganzen Zahlen** (also der natürlichen Zahlen). Beschrieben wird dies in den Büchern VII und VIII der *Elemente* von Euklid, und sie ließe sich auch als eine „Algebra der Kommensurabilitäten" – sprich: als Bruchrechnung – bezeichnen.
3. Die allgemeinste Stufe wird jedoch durch die **Proportionenlehre des Eudoxos** erreicht, in welcher nicht nur Zahlen, sondern auch allgemeinere **„Magnituden"** (megethē, horoi, Größen, Quantitäten) in „Proportion" zueinander stehen. Dabei geht hier der Proportionenbegriff sogar über die „Kommensurabilität" – also über die Rationalität – hinaus: Es werden in der Proportionenlehre sogar inkommensurable Größen behandelt, was – unausgesprochen – eine gewisse Vorstufe zu den Irrationalitäten darstellt.

Wenn wir heute ein Verhältnis geschrieben sehen – zum Beispiel eine „ratio" 2:3 –, so verbinden wir ganz von selbst die Assoziationen

$$2:3 \rightleftarrows {}^{3}/_{2} \text{ oder } {}^{2}/_{3} \text{ beziehungsweise } 2:3 \rightleftarrows 1.5 \text{ oder } 0.\overline{6}$$

(je nach Bezugspunkt der Proportion; siehe Abschnitt „Zum Gebrauch“ eingangs des Buches), und erst recht sind im Falle einer allgemeineren „Proportionengleichung“

$$a{:}b = \alpha{:}\beta \text{ – oder besser auch } a{:}b \cong \alpha{:}\beta \text{ –}$$

für zwei Dinge (Magnituden) a und b und mit – meist natürlichen – Zahlen α und β recht unterschiedliche Vorstellungen möglich, und es ist offenbar ein deutlicher Interpretationsspielraum gegeben. Dabei wird schnell klar, dass die obigen drei Ausdrücke durchaus ihre eigenen Bedeutungen und Anwendungsbereiche haben:

- Durch die Symbolik als eine **Proportion „2:3“** wird sehr deutlich, dass hierbei „zwei Dinge verglichen werden“, einerlei, aufgrund welcher spezifischen messbaren Charakteristika dies zu geschehen hat.
- Der Bruch „2/3“ (oder sein Kehrbruch „3/2“) gibt dank seiner Zähler-Nenner-Geometrie immerhin noch Auskunft darüber, dass es eine „Herkunft“ dieses Ausdrucks gibt; er ordnet jedoch dieses Symbol unmittelbar dem Kalkül der Bruchalgebra zu und verliert auf diese Weise etwas von dem typischen Charakter einer Proportion: Sowohl den Vergleich als auch die Beziehungsrolle der Magnituden.
- Der Wert „1.5“ (wie auch dessen Kehrwert $0.\overline{6}$) hat nun völlig den Charakter eines Vergleichs verloren; dagegen ist seine Rolle darin zu sehen, dass er die Proportion einer numerischen Messlatte anvertraut.

Demzufolge liegen – zumindest im Bereich unserer Musik – die Stärken

- der **Proportion** in der Klarheit hinsichtlich des strukturellen Aufbaus („wer mit wem“), ihrer prägenden musikalischen Begriffe und deren Beziehungsgeflecht untereinander,
- der **Brucharithmetik** im ebenso exakten wie auch schnellen Kalkül im Regelwerk des Rechnens mit musikalischen Werten,
- der **Numerik** in Bereichen, wo es sowohl um numerische Datenvergleiche geht, wie aber auch in Bereichen, in denen die Kommensurabilität – und somit auch die Bruch-arithmetik – verlassen werden muss, wie zum Beispiel bei allen Gleichstufigkeitstemperierungen.

Natürlich liegt der Vorteil dieser unterschiedlichen Betrachtungen auf der Hand, der darin besteht, dass wir – je nach Bezug und jedenfalls heutzutage – die Darstellungsweisen wechseln können, zum Beispiel beim Vergleich von Proportionen. Und dass sie sich vergleichen lassen – auch das ist dann jedenfalls ein Kinderspiel, wenn wir die algebraischen bzw. die numerischen Umdeutungen nutzen (vorausgesetzt, die Bruchrechnung wäre wieder bekannt).

Wir wollen uns aber vergegenwärtigen, dass vieles hiervon – Brüche, Kommazahlen und derlei – in der Antike nicht in dieser Prägnanz vorhanden war, wenn überhaupt. Ein eindrucksvolles Beispiel hierzu liefert eine einführende Schilderung der antiken

Proportionenlehre, wie sie etwa von Eudoxos (408–375 v. Chr.) und anderen überliefert wurde und wie wir sie im Buch V von Euklids *Elementen* (330–275 v. Chr.) finden (vgl. [17], B. L. van der Waerden, S. 89 ff.).

Leider findet man bei Euklid selbst keine unmittelbare Definition, in welcher erklärt wird, **was** eigentlich das Verhältnis zweier Größen ist, noch was eigentlich **„Größen"** (Magnituden, horoi) sind; jedoch greifen wir eine Formulierung von Eudoxos auf, um eine erste „Definition" zu formulieren:

Definition 1.2 (Proportion $a{:}b$)
„Zwei Größen a und b (**Magnituden**) stehen in einem Verhältnis (**Proportion, ratio, analogon**), wenn ein Vielfaches der einen die andere übertrifft und umgekehrt."

Wenn zwei Größen a und b eine Proportion bilden, so wird dies durch das Symbol $a{:}b$ ausgedrückt. Die Symbole a, b selber werden – als Bestandteile dieser Proportion – gelegentlich auch mit dem griechischen **„horoi"** bezeichnet. Heute würde man sagen:

Die Größen (Magnituden) a und b bilden eine Proposition $a{:}b$

$$\Leftrightarrow \text{Es gibt } n, m \in \mathbb{N}, \text{ so dass } na \geq b \text{ und } mb \geq a \text{ ist,}$$

wobei das Symbol „$\geq$" passend zu deuten ist (zum Beispiel durch „umfassen"), und man versteht unter der Ungleichung, dass die eine Menge die andere umfasst. Ebenso ist intuitiv die Multiplikation „na" durch „Vielfaches (n-faches) der Magnitude a" erklärt und nicht weiter expliziert. Sind die horoi a und b – wie sehr häufig – nur gewöhnliche Zahlen, so nennt man das analogon $a{:}b$ ein (mathematisches) **logos.** Ist dagegen $a{:}b$ eine **musikalische** Proportion (ein Intervall, und die horoi wären dann Maße für relative oder absolute Tonhöhen), so wird diese auch **diastēma** genannt.

Bemerkungen

1. Diese Festlegungen gehen offenbar gleich in zweifacher Hinsicht über reine Zahlgrößen hinaus: Zum einen betrifft es die Allgemeinheit der Magnituden: Zum Beispiel können geometrische Magnituden (Strecken, Flächen, Körper) auf diese Weise „verglichen" werden. Die Ausdrücke „na" sind dann dabei so zu verstehen, dass von dem Objekt a gleich n Exemplare zusammengefasst werden. Wir erkennen zum anderen, dass auf diese Weise auch Größen, die in einem „irrationalen" Verhältnis zueinander stehen, eine „ratio" zueinander haben können. So gilt beispielsweise im Quadrat der Vergleich

$$\text{Diagonale } d \geq \text{ Seite } s \text{ und 2 Seiten } s \geq \text{ Diagonale } d.$$

2. Es mag vielleicht etwas „pingelig" erscheinen und dem Ruf der Mathematiker, genauer als genau sein zu wollen, in fraglicher Weise dienen: Dennoch sehen wir schon in dieser Definition, wie der Begriff $a{:}b$ eigentlich einzuordnen ist:

▶ *Das Symbol $a{:}b$ steht a priori* ***nicht*** *für einen zu berechnenden Ausdruck, sondern für eine* ***„mathematische Aussage"*** *– nämlich derjenigen, dass zwei Dinge (a und b) überhaupt erst einmal in „Relation" zueinander stehen, „sie bilden eine ratio".*

Zwar wird letztendlich diese Relation beziehungsweise diese Beziehung womöglich durch eine Zahl verkörpert, gleichwohl ist eine „Gleichung" wie beispielsweise

$$a{:}b = 3/2 \text{ oder } a{:}b = 1{,}5$$

nicht sinnvoll, da es sich bei „$a{:}b$" zunächst einmal **nicht** um eine Zahl handeln muss, die gleich einer anderen sein soll. Das gilt selbst auch im Falle von Zahlen – Magnituden: So ist 3:2 eine Proportion und nicht ein eigentlicher Teilvorgang „3 geteilt durch 2" oder umgekehrt.

So erklärt sich die eingangs angesprochene unterschiedliche Betrachtung, die sich in den drei Formen der

- Proportion – als mathematische und berechenbare Aussage,
- Proportion – als Bruchartithmetik und „Teilungsvorgang",
- Proportion – als Numerik und bloße „Zahlenwertangabe"

interpretieren lässt.

Während also die Bedeutung des Symbols $a{:}b$ trotz der vorstehenden Festlegung im Allgemeinen eher nur „intuitiv" erkannt werden kann, wird nun die Frage, wann drei, vier oder mehrere horoi ***analogon*** sind, durch die Festlegung beschrieben, wann zwei analoga ähnlich – oder auch „gleich" – sind. Im Buch V der *Elemente* formuliert Euklid dies so:

Definition 1.3 (Ähnlichkeit von Proportionen und Magnituden)
Vier Größen a und b sowie c und d mögen **paarweise analogon** sein, also beispielsweise die Proportionen $a{:}b$ und $c{:}d$ bilden.

Dann nennen wir die beiden **Proportionen** $a{:}b$ und $c{:}d$ **ähnlich** (oder **gleich**) und schreiben dann $a{:}b \cong c{:}d \Leftrightarrow$ jede der drei folgenden Bedingungen trifft zu:

a) Gilt für zwei Zahlen $n, m \in \mathbb{N}$ $na > mb$, so ist auch $nc > md$.
b) Gilt für zwei Zahlen $n, m \in \mathbb{N}$ $na = md$, so is auch $nc = md$.
c) Gilt für zwei Zahlen $n, m \in \mathbb{N}$ die Beziehung $na < mb$, so ist auch $nc < md$.

Die Größen (horoi) heißen dann ebenfalls **proportional** oder **verhältnisgleich.**

Wenn nun im Zahlenfall der Proportion $a{:}b$ die Teilung a/b entspricht, dann ist statt „ähnlich“ das Wort „gleich“ angemessen, und man praktiziert unmittelbar die verkürzte Beschreibung

$$a{:}b \cong c{:}d \Leftrightarrow a{:}b = c{:}d \Leftrightarrow ad = bc.$$

Im Allgemeinen besteht also der Nachweis der Ähnlichkeit beziehungsweise der Gleichheit zweier Proportionen in der vergleichsweise mühsamen Diskussion aller drei in der Definition beschriebenen Fälle, wobei wir beachten, dass alle Ausdrücke der Form „na“ die schon erwähnte „mengentheoretische“ Bedeutung einer (ganzzahligen) Vervielfachung der Magnitude a haben.

Sowohl der Begriff der „Proportion“ als auch derjenige der „Ähnlichkeit“, welche ja offenbar ein Schritt in eine „Gleichungslehre“ darstellt, gestattet und erfordert simultan eine erste Plattform theoretisch-rechentechnischer Regeln. Es mag dabei sehr wohl sein, dass es hierbei weiter zurückreichende begründende Quellen gibt – gleichwohl räumen wir diesen Grundregeln den Status ein, sie als „Axiome“ ansehen zu wollen, was bedeutet, dass wir sie auch nicht beweisen werden respektive können. Das werden wir in dem folgenden Theorem 1.1 schildern:

Theorem 1.1 (Die axiomatischen Grundregeln der Ähnlichkeit)

1. **Grundregel:** Die Eigenschaft, eine **Proportion** zu bilden, genügt folgenden Gesetzen:
   1. **Reflexivität:** Für alle Magnituden a gilt $a{:}a$.
   2. **Symmetrie:** Bilden a und b eine Proportion, so auch b und a, ihre **Invertierung,**
   $$a{:}b \Leftrightarrow b{:}a.$$
   3. **Transitivität:** Bilden a und b sowie b und c jeweils eine Proportion, so stehen auch a und c in Proportion, symbolisch:
   $$a{:}b \text{ und } b{:}c \Rightarrow a{:}c.$$

   Die Proportionen bilden somit eine **„Äquivalenzrelation“** auf der Menge aller Magnitudenpaare (genauer: auf geeigneten Teilmengen aller Magnitudenpaare), da sie die drei hierzu charakteristischen Eigenschaften Reflexivität, Symmetrie und Transitivität besitzen. Eine weitere Folgerung ist die, dass jede Proportion eine **inverse** Proportion hat (die auch nur bis auf Ähnlichkeiten eindeutig ist):

   $$A \cong a{:}b \Leftrightarrow A^{\text{inv}} \cong b{:}a \text{ heißt eine zu } A \textbf{ inverse Proportion}.$$
2. **Grundregel:** Auch der Begriff **„Ähnlichkeit“** besitzt die Grundstrukturen einer „Äquivalenzrelation“; dies drückt sich in den drei Rechengesetzen
   1. **Reflexivität:** $a{:}b \cong a{:}b$,
   2. **Symmetrie:** $a{:}b \cong c{:}d \Leftrightarrow c{:}d \cong a{:}b$,

3. **Transitivität:** $a{:}b \cong c{:}d$ und $c{:}d \cong e{:}f \Rightarrow a{:}b \cong e{:}f$
aus, die man aus der vorstehenden Festlegung abliest und die für alle Proportionen gültig sind (und meist auch ohne sonderliche Erwähnung stillschweigend angewendet werden).
3. **Grundregel:** Für alle Magnituden a und alle natürlichen Zahlen n haben wir die Ähnlichkeit(en):
Normierung: $a{:}a \cong n{:}n \cong 1{:}1$.

Der Begriff der Proportion ist nun mittels der musikalischen Grundstruktur des Intervalls profund mit der Musik verbunden, und das erläutern wir im kommenden Beispiel:

Beispiel 1.1

Proportionen und musikalische Intervalle

Modern ausgedrückt ist ein musikalisches Intervall I die Gesamtheit aller geordneten Tonpaare, für welche das Verhältnis der beiden Grundfrequenzen f_1, f_2 seiner beiden Töne stets dasselbe ist; und dann ist der Quotient f_2/f_1 dessen Frequenzmaß $|\mathrm{I}|$.

Im Zusammenhang mit der weitestgehend nur auf ganzzahligen Verhältnissen beruhenden historischen Musiktheorie werden Intervalle als Proportionen $a{:}b$ aufgefasst, welche „ähnlich" zu dem (wahren) Frequenzverhältnis $f_1{:}f_2$ sind.

Historisch ist der Frequenzbegriff nämlich ausgeblendet, und wir finden nur eine (zunächst überschaubar erscheinende) Klassifizierung ganzzahliger Proportionen als musikalische Intervalle. Die Wesentlichsten darunter sind:

die Prim (1:1),
die (reine oder auch pythagoräische) Quinte (2:3),
die Oktave (1:2),
der große (pythagoräische) Ganzton „Tonos" (8:9),
der (kleinere) pythagoräische Halbton „Limma" (243:256),
das syntonische Komma (80:81),
das pythagoräische Komma (524 288:531 441).

Eine umfangreiche Liste der überwiegend diatonischen Intervalle finden wir im Anhang.

In der antiken Theorie der Proportionen durchzieht nun ein Begriff – beinahe unsichtbar – fast alle Begrifflichkeiten der damaligen Mathematik: Das ist der Begriff der **„Kommensurabilität"**.

Was versteht man darunter? Nun, es war die als heilig angesehene **pythagoräische Doktrin,** welche – verkürzt gesagt – ausdrückt,

dass alle vergleichbaren Magnituden sich auch ganzzahlig vergleichen lassen, kurz: Stehen a und b in Proportion, so soll es ganze (positive) Zahlen n und m geben, derart, dass die Magnitude $m*a$ der Magnitude $n*b$ entspricht (siehe [3], S. 49 ff.).

Dass dies – aufgrund des weitreichenden Proportionenbegriffs des Eudoxos – im Allgemeinen natürlich nicht zutreffen kann, liegt auf der Hand. Daher widmen wir der pythagoräischen Doktrin eine angepasste Definition:

Definition 1.4 (Kommensurable Proportionen)
Zwei Magnituden a und b heißen **kommensurabel,** falls es zwei *natürliche* Zahlen n und m gibt, so dass eine Proportion der Form

$$a{:}b \cong n{:}m$$

besteht – salopp formuliert: $ma = nb$; wobei die Gleichheitsbeziehung nicht immer Sinn macht – im Gegensatz zur Proportionenbeziehung. Dank der „Kreuzregel" sowie der „Vervielfachungsregel", die wir im folgenden Theorem vorstellen, ist diese Beziehung auch zu der Proportion $a{:}n \cong b{:}m$ und diese wiederum zur Proportion $ma{:}nb \cong 1{:}1$ ähnlich, weshalb diese Formulierungen ebenso als Definitionen dienen könnten.

Bemerkung
Diese pythagoräische Doktrin lässt sich im Rahmen der diskutierten Deutungsmöglichkeiten des Symbols $a{:}b$ auch so interpretieren, dass **alle** Proportionen $a{:}b$ die brucharithmetische Form

$$a{:}b \equiv \frac{m}{n} \text{ beziehungsweise } \frac{n}{m}$$

haben (müssen) und somit durch eine rationale Zahl gekennzeichnet werden.

▶ *Wir wissen jedoch längst, dass diese Wunschvorstellung ebenso falsch ist wie auch ihre Grenzen hat: Die Diagonale im Quadrat steht zu dessen Seiten im nicht-rationalen $\sqrt{2}$-Verhältnis, und das pythagoräische Erkennungszeichen, das regelmäßige 5-Eck, weist erst recht irrationale Verhältnisse auf, vom Verhältnis von Kreisen zu Radien und Quadraten ganz zu schweigen.*

Wir bemerken – die im nachfolgenden Abschn. 1.3 genannten Regeln nutzend –, dass jedoch zumindest die Äquivalenz

$$(m * a){:}(n * b) \cong 1{:}1 \Leftrightarrow a{:}b \cong n{:}m$$

durch die Vervielfältigungsregel zusammen mit der Kreuzregel bewiesen wird.

Im kommenden Abschn. 1.3 warten nun handfeste Rechengesetze auf ihre Entdeckung.

1.3 Die Rechengesetze der Proportionenlehre

Die im vorangehenden Abschn. 1.2 vorgestellten Definitionen (1.2), (1.3) und (1.4) sowie die später folgende Definition (1.5) sind die wichtigsten begrifflichen Elemente der gesamten Proportionenlehre, die sodann darin besteht, eine bunte Palette voller Gesetzmäßigkeiten zu finden – und diese auch nachzuweisen. Im folgenden Theorem listen wir die wichtigsten dieser Regeln auf, wobei wir uns einer modernen Ausdrucksweise bedienen wollen; Kostproben antiker Texte sind angefügt.

▶ **Wichtig**
Interessant ist auch, dass zum Aufbau dieses antiken Proportionenrechnens lediglich zwei bis drei Hauptregeln ausreichen: Diese sind

- die Kreuzregel,
- die Summenregel,
- die Differenzenregel,

– wobei die letztere sich noch aus den ersten beiden gewinnen ließe – und beinahe alle Rechenvorgänge der Proportionenlehre lassen sich mittels dieser Bausteine gewinnen.

Theorem 1.2 (Die axiomatischen Rechenregeln der Proportionenlehre)

1. **Die Kreuzregel:** Bei ähnlichen Proportionen $a{:}b \cong c{:}d$ können sowohl die Innenglieder (b und c) als auch die Außenglieder (a und d) vertauscht werden:

$$a{:}b \cong c{:}d \Leftrightarrow a{:}c \cong b{:}d \Leftrightarrow d{:}b \cong c{:}a.$$

2. **Die Summenregel:** Bei Proportionen $a{:}b$ und $c{:}d$, bei denen die Magnituden a und c einerseits sowie b und d andererseits zu einem „Ganzen" „addiert" oder zusammengefügt werden können – wir schreiben $g := a + c$ und $h := b + d$ – gilt:

$$a{:}b \cong c{:}d \Rightarrow a{:}b \cong (a + c){:}(b + d) \equiv g{:}h.$$

Verallgemeinerung: Diese Regel lässt sich unmittelbar auch auf mehrere Proportionen (mit jeweils addierbaren Magnituden a_k und b_k) verallgemeinern:

$$a_1{:}b_1 \cong a_2{:}b_2 \cong \ldots \cong a_n{:}b_n \Rightarrow (a_1 + \ldots + a_n){:}(b_1 + \ldots + b_n) \cong a_1{:}b_1.$$

3. **Die Differenzenregel:** Bei Proportionen $a{:}b$ und $g{:}h$, bei welchen a ein „Teil" (oder: „Stück") von g und b ein „Teil" von h ist – wozu wir auch $g = a + c$ und $h = b + d$ schreiben und wobei dann $c := g - a$ und $d := h - b$ als „Rest" von a in g sowie d als „Rest" von b in h bezeichnet werden – gilt:

$$a{:}b \cong g{:}h \Rightarrow a{:}b \cong (g - a){:}(h - b) \equiv c{:}d.$$

Bemerkung: (Die Äquivalenz von Summen- und Differenzenregel)
Sowohl in der Summen- wie auch in der Differenzenregel gilt nicht nur die Implikation „$\Rightarrow$", sondern auch die volle Äquivalenz „$\Leftrightarrow$", denn diese beiden Regeln bewirken wechselweise die Umkehrung „$\Leftarrow$" der jeweils anderen Regel. Dann sind beide äquivalent.

Wir fassen auch diese Grundregeln als **„Axiome"** auf, wenngleich sich in den antiken Schriften die eine oder andere „Beweisführung" finden lässt. In erster Linie kommt hierbei beinahe ausschließlich die recht komplizierte definitorische Verankerung des Begriffs „Ähnlichkeit" (Definition 1.3) zum Tragen – ein Zeugnis der überaus scharfsinnigen Argumentationen der antiken Quellen um Eudoxos und Euklid, wenn man die historischen Abhandlungen studiert. Eingedenk einiger vager Verankerungen der Begriffe und deren historischen Gebrauchs sind exakte Beweisführungen jedoch ohnehin sehr problematisch – was an einer soliden Fundierung des Regelwerks aber keinen Zweifel zulässt. Unter Verwendung unserer heutigen Bruchariththmetik wären diese Regeln nämlich mit einfach(st)en Rechnungen evident – würde man sich auf bloße „Zahlenverhältnisse" beschränken. Gleichwohl mögen zwei Bemerkungen zu den Rechtfertigungen des Theorems 1.2 angeführt sein:

1. Bei der Kreuzregel (1) würde es genügen, lediglich die Vertauschbarkeit der Innenglieder zu fordern und zu beweisen (Innenanwendung) – dann ergäbe sich nämlich diejenige der Außenglieder aus Gründen der Symmetrie: Weil ja
$$a{:}c \cong b{:}d \Leftrightarrow b{:}d \cong a{:}c$$
ist, werden aus Außengliedern Innenglieder und umgekehrt. Ansonsten betrachten wir die Kreuzregel jedoch axiomatisch.
2. Die Differenzenregel sieht man als Konsequenz der Summenregel sehr leicht. Zum Beispiel folgt aus der Relation
$$a{:}b \cong (g-a){:}(h-b)$$
durch Addition der linken zur rechten Seite sofort die Relation $a{:}b \cong g{:}h$.

Aus diesen Grundregeln erhalten wir nun die hieraus gewonnenen „Anwendungsregeln":

Theorem 1.3 (Die Anwendungsrechenregeln der Proportionenlehre)
Anwendungsregel 1 (Umkehrregel): $a{:}b \cong c{:}d \Leftrightarrow b{:}a \cong d{:}c$
Anwendungsregel 2 (Austauschregel/Ersetzungsregel/Kürzungsregel): Gilt für zwei Magnituden a und $\widetilde{a}$, dass ihre Proportionen zu einer weiteren Magnitude b ähnlich sind, so sind ihre Proportionen zu allen Magnituden (die mit ihnen in Proportion stehen) ähnlich:

a) **Austauschregel:** $a{:}b \cong \tilde{a}{:}b \Leftrightarrow a{:}c \cong \tilde{a}{:}c$ für alle Magnituden c (mit $a{:}c$ oder $\tilde{a}{:}c$). Hieraus ergeben sich zwei Lesarten, die wir als Regeln aufnehmen:
b) **Ersetzungsregel:** $a{:}1 \cong \tilde{a}{:}1 \Rightarrow a{:}b \cong \tilde{a}{:}b$ für alle Magnituden b, die mit a und $\tilde{a}$ in Proportion stehen. Und die Umkehrung führt zur
c) **Kürzungsregel:** $a{:}b \cong \tilde{a}{:}b \Rightarrow a{:}1 \cong \tilde{a}{:}1$.
Häufige Anwendung: Es gelte eine Ähnlichkeitsbeziehung $a{:}b \cong c{:}d$. Ist dann $\tilde{a}$ eine Magnitude, für die $a{:}\tilde{a} \cong 1{:}1$ ist, so kann a durch $\tilde{a}$ unter Wahrung der Ähnlichkeit ersetzt – also ausgetauscht – werden, symbolisch drückt sich das so aus:
d) **Austauschregel:** $a{:}\tilde{a} \cong 1{:}1 \Rightarrow (a{:}b \cong c{:}d) \Leftrightarrow \left(\tilde{a}{:}b \cong c{:}d\right)$.

Anwendungsregel 3 (Vervielfachungsregeln)
Bezeichnen wir mit dem Symbol $n * a$ das n-fache Zusammenfügen einer Magnitude a, beziehungsweise die n-fache Vergrößerung (Multiplikation), so gelten diese Regeln:

a) Für alle Proportionen $a{:}b$ ist $a{:}b \cong (n * a){:}(n * b)$ für jedes $n \in \mathbb{N}$
b) Sind $m \in \mathbb{N}$ beliebige „Vielfache", so gilt

$$a{:}b \cong c{:}d \Leftrightarrow (n * a){:}(m * b) \cong (n * c){:}(m * d).$$

Anwendungsregel 4 (Kommensurabilität)
Die Eigenschaft der Kommensurabilität überträgt sich auf mehrfache Weise:

a) **Invarianz unter Ähnlichkeit:**
Ist $a{:}b$ kommensurabel und ist $c{:}d \cong a{:}b$, so ist auch $c{:}d$ kommensurabel.
b) **Kommensurabilität ist eine Äquivalenzrelation:**
   i. Für alle Magnituden a ist $a{:}a (\cong 1{:}1)$ kommensurabel (Reflexivität).
   ii. Ist $a{:}b$ kommensurabel, so auch $b{:}a$ (Symmetrie).
   iii. Sind $a{:}b$ und $b{:}c$ kommensurabel so auch $a{:}c$ (Transitivität).

Anwendungsregel 5 (Die „Stückforme(l)n")
Sind X und Y einerseits sowie α und β andererseits jeweils addierbare Magnituden (wobei α und β positive Zahlen sein mögen), so haben wir folgende drei untereinander äquivalente Formen zueinander ähnlicher Proportionen:

a) Form „Stück zum Rest": $X{:}Y \cong \alpha{:}\beta$.
b) Form „Stück zum Stück": $X{:}\alpha \cong Y{:}\beta$.
c) Form „Stück zum Ganzen": $X{:}(X + Y) \cong \alpha{:}(\alpha + \beta)$.

Bevor wir diese Liste aller gebräuchlichsten Rechengesetze aus den Grundregeln heraus begründen, wollen wir erst einmal einige kommentierende Bemerkungen aufzählen.

1. **Historische Interpretationen der Stückformeln:**
   Bezeichnet man mit $X+Y$ das „Ganze", so sei X ein „Stück" des Ganzen und $Y=(X+Y)-X$ ist dann der sogenannte „Rest", und ebenso interpretiert man $\alpha+\beta$, α und β. Die Proportion $X{:}Y$ drückt dann das Verhältnis von **„Stück zum Rest"**, die Proportion $X{:}\alpha$ das **„Stück zum Stück"**-Verhältnis und die Proportion $X{:}(X+Y)$ schließlich dasjenige von **„Stück zum Ganzen"** der beiden horoi-Familien X, Y und α, β aus.
2. **Sprachliche Beschreibungen:**
   Gewöhnlich findet man in den antiken Schriften textliche Einkleidungen all dieser Regeln und Begriffe, deren Übertragung in eine verständliche Umgangssprache nicht selten recht abenteuerlich erscheint; zumindest bekunden sehr viele Forscher jener Schriften, dass bei diesem oder jenem Begriff eine gehörige Portion Fantasie mit einfließen muss, will man brauchbare Regeln verstehen. Solche textlichen – jedoch gut lesbaren – Beschreibungen wären etwa diese:
   1. *„Sind vier Größen verhältnisgleich, dann ist die Proportion der Vorderglieder gleich derjenigen der Hinterglieder"* (Kreuzregel).
   2. *„Sind zwei Proportionen gleich, so auch ihre Umkehrungen"* (Umkehrregel).
   3. *„Zwei Größen, die dasselbe Verhältnis zu einer dritten haben, sind untereinander (verhältnis-) gleich"* (Austauschregel).
   4. *„Sind beliebig viele Größen verhältnisgleich, dann müssen sich alle Vorderglieder zusammen zu allen Hintergliedern zusammen verhalten wie das einzelne Vorderglied zum zugehörigen einzelnen Hinterglied."*
      Das ist die allgemeine Summenregel; die Voraussetzung einer Additionsmöglichkeit wird nicht explizit genannt – wohl aber ihr Zutreffen unterstellt, da die Regel sonst nicht sinnvoll interpretierbar wäre.
   5. *„Verhält sich ein Stück zum Stück wie das Ganze zum Ganzen, dann muss sich auch der Rest zum Rest verhalten wie das Stück zum Stück oder wie das Ganze zum Ganzen."* (Das ist die Differenzenregel respektive eine der Wechselformeln.)
3. Summen- und Differenzenregel sind – dank der Kreuzregel – auch dann anwendbar, wenn in der Ähnlichkeitsproportion $a{:}b \cong c{:}d$ nicht die Magnituden a und c sowie b und d addierbar beziehungsweise subtrahierbar sind, sondern wenn stattdessen dies jeweils für a und b sowie wie für c und d gilt: Dann führt ja die Kreuzregel mittels
   $$a{:}b \cong c{:}d \Leftrightarrow a{:}c \cong b{:}d \cong (a \pm b){:}(c \pm d)$$
   zu den dann gegebenenfalls möglichen Anwendungen dieser Regeln.
4. Die in der Auflistung der Regeln 2) und 3) anzutreffenden Symbole $a+b$ oder $a-b$ zur Bildung neuer Magnituden sind natürlich von Fall zu Fall hinsichtlich ihrer Sinnhaftigkeit zu hinterfragen; Gleiches betrifft die „Gleichheit". Um ein – amüsantes – Beispiel zu geben:

Wenn ein Sechserkarton französischen Rotweins (W) 30 € (P) kostet, könnten wir das im Proportionenkalkül durch

$$W:P \cong 1:1$$

ausdrücken – keineswegs ist aber deshalb $W = P$*, und ebenso wenig wäre die über die Kreuzregel* $W:1 \cong P:1$ *formal mögliche Summenbildung*

$$(W + P):2 \cong W:1$$

sinnvoll – wenn auch „rechentechnisch" nicht falsch.

Die Anwendbarkeit dieser Konstruktionen drücken wir gelegentlich durch **„Addierbarkeit"** beziehungsweise durch **„Subtrahierbarkeit"** der horoi aus.

5. Die bemerkenswerte Austauschregel hat zahlreiche Anwendungen, und sie stellt förmlich einen „Kniff" dar, Proportionen zielgeleitet umzuarbeiten. Wir wollen diese Eigenschaft der „Vererbung der Proportionenähnlichkeiten von einer auf alle Magnituden" durch einen eigenen Begriff festhalten:

Definition 1.5 (Austauschbare, ähnliche Magnituden)
Gilt für zwei Magnituden a und $\widetilde{a}$, dass sie zu einer dritten Magnitude b ähnliche Proportionen besitzen, so gilt diese Eigenschaft hinsichtlich aller anderen Proportionen c (welche zumindest mit einer von ihnen, a oder $\widetilde{a}$, eine Proportion bilden). Wir nennen dann a und $\widetilde{a}$ **austauschbar.** Es gelten dann folgende untereinander äquivalente **Austauschbarkeitskriterien, Ersetzungskriterien:** Es sind gleichwertig

1. a und $\widetilde{a}$ sind austauschbar,
2. $a:b \cong \widetilde{a}:b$ für irgendeine beliebige Magnitude b,
3. $a:b \cong \widetilde{a}:b$ für alle Magnituden b (für welche $a:b$ und $\widetilde{a}:b$ existieren),
4. $a:\widetilde{a} \cong b:b$ für eine beliebige Magnitude b,
5. $a:\widetilde{a} \cong 1:1$.

Zu sagen, dass a und $\widetilde{a}$ „gleich" wären, wie vor allem die Bedingung 5) suggeriert, ist dagegen im Allgemeinen weder sinnvoll noch korrekt noch hilfreich – ausgenommen im „Zahlenfall", wenn nämlich a und $\widetilde{a}$ wirkliche rationale oder reelle Zahlen sind.

6. Warum konnten wir in dieser fast beiläufig erwähnten Forderung innerhalb dieser Definition 1.5 – „welche zumindest mit einer von ihnen, a oder $\widetilde{a}$, eine Proportion bilden" – uns mit dem „oder" begnügen? Nun, die Antwort ist: Aus $\widetilde{a}:b$ folgt $b:\widetilde{a}$, und wegen $a:b$ gilt dann nach der Transitivität auch $a:\widetilde{a}$. Steht nun eine Magnitude c mit a in Proportion, gilt also $a:c$, so steht sie auch mit $\widetilde{a}$ in Proportion – wiederum aufgrund der Transitivität.

Zum Beweis von Theorem 1.3

1. Die Umkehrregel folgt durch zweimalige Innenanwendung der Kreuzregel:

$$a{:}b \cong c{:}d \Leftrightarrow a{:}c \cong b{:}d \Leftrightarrow b{:}d \cong a{:}c \Leftrightarrow b{:}a \cong d{:}c.$$

2. Die Austauschregel sehen wir so: Sei also $a{:}b \cong \tilde{a}{:}b$, dann folgt nach der Kreuzregel $a{:}\tilde{a} \cong b{:}b$, und weil für alle Magnituden $c{:}c \cong b{:}b$ gilt (was unmittelbar aus der Definition der Ähnlichkeit hervorgeht), folgt wiederum mit der Kreuzregel und der Transitivität der Ähnlichkeit die Behauptung:

$$a{:}\tilde{a} \cong b{:}b \cong c{:}c \Leftrightarrow a{:}\tilde{a} \cong c{:}c \Leftrightarrow a{:}c \cong \tilde{a}{:}c.$$

   Die verschiedenen Formen sind hierbei leicht ineinander überführbar.

3. Die Vervielfachungsregeln ergeben sich so: Weil $a{:}b \cong a{:}b$ für jede Proportion ist, führt die n-malige Addition der linken zur rechten Seite zu der Ähnlichkeit

$$a{:}b \cong n * a{:}n * b,$$

   und der Teil *a*) ist bewiesen. Wenden wir dies auf die Ähnlichkeit $a{:}c \cong n * a{:}n * c$ an, so finden wir die Regel *b*) mit der folgenden raffinierten Anwendung der Kreuzregel sowie der Transitivität der Äquivalenzbeziehung:

$$a{:}b \cong c{:}d \Leftrightarrow a{:}c \cong b{:}d \cong n * a{:}n * c \cong b{:}d \Leftrightarrow n * a{:}b \cong n * c{:}d.$$

   Wir erhalten also als Zwischenergebnis den Spezialfall, dass wir die „Zähler-horoi" einer Ähnlichkeitsproportion simultan ver-n-fachen können. Unter Anwendung der Umkehrregel folgt nun der Rest, wobei jetzt der Vergrößerungsfaktor der neuen Zähler-horoi die vorgegebene Zahl $m \in \mathbb{N}$ sei:

$$n * a{:}b \cong n * c{:}d \Leftrightarrow b{:}n * a \cong d{:}n * c \Leftrightarrow m * b{:}n * a \cong m * d{:}n * c$$
$$\Leftrightarrow n * a{:}m * b \cong * c{:}m * d.$$

4. Alle Regeln, welche die Kommensurabilität betreffen, folgen aus den bereits bestehenden Gesetzen, zum Beispiel die Transitivität: Seien also

$$a{:}b \cong n{:}m \text{ und } b{:}c \cong k{:}j$$

   kommensurable Proportionen mit natürlichen Zahlen *n, m, k* und *j*. Dann können wir beides nach der Kreuz- und Vervielfachungsregel so schreiben:

$$ma{:}n \cong b{:}1 \text{ und } kc{:}j \cong b{:}1.$$

   Also folgt aufgrund der Transitivitätseigenschaft der Ähnlichkeit, dass dann auch

$$ma{:}n \cong kc{:}j \Leftrightarrow a{:}c \cong kn{:}mj$$

   gilt, was nichts anderes als die Kommensurabilität von $a{:}c$ bedeutet.

5. Auch die Stückformeln sind eine unmittelbare Anwendung der drei Regeln des Theorems 1.2, denn mit der Kreuzregel sind gleichwertig

$$X{:}Y \cong \alpha{:}\beta \text{ und } X{:}\alpha \cong Y{:}\beta,$$

und addiert man zur rechten Seite die linke, entsteht der äquivalente Ausdruck

$$X{:}\alpha \cong (X+Y){:}(\alpha+\beta),$$

den wir wieder mit der Kreuzregel zur Relation

$$X{:}(X+Y) \cong \alpha{:}(\alpha+\beta)$$

zurückformen, wobei bei der Rückrichtung die Differenzenregel ins Spiel kommt.

1.4 Die Proportionenfusion

In diesem Abschnitt behandeln wir den Prozess des Zusammenfügens **zweier Proportionen** zu einer neuen **Proportion.** Im theoretischen Umgang, im Rechnen und in der musikalischen Anwendung ist dieser Prozess – **die Fusion** – omnipräsent. Sie entspricht

- in der Musik dem **Zusammenfügen** zweier Intervalle zu einem neuen **Intervall,**
- in der Mathematik einem **„Produkt“** zweier Proportionen.

Um mit einem simplen Beispiel zu beginnen: Fügen wir an eine reine große Terz der Proportion 4:5 eine kleine reine Terz der Proportion 5:6, und starten wir realiter mit einem Grundton *c* (der Tonika), so ist die Terz durch *e* gegeben; die darauf gesetzte kleine Terz führt zum Ton *g*. Der Ton *e* ist Endton der großen Terz und Anfangston der kleinen Terz, und indem wir ihn löschen, entsteht das große Intervall einer Quinte von *c* nach *g*. Kurz: Das Zusammenfügen von $A = 4{:}5$ und $B = 5{:}6$ ergibt das Ergebnis $4{:}6 \cong 2{:}3$. Für diesen Vorgang verwenden wir dann die Symbolik

$$A \odot B = 4{:}5 \odot 5{:}6 \cong 4{:}6.$$

Die im nächsten Kap. 2 eingeführte **Proportionenketten-„Adjunktion“** $A \oplus B$ enthält hingegen im Unterschied zu der vorstehenden „Fusion“ noch alle Zwischenproportionen: Für das vorstehende Beispiel wäre

$$A \oplus B = 4{:}5{:}6,$$

und dann ließe sich $A \odot B$ als die „äußere“ – oder totale – Proportion dieser Kette erklären.

Musikalisch steht also die Komposition $A \oplus B$ für einen „Akkord“, nämlich beispielsweise für den C-Dur Dreiklang *c – e – g,* während das Symbol $A \odot B$ für das durch die Schichtung beider Intervalle erreichte Gesamtintervall (hier: *c* – *g*) steht: Beide Intervalle sind dank ihrer „Verschmelzung“ zu einem einzigen geworden.

Die folgende Definition legt die Dinge nun allgemein fest – wobei wir uns auf den Fall gewöhnlicher Zahlenproportionen und ihren hierzu ähnlichen Proportionen beschränken wollen.

Definition 1.6 (Produkt oder Fusion von Proportionen)
Für zwei Zahlenproportionen $A = a{:}b$ und $B = c{:}d$ sei $A \odot B$ die Klasse aller zur Proportion $ac{:}bd$ ähnlichen Proportionen, was durch

$$A \odot B \cong ac{:}bd$$

ausgedrückt wird. Wir nennen $A \odot B$ die **„Fusion der Proportionen A und B"** – aber auch der Ausdruck **„Produkt der Proportionen A und B"** ist geläufig.

Allgemeiner seien X und Y Proportionen, welche zu Zahlenproportionen A und B ähnlich sind, und dann sei $A \cong X$ und $B \cong Y$. Dann definiert man

$$X \odot Y := A \odot B.$$

Somit ist die Fusion auch für alle abstrakten, jedoch zumindest zu Zahlenproportionen ähnlichen Proportionen – und das sind in erster Linie die kommensurablen Proportionen –, definiert.

▶ Interpretiert man alle Proportionen in brucharithmetischer Form, so erklärt sich das Symbol $\odot$ einfach als Multiplikationssymbol „Zähler mal Zähler zu Nenner mal Nenner". Man beachte aber, dass hierzu auch alle zu *(ac:bd)* ähnlichen Proportionen zählen; dies entspricht einer Erweiterung der brucharithmetischen Darstellung der Proportion.

Im folgenden Satz listen wir die wichtigsten Regeln für das Rechnen mit Fusionen auf; alle Beweise sind dabei unmittelbare Folgerungen aus der Definition und basieren auf einfacher Bruchrechnung, und wir übergehen hier die Details.

Theorem 1.4 (Rechenregeln der Proportionenfusion)
Die Fusion $\odot$ ist eine Operation, welche auf der Menge aller Zahlenproportionen (oder zu diesen ähnlichen Proportionen) definiert ist und im Ergebnis wieder eine Zahlenproportion erbringt.

1. **Invarianz unter Ähnlichkeit:** Sind $A_1 \cong A_2$ und $B_1 \cong B_2$ paarweise ähnlich, so gilt:

$$A_1 \odot B_1 \cong A_2 \odot B_2.$$

2. **Algebraische Regeln:** Die Fusion genügt den algebraischen Regeln einer Gruppe:
   1. Es gilt das Assoziativ-Gesetz $(A \odot B) \odot C \cong A \odot (B \odot C)$.
   2. Es gilt das Kommutativ-Gesetz $A \odot B \cong B \odot A$.
   3. Die Proportion $E \cong 1{:}1$ ist neutrales Element: $A \odot E \cong E \odot A \cong A$.

4. Jede Proportion A hat hinsichtlich der Fusion $\odot$ eine Inverse (A^{inv}):
   Ist $A \cong a{:}b$, so ist auch genau die „inverse" Proportion $A^{\text{inv}} \cong b{:}a$ diese Inverse hinsichtlich des Fusionsprozesses respektive hinsichtlich des Produkts.

$$A \odot A^{\text{inv}} \cong A^{\text{inv}} \odot A \cong E.$$

Folgerung 1: Für mehrere Zahlenproportionen $A_1 \cong a_1{:}b_1, \ldots, A_m \cong a_m{:}b_m$ kann man deren Produkt – beziehungsweise deren Fusion – wohldefiniert festlegen:

$$A_1 \odot \ldots \odot A_m \cong (a_1 * \ldots * a_m){:}(b_1 * \ldots * b_m).$$

Speziell ist also für den Fall, dass alle Proportionen gleich – besser: ähnlich zu einer gegebenen Proportion $A \cong a{:}b$ – sind, die **m-fache Fusion von** A die Proportion

$$A \odot \ldots \odot A = (\odot A)^m \cong a^m{:}b^m.$$

Sie entspricht der äußeren (oder Gesamt-) Proportion, die entsteht, wenn m gegebene musikalische Intervalle aufeinandergeschichtet würden. Dieser formale Ausdruck kann auch auf negative Exponenten – geschrieben $(-m)$ – sinnvoll ausgedehnt werden, wenn wir die Proportion A durch ihre Inverse ersetzen:

$$(\odot A)^{-m} = (\odot A^{\text{inv}})^m \cong b^m{:}a^m.$$

Folgerung 2 (Ähnlichkeitsproportionengleichungen): Es seien A und B gegebene Proportionen. Dann ist die – bis auf Ähnlichkeit – eindeutige Lösung der Gleichung

$$X \odot A \cong B \text{ (Ähnlichkeitsproportionengleichung)}$$

genau durch alle zur Proportion $A^{\text{inv}} \odot B$ ähnlichen Proportionen gegebenen. Kurz:

$$X \odot A \cong B \Leftrightarrow X \cong A^{\text{inv}} \odot B.$$

Dieser Fusionsprozess könnte sicher auch allgemeiner gefasst werden, so wie auch die im nächsten Kap. 2 diskutierte Kettenkonstruktion im Falle geeigneter Voraussetzungen über den Fall gewöhnlicher Zahlenproportionen hinaus erweitert wird. Hierzu würde man folgende zwei Forderungen als erfüllt voraussetzen:

Es seien $A = a{:}b$ und $C = c{:}d$ zwei Proportionen, für welche die Magnituden der einen mit denen der anderen ebenfalls Proportionen eingehen. Nach der 1. Grundregel reicht dazu, dass lediglich eine Magnitude von A mit einer Magnitude von C eine Proportion eingeht – dann setzt sich das auf die anderen fort. Eine zweite Forderung wäre nun die, dass es jeweils sowohl zu A als auch zu C ähnliche Proportionen $\widetilde{A} = \widetilde{a}{:}\widetilde{b}$ und $\widetilde{C} = \widetilde{c}{:}\widetilde{d}$ gibt, so dass deren Verbindungsmagnituden ($\widetilde{b}$ und $\widetilde{c}$) in einer 1:1 -Proportion stehen, will sagen: $\widetilde{b}{:}\widetilde{c} \cong 1{:}1$. Dann ließe sich die Proportion $\widetilde{a}{:}\widetilde{d}$ als das

Produkt von A und C definieren, und dann wäre $\widetilde{a}:\widetilde{d}$ als „Fusion" der zu A und C ähnlichen Proportionen $\widetilde{A}$ und $\widetilde{C}$ deutbar.

Man ahnt aber, dass in dieser Allgemeinheit bereits die für das Produkt genannten elementaren Rechenregeln des voranstehenden Satzes eine kompliziertere Angelegenheit wären. Für die Praxis reicht es völlig aus, die Fusion für Zahlenproportionen zur Verfügung zu haben, und über den Ähnlichkeitsprozess sind ja ohnehin schon weitreichende abstrakte Erweiterungen möglich und ohne jegliche Zusatzüberlegungen in ähnlich unkomplizierter Weise, wie es für Zahlen der Fall ist, anwendbar.

Wir fügen jetzt einige Beispiele musikalischer Konstruktionen an:

Beispiel 1.2

Fusionen für iterierte Intervallschichtungen

Gemäß der Regel des vorstehenden Satzes für die Schichtung mit einem Grundintervall – respektive mit einer gegebenen Proportion – ergeben sich die musikalischen Intervalle:

1. (Quinte 2:3) $\odot$ (Quinte 2:3) $\cong$ None 4:9.
2. Oktaviert man diese None um eine Oktave ab, so entsteht der pythagoräische Ganzton „Tonos" zur Proportion 8:9, denn dies ist die Fusion (None 4:9) $\odot$ (Oktave 1:2)^{inv} = (4:9) $\odot$ (2:1) = Tonos 8:9.
3. (Tonos 8:9) $\odot$ (Tonos 8:9) $\cong$ pythagoräische Terz „Ditonos" 64:81.
4. Tonos $\odot$ Tonos $\odot$ Tonos = ($\odot$Tonos)^3 = „Tritonos" $\cong 2^9:3^6$.

Der Tritonos (oder auch Tritonus) besteht also aus drei (hier: pythagoräischen) Ganztonschritten. Mit diesem Intervall kann sehr bequem der leitereigene Halbton der pythagoräischen Oktavskala – das Limma – berechnet werden: Wenn wir uns die Differenz von Tritonus zur Quinte vorstellen, so ist das Ton-Modell *c* – fis – *g* weniger geeignet; vielmehr sollten wir „gregorianisch" denken: Auf weißen Tasten ist die totale Proportion der Spanne

f – g – a – h beziehungsweise fa – sol – la – si (gregorianische Notation)

in pythagoräischer Quinten-Stimmung genau der vorstehend gebildete Tritonus.

Wir bestimmen die Differenz von h zu seinem Folgeton c': Bezeichnen wir dieses Halbtonintervall mit der symbolischen Unbekannten X, so gilt – weil $f - c'$ eine Quinte bildet – die Ähnlichkeitsgleichung

5. $X \odot$ Tritonos $\cong$ Quinte $\Leftrightarrow X \cong (2{:}3) \odot (3^6{:}2^9) = 3^5{:}2^8 = 243{:}256$.

   Somit haben wir über diese Bilanz die Proportion des Halbtons „Limma (L)“ mittels der Ähnlichkeitsgleichung gefunden.
   Das Limma 243:256 teilt den Tonos „nur zu etwa 45 %“ – legt man den metrischen Maßstab des Centmaßes an. Sein Partner im Tonos, die Apotome (A), macht also den (hörbar) größeren Rest aus. Sicher würde auch die Oktavbilanz

   $$2 \text{ Limma } \oplus 5 \text{ Tonos} = \text{Oktave}$$

   zu dem gleichen Ergebnis führen – jedoch ist dies eine „quadratische“ Gleichung für das Limma, weil ja eine Verdopplung gemäß unserer Folgerung 1 des Theorems zur Quadrierung führt. Natürlich findet man dennoch schnell auch hier die ganzzahlige Lösung

   $$L \cong 243{:}256,$$

   was als einübende Aufgabe empfohlen sei.

6. $(\odot$ Ditonos $64{:}81)^3 \cong 2^{18}{:}3^{12} = 262.144{:}531.441$,
   und dieser letzte Wert, welcher numerisch offenbar ein wenig „kleiner“ als die Proportion 1:2 ist (weshalb dieses Intervall größer als eine Oktave ist(!)), weicht um das berühmte **pythagoräische Komma** – in unserer momentanen Sprache um die Proportion 524.288:531.441 – von der Oktave ab. Denn jetzt können wir mittels der Ähnlichkeitsproportionengleichung fragen: Für welche Proportion X gilt die Bilanz:

   $$(1{:}2) \odot X \cong 262.144{:}531.441?$$

   Dann ist die Lösung dieser Ähnlichkeitsproportionengleichung:

   $$X \cong (2{:}1) \odot (262.144{:}531.441) \cong 524.288{:}531.441 = 2^{19}{:}3^{12}.$$

   Kurz: *Drei pythagoräische große Terzen (beziehungsweise sechs pythagoräische Ganztöne) übertreffen die Oktave um das kleine Intervall „pythagoräisches Komma“, welches die Proportion* 524.288:531.441 *besitzt und das etwa die Größe eines Viertels eines gewöhnlichen Halbtonschritts darstellt.*

Hinweis: Diesem Rechnen mit Proportionen werden wir noch im letzten Kap. 5 vermehrt begegnen; dort führt uns die systematische Art dieser Proportionenarithmetik zu einer ebenso bequemen wie auch begrifflich klaren Form im Kalkül mit musikalischen Intervallen und deren Skalen und Bilanzen.

Mithilfe dieser Herangehensweise können wir aber auch in konsequenter Anwendung der Proportionengesetze ein Symmetrieprinzip beweisen, welches – wie wir im Abschn. 3.5 sehen werden – die charakteristische Eigenschaft des geometrischen Mittels

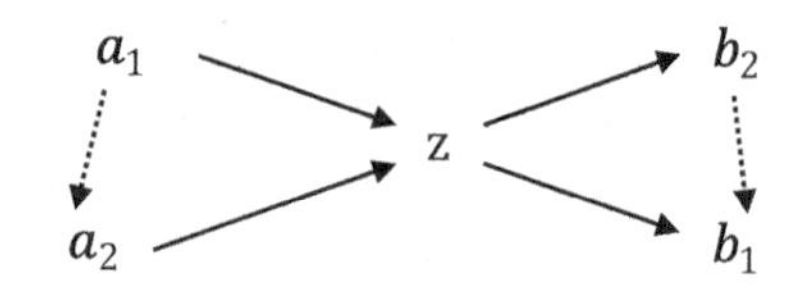

Abb. 1.5 Skizze zum Symmetrieprinzip des geometrischen Zentrums

als Symmetriezentrum einer Proportionenkette begründet. Die Abb. 1.5 möge die Situation veranschaulichen:

Theorem 1.5 (Symmetrieprinzip des geometrischen Zentrums)
Nehmen wir einmal an, dass wir die Magnitudenpaare (a_1, b_1) und (a_2, b_2) und eine Magnitude z haben, welche – wie in der Abb. 1.5 skizziert – die beiden Proportionensymmetrien erfüllen:

1. $a_1{:}z \cong z{:}b_1$
2. $a_2{:}z \cong z{:}b_2$.

Wir nehmen hierbei auch noch der Einfachheit halber an, dass alle Proportionen Zahlenproportionen oder hierzu ähnliche sind.

Dann stehen auch die kreuzweise geordneten Magnitudenpaare selbst in einer Ähnlichkeitsproportion zueinander, denn es gilt die Ähnlichkeitsgleichung

$$a_1{:}a_2 \cong b_2{:}b_1.$$

Folgerung: Ist eine Magnitude z geometrisches Zentrum für n Magnitudenpaare $(a_k, b_k), (k = 1, \ldots, n)$, was besagt, dass

$$a_k{:}z \cong z{:}b_k \text{ für alle Indizes } k = 1, \ldots, n$$

gilt, so stehen auch alle Magnitudenpaare untereinander durch die Proportionen

$$a_k{:}a_m \cong b_m{:}b_k \text{ für alle Indexpaarungen } k, m \in \{1, \ldots, n\}$$

in wechselseitiger (und kreuzweise angeordneter) Beziehung.

Man sagt hierzu, dass z das **geometrische Mittel (geometrisches Zentrum)** von a_1 und b_1 *als auch von a_2 und b_2* und gegebenenfalls aller weiteren Datenpaare ist. Und allgemeiner werden wir später sagen, dass z das **Zentrum der Proportionenkette**

$$a_1{:}a_2{:}\ldots{:}a_n{:}b_n{:}\ldots{:}b_2{:}b_1$$

ist und dass diese Proportionenkette symmetrisch und damit ähnlich zu ihrer „Reziproken" ist.

Beweis: Nach Definition der Fusion haben wir mit der Kürzungsregel folgende Gleichungen:

$$(z{:}a_1) \odot (a_1{:}a_2) \cong z{:}a_2 \Leftrightarrow (a_1{:}a_2) \cong (z{:}a_2) \odot (z{:}a_1)^{\text{inv}} \cong (z{:}a_2) \odot (a_1{:}z),$$
$$(z{:}b_2) \odot (b_2{:}b_1) \cong z{:}b_1 \Leftrightarrow (b_2{:}b_1) \cong (z{:}b_1) \odot (z{:}b_2)^{\text{inv}} \cong (z{:}b_1) \odot (b_2{:}z).$$

Setzt man nun die Voraussetzungen ein, so gilt beispielsweise für die untere der beiden Gleichungen

$$(z{:}b_1) \odot (b_2{:}z) \cong (a_1{:}z) \odot (\mathrm{z}{:}a_2),$$

denn es ist ja dann $z{:}b_1 \cong a_1{:}z$ und mit der Umkehrregel auch $b_2{:}z \cong z{:}a_2$. Wir können in Fusionen jedoch alle Proportionen durch ähnliche ersetzen, das Ergebnis bleibt hiervon unberührt. Aus beiden Gleichungen folgt aber, dass dann auch die Proportionen $a_1{:}a_2$ und $b_2{:}b_1$ ähnlich sind, und der Beweis ist komplett.

Die Folgerung ist offenbar eine stete Duplizierung dieser Beziehungen auf zwei beliebig ausgewählte Magnitudenpaare (a_k, b_k) und (a_m, b_m), mit $k, m \in \{1, \ldots, n\}$.

2 Proportionenketten

…nur so sei verständlich, dass ohne Harmonie keine Wissenschaft vollständig (perfecta) sein kann, weil es ohne sie nichts gibt..
(Aristides Quintillianus, aus Flotzinger (5), S. 128)

Nun werden wir den Begriff der Proportionen entscheidend erweitern, um damit die wichtigsten Anwendungen hinsichtlich der antiken Musiktheorie beschreiben zu können.

▶ Fügen wir eine Proportion an eine andere – und zwar so, dass das Hinterglied der ersteren identisch mit dem Vorderglied der zweiten ist – dann entsteht eine sogenannte **Proportionenkette.**

Man begegnet diesen Proportionenketten sowohl bei den Medietäten, wo sie das weit ausufernde Feld innerer mathematischer Beziehungen methodisch vereinnahmt haben, als auch in der Musiktheorie. Hier sind es vor allem drei signifikante Bereiche:

- **Die Akkordlehre:** Hierbei handelt es sich ja um die Schichtung von Intervallen – also wortwörtlich um das Aneinanderfügen von Proportionen – unter Beibehaltung aller Magnituden.
- **Die Skalentheorie:** Das Aneinanderreihen von – in der Regel – kommensurablen Stufenschritten zu einer Skala beherbergt schon von Natur aus das komplette Instrumentarium der Proportionenketten und profitiert auf vielfache Weise aus ihren ordnenden Gesetzmäßigkeiten.

K. Schüffler, *Proportionen und ihre Musik*, https://doi.org/10.1007/978-3-662-59805-4_2

- **Die Modologie:** Die Lehre der Tonarten und ihrer inneren musikalischen funktionalen Strukturen – insbesondere die Vielfalt der antiken Tonalitäten, Kirchentonarten wie auch spielerischen Varianten und neuen Kreationen – kann sich ebenfalls der Strukturgesetze der Proportionenlehre reichlich bedienen und dadurch interessante Zusammenhänge untereinander aufzeigen.

Der Text dieses Kapitels über Proportionenketten ist durch folgenden Ablauf gegliedert, in welchen wir die mathematische Theorie mehrstufiger Iterationen von Proportionen einbetten und entwickeln:

1. Die Grundbegriffe für Proportionenketten,
2. die Adjunktion (Komposition) von Proportionenketten,
3. die reziproken Proportionenketten,
4. die symmetrischen Proportionenketten,
5. das Proportionenkettentheorem.

Dieser letzte Abschnitt beschreibt die Eigenschaften der Ähnlichkeiten, des Umkehrens, des Adjungierens (Zusammenfügens) und das gegenseitiges Wechselspiel in einer zugegebenermaßen mathematisch zwar sehr abstrakt erscheinenden Form – allerdings erreichen wir dadurch das Ziel größtmöglicher Allgemeingültigkeit, und wir gewinnen nützliche Strukturen und Architekturen für symmetrische Proportionenketten.

> *Der Lohn dieser Mühen ist auch letztlich – wie so oft – der Gewinn umfassenderer Zusammenhänge, bar jeder detaillierten und deshalb auch meist mühseligen Rechnung.*

2.1 Grundbegriffe für Proportionenketten

Ziel dieses ersten Abschnitts ist die Erklärung der wichtigsten Begriffe rund um das Thema mehrstufiger Proportionenaneinanderreihungen – die wir durchgängig als Proportionenketten benennen wollen. Wir starten mit der einfachsten Situation der **unvermittelten** Aneinanderreihung zweier Proportionen zu einer Proportionenkette:

> **Wichtig**
> Sind a, b, c Größen (Magnituden, horoi), so dass die beiden Proportionen $a:b$ als auch $b:c$ bestehen, so schreibt man hierfür den prägnanten Ausdruck $a:b:c$, kurz:
>
> $$a:b:c \Leftrightarrow a:b \text{ und } b:c$$
>
> „a steht in Proportion zu b und b steht in Proportion zu c". Deswegen besteht aufgrund der Transitivität der Proportioneneigenschaft auch die Proportion $a:c$. Man nennt dann $A = a:b:c$ eine **2-stufige** – oder auch **3-gliedrige** – **Proportionenkette.**

Dieses Konzept findet nun eine allgemeine Form, und wir schließen eine erste ausführliche Definition an, welche uns die Vokabeln mehrstufiger Proportionengebilde erklären möchte:

Definition 2.1 (Proportionenketten und ihre Grundbegriffe)
Eine **n-stufige Proportionenkette** ist durch die Aussage

$$A = a_0{:}a_2{:}\ldots{:}a_{n-1}{:}a_n \Leftrightarrow a_0{:}a_1 \text{ und } a_1{:}a_2 \text{ und } \ldots \text{ und } a_{n-1}{:}a_n$$

festgelegt. Eine n-stufige Proportionenkette $A = a_0{:}a_1{:}\ldots{:}a_n$ besteht also aus der geordneten Folge von n Proportionen $a_k{:}a_{k+1}$ ($k = 0, \ldots, n-1$), die wir in diesem Zusammenhang auch als **„Stufenproportionen" der Proportionenkette** A bezeichnen wollen. Alternativ begegnet man auch dem Ausdruck einer **($n+1$)-gliedrigen** Proportionenkette; **1-stufige Proportionenketten** sind gewöhnliche Proportionen $a{:}b$.

1. Aufgrund der Reflexivität, der Symmetrie und der Transitivität für Proportionen gilt, dass alle Magnituden einer Proportionenkette $A = a_0{:}a_1{:}\ldots{:}a_n$ untereinander die Proportionen $a_k{:}a_j$ $(k, j = 0, \ldots, n)$ bilden.
2. Wird die Reihung der Proportionen**glieder** umgekehrt, so entsteht die zu A **inverse Proportionenkette**

$$A^{\text{inv}} = a_n{:}a_{n-1}{:}\ldots{:}a_1{:}a_0,$$

   deren Stufenproportionen die inversen Stufenproportionen von A bei gleichzeitiger Umkehrung deren Reihenfolge sind.
3. In einer n-stufigen Proportionenkette $A = a_0{:}a_1{:}\ldots{:}a_n$ heißen
   1. die Magnitude a_0 **vordere Proportionale** oder auch **Anfangsglied,**
   2. die Magnitude a_n **hintere Proportionale** oder auch **Endglied,**
   3. beide Magnituden a_0 und a_n **äußere Magnituden** und deren Proportion $a_0{:}a_n$ die **totale Proportion** von A,
   4. alle anderen Magnituden dazwischen **mittlere Proportionale, Zwischenglieder,**
   5. die „in Opposition" situierten Magnitudenpaare a_k und a_{n-k} mit $0 \leq k \leq$ n, also

$$(a_0 \text{ und } a_n),\ (a_1 \text{ und } a_{n-1}), (a_2 \text{ und } a_{n-2}), \ldots, (a_n \text{ und } a_0),$$

   jeweils **zueinander gespiegelte** Magnituden – oder auch Magnituden in **diametraler** oder in **Contra-Position.** Wir setzen in diesem Zusammenhang dann das Sternsymbol und schreiben

$$a_k^* = a_{n-k} \text{ für } 0 \leq k \leq n.$$

4. Eine k-stufige Proportionenkette B heißt (geordnete) **Teilproportionenkette** von A, wenn ihre Glieder eine Teilauswahl der Glieder von A sind und wobei die Ordnung (Reihung) der Kette A eingehalten wird. Mathematisch wird dies durch den Formalismus

$$B \subseteq A \Leftrightarrow B = a_{n_1}:a_{n_2}:\ldots:a_{n_k} \text{mit } 0 \leq n_1 < n_2 < \ldots < n_k \leq n$$

und dem „Teilmengensymbol $\subseteq$" beschrieben.

5. Die zu einer solchen Teilproportionenkette B eindeutig existierende Kette aus deren gespiegelten Magnituden unter Einhaltung der durch die Oberkette A festgelegten Magnitudenreihung ist die – ebenfalls durch ein Sternsymbol signierte – Teilproportionenkette B^*, die wie folgt festgelegt ist:

$$B = a_{n_1}:a_{n_2}:\ldots:a_{n_k} \Leftrightarrow B^* = a^*_{n_k}:\ldots:a^*_{n_1}.$$

Sie heißt die zur Teilproportionenkette B **gespiegelte (diametrale) Teilkette B.**

6. Eine Proportionenkette heißt **kommensurabel,** wenn alle ihre Stufenproportionen dies sind. Konsequenterweise sind dann auch alle weiteren Proportionen $a_k:a_j$ der Kette aufgrund der Transitivitätseigenschaft ebenfalls kommensurabel.
7. Eine Proportionenkette heißt **rationale** (respektive **reelle**) **Zahlenproportionenkette** $\Leftrightarrow$ alle Größen a_k sind selbst schon rationale (respektive reelle) Zahlen.
8. In Fällen wie bei Zahlenproportionen, wenn sich die Magnituden $a_0, a_1, \ldots, a_n$ ordnen lassen, können wir noch folgende Begriffe hinzufügen: Die Proportionenkette $A = a_0:a_1:\ldots:a_{n-1}:a_n$ heißt **aufsteigend-geordnet,** falls

$$a_0 < a_1 < \cdots < a_n$$

gilt. Den Gleichheitsfall schließt man hierbei traditionell zwar aus, es wäre jedoch eine unproblematische Verallgemeinerung. Analog definiert man **„absteigend-geordnet".**

Einige Bemerkungen

1. Die Literatur kennt – wie erwähnt – auch den Begriff der **m-gliedrigen Proportionenketten.** So ist beispielsweise die zweistufige Kette $a:b:c$ eine 3-gliedrige Kette, und allgemein ist $A = a_0:a_2:\ldots:a_{n-1}:a_n$ eine $(n+1)$-gliedrige Kette. Also ist der simple Zusammenhang gegeben, dass eine **n-stufige Proportionenkette** eine **$(n+1)$-gliedrige Proportionenkette** ist.

   Der Hintergrund zum Gebrauch dieser differierenden Begriffe ist im Wesentlichen dieser: Im einen Fall, dem Stufenfall, sieht man die Kette aus einer Anzahl (n) von „Proportionen" zusammengesetzt, im anderen Fall hat man eher die Anzahl $(n+1)$ von „Magnituden" im Blick, die man ja auch als Glieder der Kette bezeichnet.

In unseren – musikalisch motivierten – Betrachtungen spielen die Proportionen selbst die entscheidendere Rolle, weniger die Werte der Magnituden. Auch aus mathematischer Sicht zeigt sich die „Stufen"-Benennung als vorteilhaft und für eine geschlossene, stimmige Darstellung optimal und schlüssiger geeignet.
Anmerkung: *Daher haben wir auch die Notation* $A = a_0{:}a_1{:}\ldots{:}a_n$ *einer Notation* $A = a_1{:}a_2{:}\ldots{:}a_{n+1}$ *vorgezogen, was auch im Zusammenhang mit der Einbeziehung gespiegelter Magnituden Vorteile hat: Denn* $a_k^* = a_{n-k}$ *(mit* $k = 0, \ldots, n$*) liest sich besser als* $a_k^* = a_{n+2-k}$ *(mit* $k = 1, \ldots, n+1$*).*

2. Wichtig für das Zustandekommen einer Kette ist offenbar, dass das Hinterglied einer Proportion gleichzeitig Vorderglied einer anderen Proportion ist, so dass eine Folge sukzessiver Stufenproportionen entsteht.
   Wir werden im übernächsten Abschn. 2.3 sehen, dass genau diese Bedingung – und zwar in ihrer verallgemeinerten Form – die entscheidende ist, die wir zur Generierung von Ketten aus Proportionen oder aus anderen Teilketten mittels eines Anfüge- oder „Adjunktionsverfahrens" benötigen. Diese verallgemeinerte Form besteht darin, dass es hierzu genügt, abschwächend zu fordern, dass das Hinterglied der vorderen Proportion (oder Kette) mit dem Vorderglied der hinteren Proportion (oder Kette) eine Proportion der Form 1:1 bildet (wenn beide nicht ohnehin identisch sind), das heißt, dass beide austauschbar sein müssen. Dann kann nämlich dank der Austauschregel die Kettenkonstruktion gelingen. Hierauf gehen wir später ein, wenn wir das Kettenkonstruktionsverfahren im Detail vorstellen.
3. Der Begriff der diametralen oder auch gespiegelten Magnitudenpaare mag in der allgemein-mathematischen Indizierungsformulierung vielleicht etwas abschreckend wirken: Tatsächlich handelt es sich jedoch um den einfachen Vorgang, dass die Abzählung der Magnituden von vorne mit derjenigen von hinten vertauscht wird: Der ersten Magnitude entspricht die letzte, der zweiten die vorletzte, der dritten die drittletzte und so fort. Anders ausgedrückt:
   Schreiben wir die beiden Proportionenketten A und A^{inv} übereinander, so sind jeweils unmittelbar übereinander stehende Magnituden diametral bzw. gespiegelt.
   In der musikalischen Anwendung spielen „gespiegelte" Magnituden – oder allgemeiner: gespiegelte Teilproportionenketten – eine wichtige Rolle. Wir können ebenso Dur und Moll wie viele andere Dinge der Skalenarchitekturen mit ihnen verbinden. Und genau das ist auch der Grund, dass wir diese Begriffe mit einfließen lassen.
4. Für die vorstehenden konstruktiven Elemente der Architektur von Proportionenketten gibt es einige Regeln, die sich ohne Mühe aus den Definitionen herauslesen lassen:
   a) Für jede Proportionenkette A ist auch $A \subseteq A$ eine Teilkette von sich selbst.
   b) Für jede Magnitude x ist $(x^*)^* = x$, für jede Teilkette $B \subseteq A$ ist $(B^*)^* = B$.
   c) Zur Konstruktion einer gespiegelten Kette B^* gilt folgende einfache
   Regel: Gehört eine Magnitude x zur Teilkette B, so gibt es zwei Fälle:
   Die gespiegelte Magnitude x^* gehört auch zu B – dann gehören beide Magnituden zu B^*. Oder aber x^* gehört nicht zu B – dann gehört zwar x^* zu B^*, nicht aber x.

5. Das **Proportionenmaß** einer Zahlenproportionenkette $A = a_0{:}a_1{:}\ldots{:}a_n$ ist – wie wir es hiermit spontan festlegen – selber wieder eine **Proportion** – nämlich ihre **totale Proportion,** und dieses Maß ist dann offenbar die Fusion aller Stufenproportionen $(a_0{:}a_1), \ldots, (a_{n-1}{:}a_n)$, in Formeln

$$a_0{:}a_n = (a_0{:}a_1) \odot \ldots \odot (a_{n-1}{:}a_n),$$

was wiederum eine konsequente Anwendung der Fusionsgesetze darstellt.

▶ **Wichtig**

Tatsächlich werden **reine** musikalische Intervalle – wie bereits mehrfach erwähnt – für gewöhnlich in ihrem Proportionenmaß – wie 1:2 für die Oktave, 2:3 für die Quinte und so fort – angegeben, nicht etwa als bloße Zahlenwerte. Die Proportion vermittelt (in diesem Fall) viel mehr als nur einen numerischen Wert – wie etwa 0,66... für eine reine beziehungsweise pythagoräische Quinte. Diese Angabe wäre ja im Übrigen schließlich historisch auch gar nicht formulierbar gewesen.

Dagegen ist das **Frequenzmaß** des „Intervalls" $[a, b]$ der Quotient b/a – also das Verhältnis von **Ausgang zu Eingang** – und dann ist das **Frequenzmaß der Zahlenproportionenkette *A*** das Produkt der Frequenzmaße ihrer Stufenintervalle, wie die Brucharithmetik

$$a_n/a_0 = a_n/a_{n-1} * a_{n-1}/a_{n-2} * \cdots * a_1/a_0$$

zeigt, und das Ergebnis ist das Frequenzmaß der totalen Proportion. Diese Formel ist gleichzeitig bereits ein Spezialfall der allgemeinen multiplikativen Eigenschaft von Proportionen- und Frequenzmaß.

Beispiel 2.1

Proportionenketten

Gegeben sei die konkrete Proportionenkette

$$A = 1{:}2{:}3{:}4{:}5{:}6,$$

welche wir bereits als die in antiken Zeiten mit dem Begriff **„Senarius"** bezeichnete Kette kennengelernt haben – siehe den Abschnitt „Zum Gebrauch" eingangs des Buches. Diese sechsgliedrige Kette hat die fünf Stufenproportionen

$$1{:}2 \text{ und } 2{:}3 \text{ und } 3{:}4 \text{ und } 4{:}5 \text{ sowie } 5{:}6.$$

Anfangsglied ist die Magnitude 1 und Endglied ist die 6; die totale Proportion ist das Verhältnis 1:6 und entspricht dem musikalischen Intervall einer um zwei Oktaven vergrößerten reinen Quinte 2:3.

Die zu A inverse Kette A^{inv} ist die rückwärts verlaufende Proportionenanordnung

$$A^{inv} = 6{:}5{:}4{:}3{:}2{:}1.$$

Eine zweistufige Teilkette von A wäre zum Beispiel $B = 2{:}4{:}5$; ihre gespiegelten Magnituden sind 5, 3 und 2, so dass wir die gespiegelte Kette $B^* = 2{:}3{:}5$ erhalten.

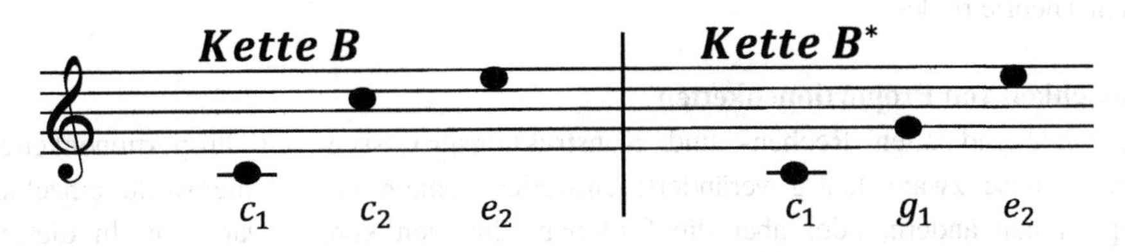

Ein anderes Beispiel wäre: $B = 1{:}2{:}3{:}5$, und dann wäre $B^* = 2{:}4{:}5{:}6$.

Viele der für die Musiktheorie profunden Begriffe haben als inhaltlichen Bezugspunkt ganz bestimmte Proportionenketten zusammen mit ihrem begleitenden Vokabular – so zum Beispiel die Konstruktionen **„Tetrachord"** und **„Skala"**. In der Sprache der Proportionenketten liest sich das nun folgendermaßen:

Beispiel 2.2

Proportionenketten und musikalische Skalen

Eine **musikalische Skala** ist eine (nach Tonhöhen) aufsteigend geordnete Folge von Tönen; bei $(n+1)$ Tönen entsteht demnach eine n-stufige Aneinanderreihung von Intervallen (den „Stufenintervallen") der Skala, und wir erhalten die Proportionenkette

$$A = a_0{:}a_1{:}\ldots{:}a_n,$$

für welche die totale Proportion $a_0{:}a_n$ der Umfang oder auch der **Ambitus** der Skala ist. Ob hierbei die Magnituden a_k Tonhöhenangaben (in Hertz oder dergleichen) darstellen oder ob die Stufenschritte durch Zahlenverhältnisse ausgedrückt werden, ist zunächst nicht von Bedeutung.

Oft sind Skalen **„Oktavskalen"**; der Umfang ist eine Oktave 1:2. Aber auch andere Tonleitern sind der Musiktheorie strukturbildend eigen; bekannte Beispiele wären:

1. Ein **Tetrachord** ist eine (aufsteigend geordnete) 3-stufige Zahlenproportionenkette vom Umfang einer reinen Quarte – also eine Proportionenkette $A = a_0{:}a_1{:}a_2{:}a_3$, von 4 Tönen, für welche die totale Proportion $a_0{:}a_3 \cong 3{:}4$ ist und damit einer reinen Quarte (dem musikalischen Komplement der Quinte in der Oktave) entspricht.
2. Die Skala heißt **pentatonisch** $\Leftrightarrow$ sie hat 4 Stufen (also 5 Töne), und der totale Umfang ist (in der Regel) eine große Sext.
3. Die Skala heißt **heptatonisch** $\Leftrightarrow$ sie ist eine Oktavskala aus 8 Tönen und hat demnach **7** Stufenproportionen.

4. Die Skala heißt **chromatisch** $\Leftrightarrow$ sie ist eine **12** – stufige Oktavskala und besitzt also **13** Töne als Magnituden. Man zählt demnach die oktavierte Tonika (Grundton) hinzu.

Schon diese Beispiele zeigen uns, dass unser Begriff der Proportionenketten – und mit ihm das entsprechende begriffliche Umfeld – ein Rückgrat der traditionellen musikalischen Theorie bildet.

Ähnlichkeit von Proportionenketten

Bei annähernd allen Rechen- und Konstruktionsprozessen mit Proportionenketten werden diese zwangsläufig verändert; entweder können sich Zahlenwerte einzelner Proportionen ändern, oder aber die Stufenanordnungen können variieren. In diesem Zusammenhang ist die Erkenntnis wichtig, dass alle oft notwendigen Änderungen dann jedenfalls für die Anwendungen bedeutungslos sind, wenn die geänderten Strukturen „ähnlich" zu den anfänglichen sind. So ist es ja auch in der Geometrie: In ähnlichen Dreiecken spielen sich die gleichen Verhältnisse und Gegebenheiten ab. Der Begriff der Ähnlichkeit ist für gewöhnliche Proportionen bereits im vorangehenden Kap. 1 eingeführt worden (siehe Def. 1.3), und nun übertragen wir ihn auf serielle Proportionenanordnungen. Dabei können wir gleich drei untereinander gleichwertige Kriterien heranziehen, nach denen man sich je nach Bedarf orientieren kann.

Definition und Satz 2.2 (Ähnlichkeit von Proportionenketten)

Zwei n-stufige Proportionenketten

$$A = a_0{:}a_1{:}\ldots{:}a_n \text{ und } A' = a'_0{:}a'_1{:}\ldots{:}a'_n$$

heißen **ähnlich** – und man schreibt dann

$$a_0{:}a_1{:}\ldots{:}a_n \cong a'_0{:}a'_1{:}\ldots{:}a'_n \text{—beziehungsweise: } A \cong A'\text{—},$$

falls eines der folgenden Kriterien nachweisbar ist:

1. **Stufenkriterium:** Alle gleichpositionierten Stufenproportionen beider Ketten sind ähnlich; für alle $k = 0, \ldots, n-1$ gelten also die Ähnlichkeiten

$$a_k{:}a_{k+1} \cong a'_k{:}a'_{k+1} \text{ das heißt: } a_0{:}a_1 \cong a'_0{:}a'_1, \ldots, a_{n-1}{:}a_n \cong a'_{n-1}{:}a'_n.$$

2. **Magnitudenkriterium:** Alle geordneten – das heißt sich in der Aufzählung entsprechenden – Magnitudenproportionen sind ähnlich

$$a_0{:}a'_0 \cong a_1{:}a'_1 \cong \cdots \cong a_n{:}a'_n.$$

3. **Wertekriterium:** Für reelle (Zahlen-) Proportionenketten gilt: Es gibt einen positiven Faktor λ, so dass für alle k die simultane Gleichung: $a'_k = \lambda a_k$, gilt – kurz:

$$(a'_0, a'_1, \ldots, a'_n) = \lambda(a_0, a_1, \ldots, a_n) \Leftrightarrow A' = \lambda A.$$

Satz (Mathematik der Ähnlichkeit von Proportionenketten):

1. Diese drei Kriterien sind untereinander äquivalent.
2. Für alle n-stufigen Proportionenketten A, B und C gelten die Eigenschaften:
   a) **Reflexivität:** Jede Kette ist ähnlich zu sich selbst: $A \cong A$.
   b) **Symmetrie:** Ist B ähnlich zu A, so ist auch A ähnlich zu B: $A \cong B \Leftrightarrow B \cong A$.
   c) **Transitivität:** Ist A ähnlich zu B, B ähnlich zu C, so ist auch A ähnlich zu C:

$$A \cong B \text{ und } B \cong C \Rightarrow A \cong C.$$

Somit besitzt die Ähnlichkeit die Merkmale einer **Äquivalenzrelation** auf der Menge aller n-stufigen Proportionenketten.

Einige Bemerkungen

1. Es ist nicht schwer zu erkennen, dass diese drei Beschreibungsformen gleichwertig sind (selbstverständlich). Abermals ist hierfür die Kreuzregel verantwortlich zu machen. Ebenso ist klar, dass Ähnlichkeit die gleiche Stufenzahl voraussetzt; Proportionenketten mit unterschiedlicher Stufenzahl können von Hause aus nicht ähnlich sein.
2. In moderner Sprache bedeutet die Aussage des Satzes: Weil die Ähnlichkeit auf der Menge aller (n-stufigen) Proportionenketten eine **Äquivalenzrelation** bewirkt, entsteht demzufolge eine Einteilung dieser Menge in disjunkte (= schnittfremde) Klassen.

Eine Klasse besteht also genau aus allen Proportionenketten, die zu einer ihrer Repräsentanten – und damit zu allen anderen ihrer Mitglieder – ähnlich sind, symbolisch:

▶ **Wichtig**

Ist $A = a_0{:}a_1{:}\ldots{:}a_n$ eine n-stufige Proportionenkette, so ist

$$\mathcal{M}(A) = \{A' = a'_0{:}a'_1{:}\ldots{:}a'_n \,|\, a'_0{:}\ldots{:}a'_n \cong a_0{:}\ldots{:}a_n\}$$

die Menge aller zur Proportionenkette A ähnlichen Proportionenketten A'. Alle in $\mathcal{M}(A)$ enthaltenen Proportionenketten sind dann aufgrund der Transitivität der Eigenschaft „ähnlich" auch untereinander ähnlich. Nicht-ähnliche Proportionenketten A und B haben demnach auch überschneidungsfreie Klassen $\mathcal{M}(A)$ und $\mathcal{M}(B)$.

Im Proportionenkettentheorem des Abschn. 2.5 wollen wir noch einmal auf die Struktur der Einteilung in Äquivalenzklassen eingehen und dies auch beweisen.

3. Wenngleich diese in der voranstehenden Bemerkung (2) geschilderte Mathematik nur eine *wohl weit entfernt liegende „praktische"* Bedeutung zu haben scheint und den Berichten einer „grauen Theorie" ganz gewiss neue Nahrung bescheren kann, so ist

sie dennoch im Alltag des praktischen Umgangs fest implantiert: Geben wir beispielsweise den rein diatonischen Dur-Akkord in der Tonikalage mit

$$20:25:30$$

an, so ist dies **musikalisch das Gleiche** wie die Proportionenangaben

$$4:5:6 \text{ oder } 8:10:12 \text{ oder} \ldots \text{oder} \ldots,$$

wie wir sie bereits am erweiterten pythagoräischen Kanon 6 – 8 – 9 – 10 – 12, dem diatonischen Kanon, vorfinden. Somit ist der diatonische Dur-Dreiklang – auf der Tonika beginnend – im Grunde das Objekt der kompletten Äquivalenzklasse $\mathcal{M}(4:5:6)$.

Es folgen noch zwei kurze erläuternde Beispiele:

Beispiel 2.3

Ähnlichkeiten für Proportionenketten

1. **Der Dur-Vierklang:** Die beiden Ketten $A = 4:5:6:8$ und $B = 20:25:30:40$ sind ähnlich, wie alle drei Kriterien zeigen.
2. **Geometrie:** Ist F_1 der Flächeninhalt des Inkreises des gleichseitigen Dreiecks Δ ABC, F_2 der Flächeninhalt des Dreiecks Δ ABC, F_3 der Inhalt des Außenrechtecks sowie F_4 der Flächeninhalt des Umkreises, so ist mit $r{:}a/2 = 1{:}\sqrt{3}$ und $R = 2r$ (Letzteres gilt aufgrund der speziellen Geometrie des gleichseitigen Dreiecks)

$$\begin{aligned}F_1{:}F_2{:}F_3{:}F_4 &\cong \frac{1}{12}\pi a^2{:}\frac{1}{4}\sqrt{3}a^2{:}\frac{1}{2}\sqrt{3}a^2{:}\frac{1}{3}\pi a^2\\ &= a^2\left(\frac{1}{12}\pi{:}\frac{1}{4}\sqrt{3}{:}\frac{1}{2}\sqrt{3}{:}\frac{1}{3}\pi\right)\\ &\cong \frac{1}{12}\pi{:}\frac{1}{4}\sqrt{3}{:}\frac{1}{2}\sqrt{3}{:}\frac{1}{3}\pi.\end{aligned}$$

Die Abb. 2.1 veranschaulicht diese Formelbeziehungen dank des Satzes von Pythagoras. Diese Proportionenkette ist im Übrigen aufsteigend, wie die gerundeten numerischen Werte zeigen:

$$F_1{:}F_2{:}F_3{:}F_4 \approx 0{,}2618{:}0{,}4330{:}0{,}8660{:}1{,}0472.$$

Die Skizze in Abb. 2.1 möge der Veranschaulichung der geometrischen Verhältnisse von In- und Umkreis im gleichseitigen Dreieck dienen.

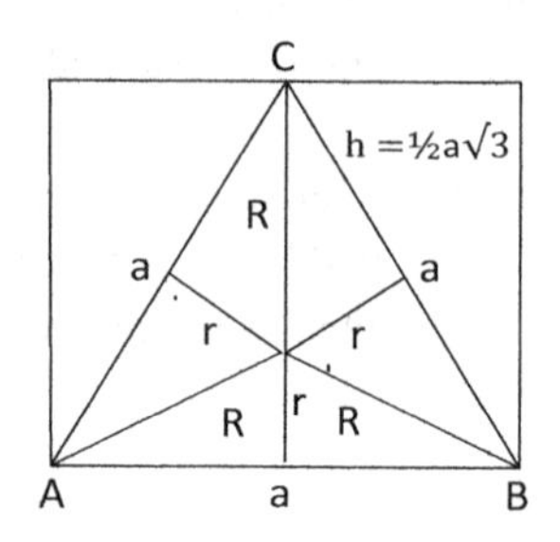

Abb. 2.1 In- und Umkreisradien im gleichseitigen Dreieck

2.2 Die Komposition von Proportionenketten – die Adjunktion

Proportionenketten entstehen also per definitionem durch Aneinanderfügen von einzelnen Proportionen oder – allgemeiner – von zwei gegebenen Proportionenketten, sofern dies möglich ist. Dazu geben wir ein Beispiel aus der Musik:

Angenommen, wir hätten die beiden Proportionen 3:5 und 4:7. Die erste Proportion steht – musikalisch – für eine große Sexte, die zweite für eine reine Septime (Naturseptime). Angenommen, wir würden diese beiden Intervalle aufeinanderschichten – erst die Sexte, dann die Septime, dann entsteht als musikalisches Gebilde ein Dreiklang. Wie sind dessen zusammengefügte Proportionen in einer Kette darstellbar? Nun, dazu erweitern (vervielfachen) wir die erste Proportion mit 4, die zweite mit 5, und aus den beiden neuen – aber zu den alten ähnlichen – Proportionen 12:20 und 20:35 wird dann die 2-stufige Proportionenkette 12:20:35, welche ja auch simultan die Proportion von Vorder- und Hinterglied 12:35 liefert. Diese Konstruktion beruhte folglich darauf,

- dass wir das Endglied der ersten und das Anfangsglied der zweiten Proportion durch eine jeweilige ganzzahlige Vervielfachung beider Proportionen auf gleiche Größe – abstrakt: in die Proportion 1:1 – gebracht haben und dann einfach durch Verschmelzung der nun gleichen Mittelglieder eine 2-stufige Kette konstruierten, deren Proportionen ähnlich und in der Reihung wie die gegebenen sind.

Überall, wo wir Intervalle oder Akkorde aufeinanderschichten, kommt es zur Zusammenführung von Proportionen oder schon bereits vorhandener Ketten. Dieses Aneinanderfügen entspricht der musikalischen Konstruktion des **Adjungierens** (des „Aufeinanderschichtens“) von Intervallen – unter Beibehaltung der „Zwischentöne“. Wir bezeichnen dies auch als **Komposition von Proportionen** – oder auch als **Kettenkomposition** – und verwenden konsequenterweise auch für beide das gleiche Formelsymbol („$\oplus$“). Hierzu dienen nun folgende allgemeine Begriffsbildungen:

Definition 2.3 (Die Komposition – Adjunktion ($A \oplus B$) von Proportionenketten)
Gegeben seien zwei n- bzw. m-stufige Proportionenketten A und B,

$$A = a_0{:}a_1{:}\ldots{:}a_n \text{ und } B = b_0{:}b_1{:}\ldots{:}b_m,$$

mit den jeweiligen n bzw. m Stufenproportionen $a_k{:}a_{k+1}$ bzw. $b_j{:}b_{j+1}$.

Dann heißt ***B* an *A* adjungierbar,** wenn es eine $(n+m)$-stufige Proportionenkette C

$$C = c_0{:}c_1{:}\ldots{:}c_n{:}\ldots{:}c_{n+m-1}{:}c_{n+m}$$

gibt, deren Stufen die $(n+m)$ Proportionen

$$c_0{:}c_1 \cong a_0{:}a_1, \ldots, c_{n-1}{:}c_n \cong a_{n-1}{:}a_n$$

$$c_n{:}c_{n+1} \cong b_0{:}b_1, \ldots, c_{n+m-1}{:}c_{n+m} \cong b_{m-1}{:}b_m$$

erfüllen. Jede solche $(n+m)$-stufige Proportionenkette heißt dann eine **Adjunktion von *B* an *A*** (oder auch Komposition, Anfügung, direkte Summe, Vereinigung, Verschmelzung von A und B). Alle $(n+m)$ Stufenproportionen von C sind also zu allen Stufenproportionen von A und B ähnlich, und ihre Reihung verläuft in dieser Ordnung:

Die vordere n-stufige Teilkette $c_0{:}c_1{:}\ldots{:}c_n$ von C ist ähnlich zur Kette A,

die hintere m-stufige Teilkette $c_n{:}c_{n+1}{:}\ldots{:}c_{n+m}$ von C ist ähnlich zur Kette B;

und in der gemeinsamen Magnitude c_n sind beide Ketten A und B – das heißt jeweils ähnliche Exemplare von ihnen – aneinander gefügt.

Hieraus erkennen wir sofort zwei Invarianten unter Ähnlichkeit: Ist C eine Komposition von B an A, so gilt dies für jede Kette C' mit $C' \cong C$. Wir verwenden dann für die Menge aller solcher Kompositionen das **Symbol $A \oplus B$,** symbolisch

$$A \oplus B = \{C | C \text{ ist } (n+m) - \text{stufige Kette mit den obigen Proportionen}\},$$

so dass eine konkrete Komposition C ein „Element dieser Menge" ist.

Gleichwohl vereinbaren wir aber, statt der zwar konsequenten mengentheoretischen Schreibweise „$C \in A \oplus B$" die griffigere Form $C \cong A \oplus B$ für eine einzelne Kette, welche eine Adjunktion von B an A ist, zu verwenden.

Insgesamt bedeutet der Ausdruck $C \cong A \oplus B$ dann, dass die Proportionenkette B sich an die Kette A anfügen lässt. Die Kette C ist – als Element von $A \oplus B$ – eine konkrete Komposition.

Für den wichtigen Spezialfall zweier einfacher Proportionen $A = a{:}b$ und $B = c{:}d$, die ja die kürzestmöglichen Proportionenketten sind, wäre mit zwei ähnlichen Proportionen, die dank einer gemeinsamen Magnitude verbindbar sind,

$$x{:}y \cong a{:}b \text{ und } y{:}z \cong c{:}d,$$

eine Komposition $C = A \oplus B$ als eine 2-stufige Proportionenkette $x{:}y{:}z$ mit den 2 Stufenproportionen, welche zu A respektive B ähnlich sind, gegeben.

Wir werden im Folgenden sehen, dass für reine „Zahlenproportionenketten", also solchen, denen wir in der Musiktheorie fast ausschließlich begegnen, der Prozess des Aneinanderfügens zweier Proportionenketten im Grunde sehr simpel ist. Für den allgemeinen Fall „abstrakter" Proportionenketten ist die Situation dagegen leider etwas erschwert. Das liegt daran, dass bei einer Adjunktion das Anfangsglied (b_0) der hinteren Kette (B) mit dem Endglied (a_n) der vorderen Kette (A) zusammenfällt; sie werden „identifiziert". Bei Zahlen ist das einfach: Durch Multiplikation der Magnituden einer der beiden Ketten kann man ja stets die Gleichheit herstellen, und die Adjunktionskette ist fertig. Beim allgemeinen Fall vollzieht sich die erforderliche Identifizierung dieser beiden „Anschlussmagnituden" (a_n und b_0) aber erst über die Brücke ähnlicher Ketten, um dann anschließend das Austauschverfahren des Theorems 1.3 anwenden zu können. Wir beleuchten auch diesen abstrakteren Gegenstand, und dazu helfen uns einige weitere vertiefende Begrifflichkeiten über die Verbindbarkeit von Proportionen.

Definition 2.4 (Kommensurable Verbindungen von Proportionenketten)
Gegeben seien eine n- und eine m-stufige Proportionenkette

$$A = a_0{:}a_1{:}\ldots{:}a_n \text{ und } B = b_0{:}b_1{:}\ldots{:}b_m.$$

1. Die Kette B heißt **„mit der Kette A direkt-verbindbar"**, wenn für die **Anschlussmagnituden** a_n und b_0 eine „Gleichheitsproportion" besteht, wenn also

$$a_n{:}b_0 \cong 1{:}1$$

gilt, so dass nach Theorem 1.3 diese Anschlussmagnituden auch austauschbar sind.

2. Die Kette B heißt **„mit der Kette A indirekt-verbindbar"**, wenn es zumindest ähnliche Proportionenketten A' und B' mit $A' \cong A$ und $B' \cong B$ gibt, so dass die Kette B' mit der Kette A' direkt-verbindbar ist: Für deren Anschlussmagnituden besteht also die Gleichheitsproportion

$$a'_n{:}b'_0 \cong 1{:}1.$$

3. Die Kette B heißt **„mit der Kette A kommensurabel direkt-verbindbar"**, wenn für die Anschlussmagnituden a_n und b_0 eine kommensurable Proportion besteht, das heißt:

$$a_n{:}b_0 \cong p{:}q \text{ mit natürlichen Zahlen } p \text{ und } q.$$

4. Die Kette B heißt schließlich **„mit der Kette A kommensurabel indirekt-verbindbar"**, wenn es zumindest ähnliche Proportionenketten A' und B' mit $A' \cong A$ und $B' \cong B$ gibt, so dass die Kette B' mit der Kette A' kommensurabel direkt-verbindbar ist; für deren Anschlussmagnituden besteht also eine kommensurable Proportion

$$a'_n{:}b'_0 \cong p{:}q.$$

Einige Bemerkungen

1. Wir zeigen später, dass es genau die Verbindbarkeitsbedingung (2) ist, welche zur Existenz der ganzen Familie aller zueinander ähnlichen Kompositionsketten zweier Proportionenketten notwendig und hinreichend ist.
2. Diese vier Begrifflichkeiten sind untereinander teilweise implizierend; wir sehen sehr leicht die Implikationen der Kriterien

$$(1) \Rightarrow (2) \text{ und } (1) \Rightarrow (3) \text{ und } (1) \Rightarrow (4) \text{ sowie } (2) \Rightarrow (4) \text{ und } (3) \Rightarrow (4).$$

   Daher ist das Kriterium (4) die allgemeinste Form dieser Verbindungsbegriffe. Interessant ist nun, dass wir gleichwohl die Äquivalenz von (4) und (2) zeigen können: Dies geschieht im nachfolgenden **Theorem** 2.1.
3. Eine andere Konsequenz dieser Verbindbarkeitsbegriffe ist die – vor allem in der Musikwissenschaft bedeutsame – Tatsache, dass jegliche kommensurablen n-stufigen Proportionenketten als n-stufige ganzzahlige Ketten behandelt werden können, da sie nämlich zu jenen ähnlich sind. Auch das zeigen wir im folgenden **Theorem** 2.1.
4. Für eine weitere wichtige Anwendung dieser allgemeinen Verbindungsbegriffe ist auch die Tatsache verantwortlich, dass zwei kommensurable Proportionenketten A und B stets indirekt verbindbar sind – sowohl A mit B als auch B mit A. Denn definitionsgemäß sind kommensurable Proportionenketten ähnlich zu Zahlenproportionenketten, und für diese ist der Verschmelzungsprozess möglich.

Theorem 2.1 (Adjunktionskriterien für Proportionenketten)
Über die Möglichkeiten, zwei Ketten $A = a_0{:}a_1{:}\ldots{:}a_n$ und $B = b_0{:}b_1{:}\ldots{:}b_m$ zu einer Kette $C \cong A \oplus B$ zu adjungieren, gibt folgendes Kriterium Auskunft:

1. **Das Adjunktionskriterium**
   Es sind äquivalent:
   a) Es gibt eine Komposition $C \cong A \oplus B$ („B ist an A anfügbar").
   b) Die Kette B ist mit der Kette A kommensurabel indirekt-verbindbar.
   c) Die Kette B ist mit der Kette A indirekt-verbindbar.
   Demnach gibt es dann Proportionenketten A' und B' mit $A' \cong A$ und $B' \cong B$,

$$A' = a'_0{:}a'_1{:}\ldots{:}a'_n \text{ und } B' = b'_0{:}b'_1{:}\ldots{:}b'_m,$$

   so dass für deren Anschlussmagnituden die **„Adjunktionsbedingung"**

$$a'_n{:}b'_0 \cong 1{:}1$$

   erfüllt ist. Insbesondere sind die indirekten Verbindungen (2) und (4) gleichwertig.
2. **Adjunktionsformeln für Proportionenketten**
   a) Je n kommensurable Proportionen können zu einer n-stufigen (kommensurablen) Proportionenkette zusammenfügt werden.

b) **Folgerung:** Jede kommensurable n-stufige Proportionenkette ist ähnlich zu einer ganzzahligen n-stufigen Proportionenkette, symbolisch:

$A = a_0{:}a_1{:}\ldots{:}a_n$ ist eine kommensurable Proportionenkette $\Leftrightarrow$

$A \cong n_0{:}n_1{:}\ldots{:}n_n$ mit natürlichen Zahlen $n_0, n_1, \ldots, n_n$.

c) **Die 1. Adjunktionsformel:** Es seien n kommensurable Zahlenproportionen

$$A_1 = a_1{:}b_1, A_2 = a_2{:}b_2 \ldots, A_n = a_n{:}b_n$$

mit reellen Zahlen a_k, b_k $(k = 1, \ldots, n)$ gegeben. Dann ist die ganzzahlige n-stufige Proportionenkette $C \cong A_1'{:}A_2'{:}\ldots{:}A_3'$, definiert durch

$$C = (a_1 * a_2 * \ldots * a_n){:}(b_1 * a_2 * \ldots * a_n){:}(b_1 * b_2 * a_3 \ldots a_n){:}$$
$$\ldots (b_1 * b_2 * \ldots * b_{n-1} * a_n){:}(b_1 * \ldots * b_n),$$

eine Adjunktion aller Proportionen in der Anordnung $A_1 \oplus A_2 \oplus \ldots \oplus A_n$, und C ist simultan eine n-stufige kommensurable Proportionenkette.

d) **Die 2. Adjunktionsformel:** Es sei $A \cong a{:}b$ eine Zahlenproportion. Wir können dabei annehmen, dass a und b teilerfremd sind. Dann ist die m-fache Adjunktion der Proportion A die m-stufige Proportionenkette

$$(\oplus A)^m = A \oplus A \oplus \ldots \oplus A \cong a^m{:}a^{m-1}b{:}a^{m-2}b^2{:}\ldots{:}ab^{m-1}{:}b^m.$$

Diese stellt die als Proportionenkette formulierte Schichtung eines musikalischen Intervalls $[a, b]$ dar, welches der gegebenen Proportion A entspricht.

3. **Adjungierbare Proportionenketten**
   a) Alle reellen Proportionenketten A und B sind zu $A \oplus B$ und $B \oplus A$ adjungierbar.
   b) Alle kommensurablen Ketten A und B sind zu $A \oplus B$ und $B \oplus A$ adjungierbar.
   c) Alle Proportionenketten, zu denen es ähnliche Zahlenproportionenketten gibt, sind adjungierbar.

Beweis: Zuerst zeigen wir die Aussage (1) und beginnen mit der Implikation a)$\Rightarrow$c):

Angenommen, wir haben eine Komposition und damit eine $(n+m)$-stufige Kette

$$C = c_0{:}c_1{:}\ldots{:}c_n{:}c_{n+1}{:}\ldots{:}c_{n+m}.$$

Dann ist die vordere Teilkette

$$A' = a_0'{:}a_1'{:}\ldots{:}a_n'{:} = c_0{:}c_1{:}\ldots{:}c_n$$

von C ähnlich zu A, und die hintere Teilkette

$$B' = b_0'{:}b_1'{:}\ldots{:}b_m'{:} = c_n{:}c_{n+1}{:}\ldots{:}c_{n+m}$$

von C ist ähnlich zu B, und offenbar ist

$$a_n'{:}b_0' = c_n{:}c_n \cong 1{:}1,$$

so dass die indirekte Verbindbarkeit von B mit A gezeigt ist. Die Implikation c)$\Rightarrow$a) ergibt sich nun so: Seien also

$$A' = a'_0{:}a'_1{:}\ldots{:}a'_n \cong A \text{ und } B' = b'_0{:}b'_1{:}\ldots{:}b'_m \cong B$$

zwei Proportionenketten, welche die Kompositionsbedingung $a'_n{:}b'_0 \cong 1{:}1$ erfüllen. Diese Bedingung können wir dank der Kreuzregel auch in der Form $a'_n{:}1 \cong b'_0{:}1$ schreiben. Dann folgt jedoch aus der Austauschregel des Theorems 1.3, dass dann auch

$$a'_n{:}x \cong b'_0{:}x \text{ wie auch } x{:}a'_n \cong x{:}b'_0$$

für alle Magnituden x gilt, die eine Proportion mit a'_n und b'_0 eingehen. Insbesondere ist

$$a'_{n-1}{:}a'_n \cong a'_{n-1}{:}b'_0.$$

Deshalb ist $A'' = a'_0{:}a'_1{:}\ldots{:}a'_{n-1}{:}b'_0$ eine n-stufige Proportionenkette, die zu A ähnlich ist. Per definitionem ist aber A'' mit B' zusammenfügbar, da sie das Verbindungsglied gemeinsam haben. Somit ist die $(n+m)$-stufige Kette

$$C = a'_0{:}a'_1{:}\ldots{:}a'_{n-1}{:}b'_0{:}b'_1{:}\ldots{:}b'_m$$

die gewünschte Komposition.

Aus c) folgt b), da Fall (2) mit $p = q = 1$ ein Spezialfall von (4) ist.

Jetzt zeigen wir die Implikation b)$\Rightarrow$c) und stellen gleichzeitig das hierzu benutzte **„Erweiterungsverfahren“** vor:

Seien $A' = a'_0{:}a'_1{:}\ldots{:}a'_n$ und $B' = b'_0{:}b'_1{:}\ldots{:}b'_m$ gegebene Proportionenketten mit der kommensurablen Proportion der Anschlussmagnituden

$$a'_n{:}b'_0 \cong p{:}q \text{ mit natürlichen Zahlen } p \text{ und } q.$$

Dann **erweitern** wir A' mit q und B' mit p – was nichts anderes bedeutet, als dass alle Magnituden a'_k mit q und alle Magnituden b'_k mit p vervielfacht werden – was an allen Stufenproportionen von A' und B' nichts ändert. Die neuen Ketten A' und B'

$$A'' = a''_0{:}a''_1{:}\ldots{:}a''_n \text{ und } B'' = b''_0{:}b''_1{:}\ldots{:}b''_m$$

sind damit ähnlich zu A' und B' und somit ähnlich zu A und B. Dann erreichen wir die Gleichheitsproportion mit der Vervielfältigungsregel wie folgt:

$$a'_n{:}b'_0 \cong p{:}q \Leftrightarrow q * a'_n{:}p * b'_0 \cong p * q{:}q * p \cong 1{:}1.$$

Deshalb erfüllen a''_n und b''_0 offenbar die Austauschbedingung

$$a''_n{:}b''_0 \cong \mathrm{q}{*}a''_n{:}\mathrm{p} \, * \, b'_0 \cong 1{:}1,$$

so dass die indirekte Verbindbarkeit für B mit A realisiert ist.

Nun zur Aussage (2): Der Nachweis besteht in einer „induktiven“ Anwendung dieses Erweiterungsverfahrens. Um dieses Argument etwas durchsichtiger zu machen, behandeln wir zunächst zwei einfache Fälle; dabei passen wir die Form der Nummerierung aber bereits dem allgemeinen Fall an:

Seien $A_1 = a_1{:}b_1$ und $A_2 = a_2{:}b_2$ zwei kommensurable Proportionen. Dann sind beide – per definitionem – ähnlich zu den Ketten

$$A_1' = n_1{:}m_1 \text{ und } A_2' = n_2{:}m_2 \text{ mit positiven Zahlen } n_1, n_2, m_1, m_2.$$

Nun erweitern wir A_1' mit n_2 und A_2' mit m_1, so dass zwei neue Proportionen

$$A_1'' = n_1n_2{:}m_1n_2 \text{ und } A_2'' = n_2m_1{:}m_1m_2$$

entstehen, deren Anschlussmagnituden gleich sind. Da das Erweitern von Proportionen zu ähnlichen Proportionen führt, sind diese neuen Ketten ähnlich zu den Ausgangsproportionen A_1 und A_2. Somit ist eine 2-stufige Kettenbildung möglich und

$$C = n_1n_2{:}m_1n_2{:}m_1m_2$$

ist die Adjunktion beider kommensurabler Proportionen zu einer Kette, welche ebenfalls kommensurabel ist.

Nun behandeln wir ähnlich detailliert noch den Fall dreier Proportionen, weil er Einblick in ein allgemeines methodisches Adjunktionsverfahren zulässt:

Seien $A_1 = a_1{:}b_1$, $A_2 = a_2{:}b_2$ und $A_3 = a_3{:}b_3$ drei kommensurable Proportionen. Dann sind sie – per definitionem – jeweils ähnlich zu den Ketten

$$A_n' = n_1{:}m_1, A_2' = n_2{:}m_2 \text{ und } A_3' = n_3{:}m_3$$

mit positiven Zahlen $n_1, n_2, n_3, m_1, m_2, m_3$. Nun fügen wir zuerst nach dem soeben geschilderten Fall zweier Proportionen die ersten beiden Proportionen A_1' und A_2' zu der 2-stufigen Kette

$$C = n_1n_2{:}m_1n_2{:}m_1m_2$$

zusammen, und dann haben wir die Aufgabe, die dritte Kette $A_3' = n_3{:}m_3$ an diese Kette C zu einer dann 3-stufigen Kette anzufügen. Das ist nicht schwer und funktioniert nach dem gleichen Muster: Wir erweitern diese Kette C mit n_3 und die Proportion A_3' mit m_1m_2. Dann entstehen die beiden Ketten

$$C' = n_1n_2n_3{:}m_1n_2n_3{:}m_1m_2n_3 \text{ und } A_3'' = n_3m_1m_2{:}m_1m_2m_3,$$

welche wieder ähnlich zu ihren Vorgängern sind und für welche die Anschlussmagnituden identisch sind. Daher ist die Proportionenkette

$$C'' = n_1n_2n_3{:}m_1n_2n_3{:}m_1m_2n_3{:}m_1m_2m_3$$

die gewünschte 3-stufige Adjunktion aller drei gegebenen Proportionen.

Wenngleich wir sogar eine einprägsame Formel für dieses Verfahren angeben könnten – und wir wollen das in Kürze tun –, so wollen wir das Induktionsargument für einen allgemeinen Fall noch zu Ende führen: Dazu zeigen wir, dass wir an eine kommensurable n-stufige Zahlenkette stets eine kommensurable Proportion (und allgemeiner: eine andere kommensurable Zahlenproportionenkette) anfügen können.

Sei dazu $A = a_0{:}a_1{:}\ldots{:}a_n$ eine n-stufige kommensurable Proportionenkette, und $B = b_0{:}b_1$ sei eine weitere kommensurable Proportion. Für A nehmen wir nun an, dass eine n-stufige kommensurable Zahlenproportionenkette $A' = n_0{:}n_1{:}\ldots{:}n_n$, die zu A ähnlich ist, bereits gefunden ist. Dann soll $B' = m_0{:}m_1$ eine zu B ähnliche kommensurable Zahlenproportion sein. Das induktive Argument besteht nun darin, zu zeigen, dass wir B' an A' zu einer $(n+1)$-stufigen Kette anfügen können.

Dazu erweitern wir A' mit m_0 und B' mit n_n und erhalten die ebenfalls zu den jeweiligen Ausgangsketten ähnlichen kommensurablen Ketten

$$A'' = m_0n_0{:}m_0n_1{:}\ldots{:}m_0n_n \text{ und } B'' = n_nm_0{:}n_nm_1,$$

welche wieder die gleichen Anschlussmagnituden besitzen. Daher ist die $(n+1)$-stufige Proportionenkette

$$C = m_0n_0{:}m_0n_1{:}\ldots{:}m_0n_n{:}n_nm_1$$

sowohl eine Adjunktion von B an A als simultan auch eine Adjunktion aller $(n+1)$ kommensurablen Proportionen

$$A_1 = a_0{:}a_1, A_2 = a_1{:}a_2, \ldots, A_n = a_{n-1}{:}a_n \text{ und } B = b_0{:}b_1$$

zu einer $(n+1)$-stufigen kommensurablen Proportionenkette

$$C \cong A_1 \oplus A_2 \oplus \ldots \oplus A_n \oplus B.$$

Die Folgerung ist letztlich nur eine andere Formulierung der soeben gezeigten Konstruktion: Ist eine n-stufige kommensurable Kette gegeben, so ist das gleichbedeutend damit, dass n kommensurable (Stufen-) Proportionen gegeben sind. Diese wiederum haben – per definitionem – jeweils n ähnliche Zahlenproportionen, die wir dann in der vorgesehenen Abfolge zusammenfügen können. Das Ergebnis ist ähnlich zur gegebenen Proportionenkette, da alle Proportionen samt ihrer Abfolge erhalten bleiben.

Die angegebene Formel (1. Adjunktionsformel) schließlich ist eine Kopie unseres geschilderten Verfahrens, und man kann sich leicht überzeugen, dass die k-te Proportionenstufe A'_k der angegebenen Proportionenformel genau die Proportion $n_k{:}m_k$ aufweist, das heißt, dass wir die Ähnlichkeiten

$$A'_k \cong A_k \cong n_k{:}m_k \text{ für } k = 1, \ldots, n$$

sehen. Das lesen wir leicht aus den konkreten Produkten der Proportionen ab, da nämlich alle anderen Faktoren der betreffenden Magnituden von A'_k übereinstimmen und sich somit – dank der Vervielfachungsregel – wieder herauskürzen: Es ist

$$(n_1 * n_2 * \ldots * n_n){:}(m_1 * n_2 * \ldots * n_n) \cong n_1{:}m_1$$
$$(m_1 * n_2 * \ldots * n_n){:}(m_1 * m_2 * n_3 \ldots n_n) \cong n_2{:}m_2$$
$$\ldots (m_1 * m_2 * \ldots * m_{n-1} * n_n){:}(m_1 * \ldots * m_n) \cong n_n{:}m_n.$$

Die 2. Adjunktionsformel kann als wiederholte Anwendung der 1. Adjunktionsformel gewonnen werden. Ebenso ist die Aussagegruppe (3) eine Konsequenz von (2) und der darin verankerten Erweiterungstechnik für Zahlenproportionenketten hinsichtlich ihrer Adjunktion. Damit ist unser Theorem in seiner Begründung beleuchtet.

Beispiele zum Kettenkompositionsverfahren
Wir schildern nun anhand von Beispielen das Verfahren, wie man konkret zwei gegebene Ketten adjungiert. In methodischer Hinsicht können wir drei Fälle auflisten, wie man zwei Ketten zu einer Komposition vereinigen (verschmelzen) kann:

I. Der Fall reeller Zahlenproportionenketten,
II. Der Fall rationaler (kommensurabler) Zahlenproportionenketten,
III. Der Fall kommensurabel-verbindbarer Proportionenketten.

Fall I: Reelle Zahlenproportionenketten: Gegeben seien die beiden Proportionenketten

$$A = 2{:}3{:}\sqrt{12} \text{ und } B = \sqrt{3}{:}11{:}13.$$

Wir sollen B an A anfügen. Dazu erweitern wir B mit dem Faktor $\lambda = \sqrt{12}/\sqrt{3} = \sqrt{4} = 2$ und erhalten mit $2\sqrt{3} = \sqrt{12}$ die zu B ähnliche Kette

$$B' = \sqrt{12}{:}22{:}26,$$

welche definitionsgemäß direkt an A anfügbar ist, so dass die 4-stufige Proportionenkette

$$C = A \oplus B = 2{:}3{:}\sqrt{12}{:}22{:}26$$

eine gewünschte Komposition von A und B darstellt. Wir könnten in diesem Fall auch einmal die umgekehrte Reihenfolge wählen: Dann würden wir etwa die jetzt „zweite" Kette A mit dem Faktor $\lambda = 13/2$ erweitern, erhalten die zu A ähnliche Kette

$$A' = 13{:}39/2{:}(13/2)\sqrt{12},$$

welche direkt an B anfügbar ist, und es entstünde die 4-stufige Komposition

$$D = B \oplus A = \sqrt{3}{:}11{:}13{:}39/2{:}(13/2)\sqrt{12},$$

von der wir ganz sicher sehen, dass sie nicht ähnlich zur Kette $C = A \oplus B$ sein kann.

Fall II: Rationale (kommensurable) Zahlenproportionenketten: Wir kopieren zwar das voranstehende Verfahren – sorgen aber durch eine beidseitige Erweiterung dafür, dass die Ketten ihre Ganzzahligkeiten behalten, wenn sie in dieser Form gegeben sind. Sind zwei Ketten A und B

$$A = a_0{:}a_1{:}\ldots{:}a_n \text{ und } B = b_0{:}b_1{:}\ldots{:}b_m$$

mit rationalen Zahlen a_j, b_k gegeben, so sorgen wir durch Erweiterungen von A mit dem Hauptnenner λ aller Zahlen a_j und von B mit dem Hauptnenner μ aller Zahlen b_k, dass die neuen Ketten A' und B', die ja jeweils zu den alten Ketten ähnlich sind, ganzzahlig sind.

Deshalb können wir – a priori – nun annehmen, dass beide Ketten A und B in ganzzahliger Form vorliegen. Dann machen wir die Komposition wie im nun folgenden Beispiel: Es seien

$$A = 3{:}4{:}7 \text{ und } B = 2{:}5{:}6{:}11.$$

Dann erweitern wir die Kette A mit 2, die Kette B mit 7, und erhalten die ähnlichen Ketten

$$A' = 6{:}8{:}14 \text{ und } B' = 14{:}35{:}4{:}77,$$

welche nun zu einer 5-stufigen Komposition

$$C = A \oplus B = 6{:}8{:}14{:}35{:}42{:}77$$

zusammengeführt sind.

Fall III: Kommensurabel-verbindbare Proportionenketten: Seien

$$A = a_0{:}a_1{:}a_2 \text{ und } B = b_0{:}b_1$$

gegeben, und die Proportion der sie verbindenden Magnituden sei $a_2{:}b_0 \cong 3{:}4$ beziehungsweise $a_2{:}3 \cong b_0{:}4$. Dann erweitern wir die Kette A mit 4 und die Kette B mit 3 und erhalten die beiden Ketten

$$A' = a'_0{:}a'_1{:}a'_2 = 4a_0{:}4a_1{:}4a_2 \text{ und } B' = b'_0{:}b'_1 = 3b_0{:}3b_1,$$

welche offensichtlich zu A beziehungsweise zu B ähnlich sind. Nun gilt für die neuen zu verbindenden Proportionen:

$$a'_2{:}b'_0 \cong 4a_2{:}3b_0 \cong (4 * 3){:}(3 * 4) = 12{:}12 \cong 1{:}1,$$

so dass wir die zwei untereinander ähnlichen und „fast" identischen 3-stufigen Ketten

$$C = A \oplus B = 4a_0{:}4a_1{:}4a_2{:}3b_1 \text{ oder } C = A \oplus B = 4a_0{:}4a_1{:}3b_0{:}3b_1$$

als Kompositionen erhalten. Je nach der Art der Magnituden können wir halt nicht $4a_2 = 3b_0$ schreiben – im Falle von Zahlenproportionen gleichwohl, was natürlich die Sache erleichtert (zumindest in streng formaler Sicht).

Die 2. Adjunktionsformel findet ihre Anwendung insbesondere dann, wenn man ein festes musikalisches Intervall ständig iteriert – das heißt zum Beispiel, wenn Quinte auf Quinte zwecks Skalengenerierung gesetzt wird und dieser Prozess sich dann eine Weile fortspinnt. Ein Zahlenbeispiel möge dies illustrieren:

Beispiel 2.4

Proportionenkette einer Intervallschichtung

Wir setzen 6 pythagoräische Ganztöne (8:9) aufeinander.

Frage: Wie lautet die zugehörige Proportionenkette?

Antwort: Aufgrund der teilerfremden Situation ist die nicht weiter vereinfachbare Form dieser entstehenden 7-gliedrigen Kette die Zahlenroportionenkette

$$8^6{:}8^5 9{:}8^4 9^2{:}8^3 9^3{:}8^2 9^4{:}8^1 9^5{:}9^6$$
$$= 262144 : 294912 : 331776 : 373248 : 419904 : 472392 : 531441.$$

Die äußere Proportion 262144 : 531441 ist nur „beinahe" so groß wie 1:2; genau genommen haben wir die Differenz zur Oktave 1:2 in der Proportion 524288 : 531441 vorliegen, dem kleinen „Fehlerintervall" der pythagoräischen Stimmung – allgemein als **„pythagoräisches Komma"** bekannt und von signifikantem Einfluss auf die Gesamtheit der musikalischen Tontheorie. Ihm sind wir ja schon im Beispiel (1.2) des Abschn. 1.4 begegnet.

Wir kommen noch auf eine weitere wichtige Regel zu sprechen, die in der musikalischen Praxis auf Schritt und Tritt genutzt wird:

Das Oktavierungsprinzip in der Praxis der Instrumentenstimmung
Angenommen, wir sollten eine Orgel oder ein Piano nach einer bestimmten gewünschten Temperierung stimmen – gleichstufig, mitteltönig, nach Kirnberger III und so fort. Dann ist die übliche Vorgehensweise doch wohl diese:

Wir stimmen zuerst eine einzige Oktavskala – also in der Regel die 12 Töne der Klaviatur – sagen wir von dem Ton $A_1 \sim 440$ Hz bis zu seiner Oktave $A_2 \sim 880$Hz einschließlich. Mathematisch bedeutet das, dass wir die gegebene 12-stufige Proportionenkette

$$A = a_0{:}a_1{:}\ldots{:}a_{12},$$

deren Stufenproportionen den geforderten Frequenzfaktoren der gewünschten Temperierung entsprechen und wobei die totale Proportion von A mit

$$a_0{:}a_{12} \cong 1{:}2$$

die Oktave repräsentiert, als Modell der Oktavskala betrachten.

Ist nun diese eine Oktave nach Wunsch eingestimmt, so werden wir es gewiss unterlassen, diesen Vorgang – der nicht selten mühsam ist – nun für alle sich nach oben oder nach unten anschließenden Oktaven zu kopieren. Vielmehr werden wir beispielsweise den Folgeton B_2, der ja um einen Halbtonschritt über dem bereits gestimmten A_2 liegt, als reine Oktave zu B_1, das wir ja im ersten Schritt eingerichtet haben, festlegen. Und so geht das Schritt für Schritt, Ton für Ton, weiter.

Fazit: *Haben wir eine einzige Oktave korrekt nach vorgegebenem Wunsch gestimmt, so haben wir – im Nu (?) – das ganze Instrument gestimmt.*

Dass dies funktioniert, steht außer Frage, da millionenfach getestet. Was uns aber an dieser Stelle interessiert, ist die Frage, welches mathematische Prinzip dahintersteckt! Dieses Prinzip wollen wir nun allgemein schildern – ihm aber auch den Namen des soeben erläuterten Verfahrens geben:

Theorem 2.2 (Das Oktavierungsprinzip)
Gegeben seien die beiden adjungierbaren n-stufigen Proportionenketten

$$A = a_0{:}a_1{:}\ldots{:}a_n \text{ und } B = b_0{:}b_1{:}\ldots{:}b_n,$$

und es sei die 2n-stufige Proportionenkette

$$C = A \oplus B \cong c_0{:}c_1{:}\ldots{:}c_n{:}c_{n+1}{:}c_{n+2}{:}\ldots{:}c_{2n}$$

deren Adjunktion $A \oplus B$. Dann sind äquivalent:

1. $A \cong B$.
2. Alle (n+1) Proportionen $c_k{:}c_{k+n}$, $(k = 0, \ldots, n)$ sind untereinander ähnlich und somit ähnlich zur (Start-) Proportion $c_0{:}c_n \cong a_0{:}a_n$, der totalen Proportion von A. In mathematischem Formalismus ausgedrückt heißt das:

   $$c_k{:}c_{k+n} \cong c_j{:}c_{j+n} \cong a_0{:}a_n \text{ für alle } j, k = 0, \ldots, n.$$

   Insbesondere ist dann auch $b_0{:}b_n \cong c_n{:}c_{2n} \cong a_0{:}a_n$.

Folgerung (Das Oktavierungsprinzip in der Praxis der Instrumentenstimmung)
Ist $A = a_0{:}a_1{:}\ldots{:}a_n$ eine gegebene n-stufige Proportionenkette, die wir mit sich selbst adjungieren können. Dann ist die durch beidseitige beliebig oft fortgesetzte Adjunktion gewonnene Proportionenkette

$$T = \cdots \oplus A \oplus A \oplus A \oplus \ldots$$

periodisch – das heißt, dass ein Shift um n (Aufwärts- oder Abwärts-) Stufen stets die gleiche totale Proportion von A (oder ihr Inverses) ergibt:
Ist $T = \cdots{:}t_k{:}t_{k+1}\ldots$, so gilt

$t_k{:}t_{k+n} \cong a_0{:}a_n$ für alle Töne k der Iterationskette T beziehungsweise

$t_k{:}t_{k-n} \cong a_n{:}a_0$ für alle Töne k der Iterationskette T.

Somit ist T eine periodisch belegte (gestimmte) **Tastatur.** Der Regelfall wäre mit $n = 12$ gegeben, und dies beschreibt dann unsere übliche Piano-/Orgeltastatur.

Den Beweis wollen wir „musikalisch" führen – das gelingt uns nämlich wie folgt:

Wichtig
Wir können diesen Satz nämlich genauso beweisen, wie wir das Piano stimmen würden: Genau dies steckt nämlich hinter folgender rekursiven Überlegung, die wir mit der ersten Stufe $k=1$ starten: Nach Definition der Adjunktionskette haben wir die Ähnlichkeiten

$$c_0{:}c_1 \cong a_0{:}a_1 \text{ und } c_n{:}c_{n+1} \cong b_0{:}b_1.$$

Daher sind $c_0{:}c_1$ und $c_n{:}c_{n+1}$ genau dann ähnlich, wenn dies für $a_0{:}a_1$ und $b_0{:}b_1$ gilt. Dann folgt aber mit der Kreuzregel das Prinzip der „reinen Oktave":

Oktavierungsprinzip: Wir müssen nur die 12 Töne einer einzigen chromatischen Oktavskala (z. B. einer **Referenzoktave** $c_0 - h_0$, gestrichelt) stimmen – dann sind **alle weiteren Töne** der gesamten Tastatur mittels einfach auszuführender Oktavierung aus den entsprechenden Tönen der Referenzoktave oktav-rein zu stimmen – fertig.

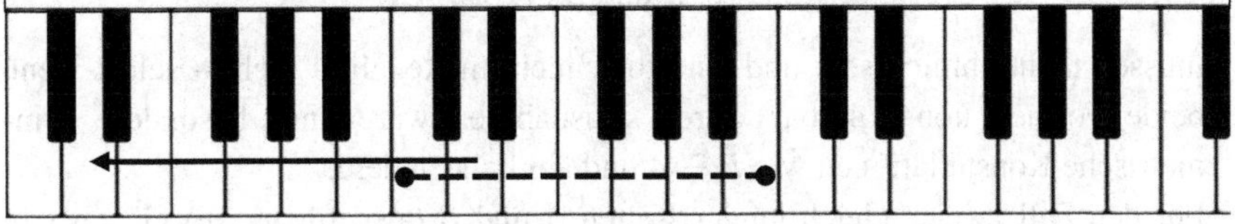

Abb. 2.2 Das Oktavierungsprinzip des Stimmens

$$c_0{:}c_1 \cong c_n{:}c_{n+1} \Leftrightarrow c_0{:}c_n \cong c_1{:}c_{n+1}.$$

Und weil $c_0{:}c_n \cong a_0{:}a_n$ ist, folgt – indem wir das für jede weitere Stufe genauso machen – die Behauptung.

Die einleitende Beschreibung des Stimmungsverfahrens eines Instruments wird durch diesen Satz „bewiesen“: Für $n = 12$ sind alle Positionen k und $k+12$ Oktaven; und ist dann die Ausgangsskala eine 12-stufige Oktavskala, so ist $a_0{:}a_{12} \cong 1{:}2$, und diese Proportion haben dann alle Tastenpaare $(k, k+12), k = 0, \ldots, 12$ und bei Umkehrung der Spielrichtung und der Oktavproportion auch alle Abwärtsoktaven – also alle denkbaren Klaviaturen rauf und runter. Die Abb. 2.2 verdeutlicht dies an der Klaviatur.

Natürlich wollen wir bemerken, dass dieses „Prinzip“ lediglich eine – wie der Name es schon sagt – grundsätzliche Methode, eine Basis, zur Tastatur-Instrumentenstimmung beschreibt; ein professionelles, künstlerisch gestaltetes Stimmen geht hierbei noch ganz andere Wege,

denn erst über chromatische Dur-Akkordketten, gewünschten und notwendigen Schwebungen fast verborgen klingender Obertöne und einigen weiteren geheimnisvollen Zutaten finden die Meister ihres Fachs den Weg zum wahren Wohlklang des Instruments. (Es heißt, der große Vladimir Horowitz habe auf seinen eigenen Klavierstimmer als steten Begleiter nie verzichtet...).

Wir schließen diese Betrachtung über diese wichtige Grundkonstruktion der Adjunktion mit einer ersten Auflistung mathematischer Strukturgesetze, die diese Prozesse begleiten:

Theorem 2.3 (Die Algebra der Adjunktionenoperation)

1. **Invarianz unter Ähnlichkeit:** Die Adjunktion bezieht sich stets auf ganze Ähnlichkeitsklassen: Sind A und B adjungierbar zur Kette $C \cong A \oplus B$, so sind auch alle zu A und alle zu B ähnlichen Ketten A' und B' adjungierbar, und deren Adjunktion ist ähnlich zur Adjunktion C, symbolisch gilt also

$$A' \oplus B' = A \oplus B \Leftrightarrow A' \cong A \text{ und } B' \cong B.$$

2. **Keine Kommutativität:** Für die Komposition ist das Gesetz der Kommutativität – also die Vertauschbarkeit – im Allgemeinen weder zutreffend noch sinnvoll:

$$A \oplus B \text{ und } B \oplus A$$

müssen nicht ähnlich sein und sind dies auch im Regelfall nicht – selbst wenn beide Formen konstruierbar wären. Ausnahmen wären nur besondere symmetrische Konstellationen wie $B \cong A$ und ähnliche andere.
Für den Fall zweier gleich langer Ketten A und B (also für $n=m$) gilt aber in der Tat die genauere Beschreibung

$$A \oplus B \cong B \oplus A \Leftrightarrow B \cong A.$$

Darüber hinaus lässt sich für ebenfalls gleich lange Ketten mit der vorstehenden Aussage (1) über die Invarianz unter Ähnlichkeit auch die Äquivalenz

$$A \oplus B \cong B \oplus C \Leftrightarrow A \cong B \cong C$$

erkennen – unterstellt, dass alle diese Kompositionen überhaupt existieren.
3. **Assoziativität und Transitivität:** Wenn C an B und B an A adjungierbar ist, so gelten uneingeschränkt folgende Übertragungsmechanismen:
   1. **Assoziativität:** Sowohl $B \oplus C$ ist an A adjungierbar als auch C ist an $A \oplus B$ adjungierbar, und dann sind beide Kompositionen gleich (genauer: ähnlich):

   $$A \oplus (B \oplus C) \cong (A \oplus B) \oplus C.$$

   2. **Transitivität:** Auch C ist dann an A adjungierbar, $A \oplus C$ existiert also.
4. **Inverse:** Für alle Proportionenketten A und B gilt: Ist B an A adjungierbar, so ist auch A^{inv} an B^{inv} adjungierbar, und es gilt die Rechenregel:

$$(A \oplus B)^{inv} \cong B^{inv} \oplus A^{inv}.$$

Warum? Die erste Aussage folgt direkt aus der Definition: Eine Kette $C = A \oplus B$ hat ja genau die Stufenproportionenabfolge wie A (Vorderkette) und B (Hinterkette), und somit gilt dies ja auch für alle zu A beziehungsweise zu B ähnlichen Ketten, da deren Stufenproportionenabfolge identisch – das heißt: ähnlich – ist.

Auch die anderen Formeln und Aussagen sind ohne Mühe zu gewinnen. Lediglich die letzte Regel (4) wollen wir zur Übung einmal ausführlich in ihrer Allgemeinheit beweisen, und dazu seien

$$A = a_0{:}a_1{:}\ldots{:}a_n \text{ und } B = b_0{:}b_1{:}\ldots{:}b_m$$

gegebene Proportionenketten, und die Kette

$$C = A \oplus B = c_0{:}c_1{:}\ldots{:}c_n{:}\ldots{:}c_{n+m-1}{:}c_{n+m}$$

sei deren Adjunktion. Per definitionem ist die inverse Proportionenkette zu C die Kette

$$C^{inv} = c_{n+m}{:}c_{n+m-1}{:}\ldots{:}c_n{:}\ldots{:}c_1{:}c_0.$$

Nun gelten nach unserer Definition einer Adjunktion $A \oplus B$ die Ähnlichkeiten

$$c_0{:}c_1 \cong a_0{:}a_1, \ldots, c_{n-1}{:}c_n \cong a_{n-1}{:}a_n$$
$$c_n{:}c_{n+1} \cong b_0{:}b_1, \ldots, c_{n+m-1}{:}c_{n+m} \cong b_{m-1}{:}b_m.$$

Diese können wir nach der Umkehrregel als Proportionenfolge

$$c_{n+m}{:}c_{n+m-1} \cong b_m{:}b_{m-1}, \ldots, c_{n+1}{:}c_n \cong b_1{:}b_0$$
$$c_n{:}c_{n-1} \cong a_n{:}a_{n-1}, \ldots, c_1{:}c_0 \cong a_1{:}a_0$$

erkennen, so dass ebenfalls definitionsgemäß die gesamte Kette

$$c_{n+m}{:}c_{n+m-1}{:}\ldots{:}c_n{:}\ldots{:}c_1{:}c_0$$

eine Adjunktion von A^{inv} an B^{inv} ist. Damit ist unsere Regel bestätigt.

2.3 Reziproke Proportionenketten

Einer der interessantesten Aspekte der Proportionenkettentheorie entsteht dann, wenn wir die Abfolge der Stufenproportionen einfach mal umkehren. Nehmen wir ein Beispiel:

Die 2-stufige Proportionenkette 4:5:6 steht für den diatonisch reinen Dur-Dreiklang; der reinen großen Terz (4:5) folgt die reine kleine Terz (5:6), und die Spanne ist eine Quinte (4:6 $\cong$ 2:3). Wenn wir die Reihung umkehren, wissen wir als Musiker, was herauskommt: ein Mollakkord. Um nun die 2-stufige Proportionenkette als Adjunktion von (erst) kleiner und (dann) großer Terz zu konstruieren, wenden wir die passende Erweiterung an, so dass die alten Verbindungsmagnituden (6 und 4) gleich groß werden; das „kgV" (das kleinste gemeinsame Vielfache) ist 12 – will sagen

$$5{:}6 \cong 10{:}12 \text{ und } 4{:}5 \cong 12{:}15 \Rightarrow (5{:}6) \oplus (4{:}5) \cong 10{:}12{:}15,$$

und so ist die Proportionenkette des Moll-Dreiklangs entstanden.

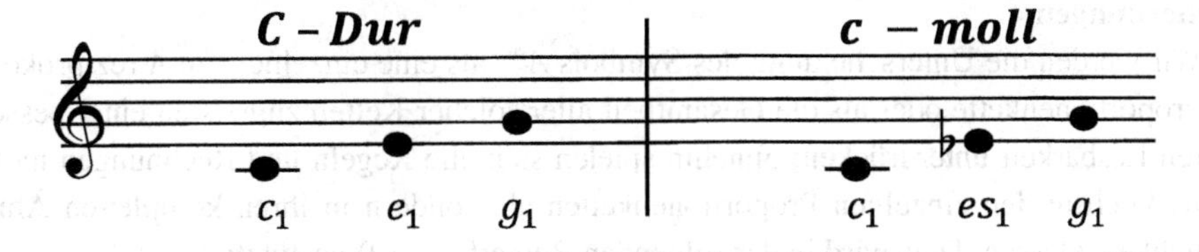

Auf der anderen Seite bilden wir einmal die Proportionenkette der „Kehrwerte" der Ausgangskette, so erhalten wir, wenn wir der Größe nach ordnen, folgende Proportionenkette:

$$\frac{1}{6}{:}\frac{1}{5}{:}\frac{1}{4} \cong \frac{6*5*4}{6}{:}\frac{6*5*4}{5}{:}\frac{6*5*4}{4} \cong 20{:}24{:}30 \cong 10{:}12{:}15,$$

also die gleiche Proportionenkette wie zuvor, als wir einfach die Reihung der Proportionen umkehrten. Dieser zwar höchst bemerkenswerte Zusammenhang ist dagegen gewiss rechnerisch leicht durchschaubar – gleichwohl äußerst profund in das Konzept der Proportionenketten und ihrer Musik eingebettet. Wir formulieren schon mal vorab:

▶ Die Proportionenkette der geordneten Kehrwerte der Magnituden einer geordneten Proportionenkette stellt selber wieder eine Kette dar, bei welcher die Reihung der Proportionen umgekehrt ist.

So jedenfalls haben wir das im Beispiel gesehen. Sicher gilt dieses interessante Wechselspiel zwischen Kehrwerten und vertauschten Proportionen auch allgemein, und dabei treten interessante Symmetrien zu Tage, wenn nämlich dann noch gewisse Mittelwertebeziehungen ins Spiel kommen. Das wird uns aber erst im nachfolgenden Kapitel beschäftigen. Wir starten mit der Definition:

Definition 2.5 (Umkehrbare, reziproke Proportionenketten)
Eine n-stufige Proportionenkette $A = a_0{:}a_1{:}\ldots{:}a_n$ heißt **umkehrbar**, wenn es eine ebenfalls n-stufige Proportionenkette

$$B = b_0{:}b_1{:}\ldots{:}b_n$$

gibt, deren Stufenproportionen ähnlich zu den in umgekehrter Reihung aufgeführten Stufenproportionen von A sind, wenn also

$$b_0{:}b_1 \cong a_{n-1}{:}a_n,\ b_1{:}b_2 \cong a_{n-2}{:}a_{n-1}, \ldots, b_{n-1}{:}b_n \cong a_0{:}a_1$$

gilt. Man nennt jede solche Proportionenkette B eine **Reziproke zu** $\boldsymbol{A}$, und wir verwenden hierfür (also für die Gesamtheit aller Reziproken zur gegebenen Proportionenkette A) die Notation $\boldsymbol{A^{\mathrm{rez}}}$. In mathematischer Schreibweise liest sich das so:

$$A^{\mathrm{rez}} = \{B | B \text{ ist eine n} - \text{stufige Proportionenkette, welche reziprok zu } A \text{ ist}\}.$$

Bemerkungen

1. Wir werden die Unterscheidung des Symbols A^{rez} als eine einzelne – zu A reziproke – Proportionenkette oder als die Gesamtheit aller solcher Ketten zugunsten einer besseren Lesbarkeit unterdrücken; ohnehin spielen sich alle Regeln und Rechnungen nicht wirklich in den einzelnen Proportionenketten ab, sondern in ihren kompletten Ähnlichkeitsklassen. Dies wird in der folgenden Bemerkung (2) gestützt:
2. Weil es in der definitorischen Festlegung nur auf die „Verhältnisse" (Proportionen) aller Magnituden (und nicht auf die Größe der Magnituden selbst) ankommt, ist schnell klar, dass ähnliche Ketten auch ähnliche Eigenschaften haben (Stichwort „Invarianz unter Ähnlichkeit"). Insbesondere erkennen wir anhand der Definition des Begriffs „reziprok" folgende Generalisierungen:

a) Wenn eine Proportionenkette $\overline{K}$ zu einer Kette K reziprok ist, so sind dies auch alle Ketten, die wiederum selber zur Reziproken $\overline{K}$ ähnlich sind.
b) Wenn eine Proportionenkette $\overline{K}$ zu einer Kette K reziprok ist, so ist sie auch reziprok zu allen Ketten, die ähnlich zur Kette K sind.

Denn die Proportionen aller Stufen ändern sich ja unter Ähnlichkeit nicht.

3. Andere Namen für **„reziproke Proportionenkette"** wären beispielsweise auch „eine zur gegebenen Kette **gespiegelte** Proportionenkette" oder „eine **umgekehrte** Proportionenkette". Beide Nennungen entsprechen naheliegenden konstruktiven Zusammenhängen, wobei wir aber unbedingt darauf achten müssen, dass **„reziprok"** und **„invers"** stets differieren – mit Ausnahme des Falls konstant gleicher Magnituden; daher wäre auch „invertierte Proportionenkette" keine sichere Bezeichnungsweise, kurz:

▶ **„Reziprok"** bedeutet, dass die **Stufenproportionen** in umgekehrter Reihung adjungiert werden; **„invers"** dagegen bedeutet, dass die **Glieder (Magnituden)** in umgekehrter Reihung geschrieben werden, und dann werden lediglich alle Stufenproportionen invertiert und in umgekehrter Reihung aneinander gefügt – das entspricht also vergleichsweise einem „Rückwärtslesen" der gegebenen Kette.

Um ein erläuterndes Beispiel aus der einfachen Akkordik zu geben: Die in unserer Abschnittseinleitung bereits betrachtete Proportionenkette des Dur-Akkords

$A = 4{:}5{:}6$ – interpretierbar als: große Terz aufwärts $\oplus$ kleine Terz aufwärts

(Dur-Akkord) würde bei bloßer Magnitudenumkehrung die Kette

$A^{inv} = 6{:}5{:}4$ – interpretierbar als: kleine Terz **abwärts** $\oplus$ große Terz **abwärts**

ergeben, welche die Proportionen des gleichen Dur-Akkords beschreibt – jedoch aus der abwärts gerichteten Sicht des Schlusstons von A, der Dominante. „Reziprok" bedeutet dagegen die umgekehrte Reihung **der Proportionen** der Kette und nicht ihrer Magnituden. Angewendet auf diese Dur-Dreiklangkette 4:5:6 bedeutet deren Reziproke die Abfolge von erst kleiner Terz (5:6) und dann großer Terz (4:5), was wir als Moll-Dreiklang kennen, demnach ergibt sich – genau wie in der Einleitung geschildert – die Situation

$$A^{\mathrm{rez}} = (5{:}6) \oplus (4{:}5) \cong 10{:}12{:}15.$$

Im Übrigen ist im Gegensatz zur Reziproken eine inverse Proportionenkette durch die nämlichen Magnituden angebbar; im Falle der Reziproken muss hingegen noch der Anfügeprozess durch passende Ähnlichkeitsoperationen einbezogen werden.

4. Eine Reziproke zu einer 1-stufigen Proportionenkette $A = a{:}b$ ist die Kette A selbst (und genau alle anderen zu ihr ähnlichen Proportionen), in mathematischer Symbolik:

$$A = a{:}b \Leftrightarrow A^{\mathrm{rez}} \cong a{:}b, \text{ beachte aber } A^{inv} = b{:}a.$$

Ob es für eine gegebene Proportionenkette überhaupt eine reziproke Kette gibt, ist a priori nicht klar; wir werden im kommenden Theorem hierzu entsprechende Aussagen finden sowie weitere wesentliche mathematische Fakten rund um den Begriff „reziprok“ zu einem Paket bündeln:

Theorem 2.4 (Existenz, Berechnung und Symmetrien reziproker Proportionenketten)

1. **Invarianz unter Ähnlichkeit:**
   Ist B reziprok zu A, so sind alle zu B ähnlichen Proportionenketten reziprok zu allen Proportionenketten, die zu A ähnlich sind; in mathematischer Sprache:
   $$B \cong A^{\text{rez}} \Leftrightarrow \overline{B} \cong \overline{A}^{\text{rez}} \text{ für alle Ketten } \overline{A} \text{ und } \overline{B} \text{ mit } \overline{A} \cong A \text{ und } \overline{B} \cong B.$$
2. **Symmetrien:**
   a) Es gilt stets $B \cong A^{\text{rez}} \Leftrightarrow A \cong B^{\text{rez}}$.
   b) Für die Doppelreziproke gilt: $(A^{\text{rez}})^{\text{rez}} \cong A$.
3. **Berechnungsformeln (Reziprokenformel):**
   Ist $A = a_0{:}a_1{:}\ldots{:}a_n$ eine konkrete Zahlenproportionenkette, so ist
   $$B = b_0{:}b_1{:}\ldots{:}b_m = \frac{1}{a_n}{:}\frac{1}{a_{n-1}}{:}\ldots{:}\frac{1}{a_0}$$
   eine Reziproke zu A. Durch Erweiterung dieser Kette B mit dem „Hauptnenner“
   $$\mu = a_0\, a_1 \ldots a_n$$
   – also dem Produkt aller ihrer Magnituden – erreicht man die formal bruchfreie Form einer Reziproken, was wir als **Reziprokenformel** kennzeichnen:
   $$A^{\text{rez}} \cong (a_0 \ldots a_{n-1}){:}(a_0 \ldots a_{n-2}a_n){:}\ldots{:}(a_0a_2 \ldots a_n){:}(a_1 \ldots a_n).$$
4. **Existenz der Reziproken:**
   Jede n-stufige Zahlenproportionenkette hat eine Reziproke. Und daraus folgt:
   a) Jede zu einer Zahlenproportionenkette ähnliche Kette hat eine Reziproke.
   b) Jede kommensurable Proportionenkette hat eine Reziproke, und alle Reziproken sind ebenfalls wieder kommensurabel.

Bemerkung zur Reziprokenformel

Die Formel für diese bruchfreie Form einer Reziproken ist trotz ihrer womöglich abschreckenden Länge leicht zu merken: Verwenden wir die Ausdrücke

$$A^{\text{rez}} \cong \mu_0{:}\ldots{:}\mu_n \text{ und } \mu = a_0 * \ldots * a_n,$$

so ergibt sich eine einfach zu merkende Produktstruktur: Vom Gesamtprodukt μ aller Magnituden fehlt

- in der ersten Magnitude $\mu_0 = a_0 * \ldots * a_{n-1}$ der Faktor a_n,
- in der zweiten Magnitude $\mu_1 = a_0 * \ldots * a_{n-2} * a_n$ der Faktor a_{n-1},
- …,
- in der letzten Magnitude $\mu_n = a_1 * \ldots * a_n$ der Faktor a_0.

Anders gesagt: Setzen wir zur Abkürzung $\mu_k = {}^{\mu}/_{a_{n-k}} (k = 0, \ldots, n)$, also

$$\mu_0 = {}^{\mu}/_{a_n}, \mu_1 = {}^{\mu}/_{a_{n-1}}, \ldots, \mu_{n-1} = {}^{\mu}/_{a_1}, \mu_n = {}^{\mu}/_{a_0},$$

so ist die formal bruchfreie Form einer Reziproken die n-stufige Proportionenkette

$$A^{\text{rez}} \cong \mu_0 : \ldots : \mu_n$$

mit den Magnituden $\mu_0, \ldots, \mu_n$, welche im Falle positiver ganzzahliger Magnituden a_k selber wieder ganzzahlig sind und somit eine kommensurable Proportionenkette bilden.

Beweis des Theorems: Zunächst zu der Aussage (1) und (2): Nach unserer Definition einer Reziproken als eine (beliebige n-stufige) Proportionenkette, deren Stufenproportionen in umgekehrter Reihung verlaufen, sind diese Aussagen jedenfalls unmittelbar klar. Die beiden in (3) angegebenen Ketten erfüllen die Proportionenvorgaben der Reziproken – das zeigt ein kurzer Check, wie zum Beispiel die simple Arithmetik:

$$\frac{1}{a_{k+1}} : \frac{1}{a_k} = \frac{a_k}{a_k a_{k+1}} : \frac{a_{k+1}}{a_k a_{k+1}} = \frac{a_k}{\mu} : \frac{a_{k+1}}{\mu} \cong a_k : a_{k+1}.$$

Schreibt man also die Kehrwerte in umgekehrter Reihenfolge auf, so entstehen zwar die zur Kette A ähnlichen Stufenproportionen – nur eben in der gespiegelten Reihenfolge. Ein gemeinsamer Erweiterungsfaktor (μ) für alle Magnituden ändert die Proportionen nicht – daher ist auch die formal bruchfreie Form (die „Reziprokenformel") eine ähnliche Reziproke.

Nun ergibt sich die Existenz (Aussage 4) als Folgerung aus dieser Reziprokenformel. Auch die beiden Folgerungen sind bewiesen, denn nach Theorem 2.1 ist jede kommensurable Proportionenkette ja ähnlich zu einer Zahlenproportionenkette. Und eingedenk der Invarianz unter Ähnlichkeit ist dann deren Reziproke auch eine Reziproke zur gegebenen Kette. Da bei einer Reziproken alle Stufenproportionen erhalten bleiben – sie werden ja nur umgekehrt angeordnet –, sind sie auch kommensurabel, womit der Satz folgt.

Beispiel 2.5

Proportionenketten und ihre Reziproken

Nr.	Proportionenkette A	Eine ihrer Reziproken A^{rez}
1	3:4	3:4
2	3:4:5	12:15:20
3	1:2:3:4:5:6	10:12:15:20:30:60
4	3:5:7:9	35:45:63:105

Nr.	Proportionenkette A	Eine ihrer Reziproken A^{rez}
5	1:3:3:3:6	1:2:2:2:6
6	30:36:40:45:50:60	30:36:40:45:50:60

In den Beispielen Nr. 2, 3 und 4 ist die Proportionenkette A jeweils arithmetisch; ihre Reziproke A^{rez} ist harmonisch – wir erläutern dies in den späteren Abschn. 3.3 und 3.4; das letzte Beispiel zeigt uns eine „symmetrische" Proportionenkette; die Proportionen diametral gelegener Stufen sind ähnlich – im kommenden Abschn. 2.4 wird diese wichtige Struktur eingehender untersucht. Dessen eingedenk halten wir vorerst einmal fest:

▶ Das Zusammenspiel der Umkehrung der Stufen einer Proportionenkette mit Mittelwertespielereien und ihren gemeinsamen musikalischen Deutungen prägt und durchwirkt weite Teile der Begriffsbildungen wie auch die **Theorie der historischen Musiklehre;** den Höhepunkt dieser Verbindungen stellt hierbei die **Harmonia perfecta maxima** dar, in welcher eine – aus der Sicht der antiken Welt – *„vollkommen im Gleichgewicht sich befindende Proportionentheorie"* eins wird mit dem, was als Musiktheorie der vergangenen Jahrtausende verstanden wurde.

Diese Bedeutung der Harmonia perfecta maxima durchzieht nämlich wie ein roter Faden in manchmal virtuosen Deutungen und Beschreibungen die Lehren der Alten – angefangen bei den Pythagoräern und den griechischen Gelehrten bis hin zu Boethius und den frühmittelalterlichen Theoretikern. Im Abschn. 3.2 werden wir hierüber noch etwas mehr erfahren.

2.4 Symmetrische Proportionenketten

In der Musiktheorie spielen vor allem die symmetrischen Proportionenketten eine besondere Rolle; wir werden dies in allen Abschnitten, die sich mit der Harmonia perfecta befassen, in reichlichem Maße näher kennenlernen.

Definition 2.6 (Symmetrische Proportionenketten)
Eine Proportionenkette heißt **symmetrisch,** wenn sie reziprok zu sich selbst ist – wenn also alle Stufenproportionen ähnlich zu den in umgekehrter Reihung aufgelisteten Stufenproportionen sind. In mathematischer Sprache heißt das:

Die n-stufige Proportionenkette $A = a_0{:}a_1{:}\ldots{:}a_n$ ist **symmetrisch**

$$\Leftrightarrow a_k{:}a_{k+1} \cong a_{n-k-1}{:}a_{n-k} \text{ für alle Parameter } k = 0, \ldots, n-1.$$

Für die Spezialfälle 2- oder 3-stufiger Proportionenketten bedeutet dies:

- Die 2-stufige Kette $a{:}b{:}c$ ist symmetrisch, wenn $a{:}b \cong b{:}c$ ist;
- die 3-stufige Kette $a{:}b{:}c{:}d$ ist symmetrisch, wenn $a{:}b \cong c{:}d$ ist.

Im Falle 2-stufiger Ketten ist dann die Magnitude b das **geometrische Mittel** der äußeren Magnituden a und c.

Im folgenden Theorem schreiben wir einige nützliche Kriterien für das Eintreten der Proportionenkettensymmetrie auf. Je nach Herangehensweise entdecken wir gleich reihenweise interessante Bedingungen, die für die Symmetrie einer Proportionenkette garantieren; untereinander sind alle diese Bedingungen zwar äquivalent – effizient werden ihre Anwendungen aber gerade dadurch, dass wir die Bandbreite ihrer darstellenden Mechanismen kennen.

Theorem 2.5 (Symmetriekriterien für Proportionenketten)
Für Proportionenketten $A = a_0{:}a_1{:}\ldots{:}a_n$ gelten folgende Symmetrieeigenschaften:

1. **Invarianz unter Ähnlichkeit:**
   Ist eine Proportionenkette symmetrisch, so sind dies auch alle zu ihr ähnlichen Ketten.
2. **Symmetriekriterien:**
   1. **Stufenprinzip:** A ist symmetrisch $\Leftrightarrow A \cong A^{\text{rez}}$.
      Das heißt dann, dass alle gespiegelt situierten Stufenproportionen ähnlich sind,
      $$a_k{:}a_{k+1} \cong a_{k+1}^*{:}a_k^* \text{ für alle } k = 0, \ldots, n-1.$$
   2. **Spiegelprinzip:** A ist symmetrisch $\Leftrightarrow a_0{:}a_k \cong a_{n-k}{:}a_n$ für alle $k = 0, \ldots, n$.
      Alle zu den äußeren Magnituden gespiegelt liegenden Proportionen sind ähnlich. Und noch allgemeiner: Alle zueinander gespiegelten Proportionen sind ähnlich:
      $$a_j{:}a_k \cong a_k^*{:}a_j^* \text{ für alle } k, j = 0, \ldots, n.$$
   3. **Hyperbelprinzip:** A ist symmetrisch $\Leftrightarrow$ alle Magnitudenpaare $\left(a_k,\, a_k^*\right)$ liegen auf der gleichen Hyperbel
      $$x * y = a_0 * a_n.$$
      Die Produkte $a_k * a_k^* (k = 0, \ldots, n)$ gespiegelter Magnituden sind alle gleich, haben also alle den Wert des Produkts der äußeren Magnituden $a_0 * a_n$.
   4. **Prinzip der symmetrischen Reduktion:** A ist symmetrisch
      $$\Leftrightarrow (a_0{:}a_1 \cong a_{n-1}{:}a_n) \text{ und } A_1 = a_1{:}a_2{:}\ldots{:}a_{n-1} \text{ ist symmetrisch.}$$
      Wenn also die beiden äußeren Proportionen ähnlich sind und wenn die verbleibende „symmetrisch im Innern von A liegende" und nur noch $(n-2)$-stufige Teilproportionenenkette A_1 symmetrisch ist, so ist die ganze Kette symmetrisch.

5. **Teilkettenprinzip:** A ist symmetrisch $\Leftrightarrow$ für jede (echte) Teilkette B mit $B \subseteq A$ gibt es eine Reziproke mit $B^{\text{rez}} \subseteq A$.
Eine n-stufige Proportionenkette A ist also genau dann symmetrisch, wenn es zu jeder Teilproportionenkette B von A ebenfalls eine Teilproportionenkette C von A gibt, welche ähnlich zu einer Reziproken B^{rez} von B ist.
Zusatz: Man erhält eine solche Reziproke C, welche ja simultan aus den Magnituden von A gebildet wird, mit folgendem abstrakten Verfahren: Sei

$$B = a_{n_0}{:}a_{n_1}{:}\ldots{:}a_{n_k} \text{ mit } 0 \leq n_0 < n_1 < \cdots < n_k \leq n$$

eine gegebene k-stufige (geordnete) Teilkette von A. Dann ist die (geordnete) Zusammenstellung aller in A gespiegelten Magnituden $a^*_{n_j}$ zu einer k-stufigen Kette C

$$C = B^{\text{rez}} = a^*_{n_k}{:}\ldots{:}a^*_{n_0} = a_{n-n_0}{:}a_{n-n_1}{:}\ldots{:}a_{n-n_k}$$

eine solche zu B reziproke Teilproportionenkette von A.

Beweis: Die schon sehr häufig zitierte Invarianz gegenüber Ähnlichkeitsoperationen ist bereits in den Definitionen mit hineingegeben. Kommen wir also zu den Symmetriekriterien. Das Stufenprinzip orientiert sich an der Definition und beschreibt dieses dann auch mittels der gepiegelten Magnituden. Das Spiegelprinzip folgt durch sukzessive Anwendung des Stufenprinzips – und wir führen dies an einer konkreten Situation vor, wodurch wir die für manche Leser vielleicht ungeübten allgemein gehaltenen Indizierungsschreibungen umgehen; die Übertragungen auf den „sogenannten allgemeinen Fall" vollziehen sich dabei jedoch nach dem gleichen Muster.

Angenommen, wir hätten eine 4-stufige Proportionenkette

$$A = a_0{:}a_1{:}a_2{:}a_3{:}a_4.$$

Sie ist definitionsgemäß genau dann symmetrisch, wenn die Ähnlichkeiten

$$a_0{:}a_1 \cong a_3{:}a_4 \text{ und } a_1{:}a_2 \cong a_2{:}a_3$$

bestehen. Wir wollen dann exemplarisch sehen, dass auch die gespiegelten Stufenproportionen ähnlich sind. Nun sind ja wegen

$$a_3{:}a_4 = a_1^*{:}a_0^* \text{ und } a_2{:}a_3 = a_2^*{:}a_1^*$$

bereits die Ähnlichkeiten

$$a_0{:}a_1 \cong a_1^*{:}a_0^* \text{ und } a_1{:}a_2 \cong a_2^*{:}a_1^*$$

gegeben. Daher verbleibt noch der Nachweis, dass

$$a_0{:}a_3 \cong a_1{:}a_4 = a_3^*{:}a_0^*$$

ähnlich sind. Dazu wenden wir die algebraischen Regeln der Fusion aus dem Theorem 1.4 an und sehen die Behauptung mittels der kurzen, aber trickreichen Rechnung

$$\begin{aligned} a_0{:}a_3 &= (a_0{:}a_1) \odot (a_1{:}a_2) \odot (a_2{:}a_3) \cong (a_3{:}a_4) \odot (a_1{:}a_2) \odot (a_2{:}a_3) \\ &= (a_1{:}a_2) \odot (a_2{:}a_3) \odot (a_3{:}a_4) = a_1{:}a_4. \end{aligned}$$

Mit einer analogen Rechnung können wir dann die Ähnlichkeit aller diametralen Proportionen zeigen, wenn alle gepiegelten Stufenproportionen ähnlich sind. Deswegen sind Stufen- und Spiegelungsprinzip äquivalent. Das Hyperbelprinzip folgt durch bruchariithmetische Deutung der Proportionen, und dann folgt aus den Ähnlichkeiten der diametralen Stufen die Gleichheit der verlangten Produkte, und dies führt zur Hyperbeleigenschaft (siehe dazu auch das Theorem 3.1). Schließlich liefert das aus dem Stufenprinzip ohnehin direkt folgende Prinzip der symmetrischen Reduktion weitere Möglichkeiten, größere Ketten systematisch auf kleinere Stufenzahlen hin zu überführen. Ebenso können wir das Teilproportionenketten-Prinzip bequem mit dem allgemeinen Spiegelungsprinzip erkennen: Ist

$$B = a_{n_0}{:}a_{n_1}{:}\ldots{:}a_{n_k} \subseteq A,$$

so sehen wir mit diesem Symmetrieprinzip, dass die Kette C der geordneten gespiegelten Magnituden

$$C = a^*_{n_k}{:}\ldots{:}a^*_{n_0}$$

reziprok zu B ist: Es gilt beispielsweise die Ähnlichkeit

$$a_{n_0}{:}a_{n_1} \cong a^*_{n_1}{:}a^*_{n_0},$$

und ebenso erfolgt der Nachweis der Ähnlichkeit aller anderen Stufen.

Beispiel 2.6

Symmetrische Proportionenketten

1. Alle geometrischen Proportionenketten sind symmetrisch; „geometrisch" nennt man dabei eine Kette, wenn **alle** ihre Stufenproportionen ähnlich sind. (Wir kommen im Zusammenhang mit der Betrachtung klassischer Medietäten darauf zurück.) Ist also $q > 0$ ein Parameter, und ist a eine beliebige reelle Magnitude mit $a > 0$, so ist die n-stufige Proportionenkette

$$A = a{:}aq^1{:}aq^2{:}\ldots{:}aq^n$$

symmetrisch; die Stufenproportionen sind alle ähnlich zur Proportion $(1{:}q)$.

2. Das Beispiel der speziellen geometrischen – also symmetrischen – Kette

$$A = 1{:}2{:}4{:}8{:}16$$

zeigt, dass die Reziproke einer Teilkette auch in der Form als Teilkette von A nicht eindeutig zu sein braucht; so hat die Teilproportionenkette $B = 2{:}8{:}16$ die zwei

Ketten 1:2:8 und 2:4:16 als reziproke Ketten; beide sind Teilketten von A. Beide Ketten sind natürlich ähnlich.

Musikalisch stellt diese Kette einen „Akkord“ dar, der aus einem beliebigen Grundton und vier Folgeoktaven darüber besteht, also zum Beispiel die Folge

$$c_0 - c_1 - c_2 - c_3 - c_4.$$

3. Die **„musikalische“** Proportionenkette

$$A = 30{:}36{:}40{:}45{:}50{:}60$$

ist symmetrisch; die äußeren Proportionen sind ähnlich, denn $30{:}36 \cong 50{:}60 \cong 5{:}6$, und die verbleibende innere Kette 36:40:45:50 ist symmetrisch, denn deren äußere Proportionen sind ähnlich, und die dann verbleibende innere Proportionenkette ist nur die 1-stufige Proportion 40:45, welche von Hause aus symmetrisch ist (Prinzip der symmetrischen Reduktion). Diese Kette ist die Proportionenkette des vollständigen diatonischen Oktavkanons.
4. Wir können ganz bequem symmetrische Proportionenketten kreieren, indem wir an eine beliebige Kette B deren Reziproke adjungieren: Es gilt nämlich der

Satz (Architektur symmetrischer Proportionenketten)
Für eine beliebige m-stufige Proportionenkette B und eine beliebige Proportion P sind die beiden Ketten

$$A \cong B \oplus B^{\text{rez}} \text{ und } A \cong B \oplus P \oplus B^{\text{rez}}$$

symmetrisch; die erstere ist (2 m)-stufig, und die zweite ist (2 m + 1)-stufig. Umgekehrt gilt ebenso: Eine Proportionenkette A ist genau dann symmetrisch, wenn sie eine der vorstehenden architektonischen Formen hat – im Falle einer geraden Stufenzahl die erstere, im Falle einer ungeraden Stufenzahl die letztere.

Zur Illustration der Architektur symmetrischer Proportionenketten möge die Abb. 2.3 dienen.

Wir werden im Proportionenkettentheorem des nächsten Abschn. 2.5 diese Aussage noch einmal formulieren und beweisen. Wir können jedenfalls diesen Satz über die Architektur symmetrischer Proportionenketten einstweilen an den vorstehenden Beispielen testen:

Erstens: Nehmen wir die Kette

$$A = 1{:}2{:}4{:}8{:}16,$$

dann wäre die vordere „halbe“ Teilkette 1:2:4 die Kette B. Deren in A gespiegelte – diametrale – Magnituden sind 16, 8 und 4; die Proportionenkette $B^* = 4{:}8{:}16$ ist symmetrisch und damit reziprok zu sich selbst, und wir erhalten die erste der beiden architektonischen Formeln.

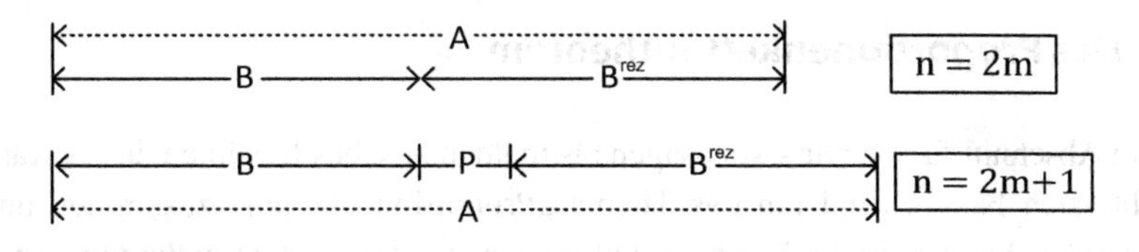

Abb. 2.3 Skizze zur Architektur symmetrischer Proportionenketten

Zweitens: Für die Kette des vollständigen diatonischen Oktavkanons

$$A = 30{:}36{:}40{:}45{:}50{:}60$$

ist $B = 30{:}36{:}40$ die vordere Teilkette; ihre Gespiegelte ist die Kette $B^* = 45{:}50{:}60$, und deren Stufen 9:10 und 5:6 sind umgekehrt die ähnlich-gleichen wie bei der Kette B:

$$B = (5{:}6) \oplus (9{:}10) \text{ und } B^* = (9{:}10) \oplus (5{:}6) = B^{\text{rez}}.$$

Zusammen mit der beide verbindenden Mittelproportion $P = 40{:}45$ haben wir auch die andere architektonische Form realisiert.

Drittens demonstrieren wir schließlich auch noch den umgekehrten Weg: Wir geben uns eine beliebige m-stufige Proportionenkette B vor und wollen damit eine 2 m-stufige symmetrische Kette gemäß der ersten architektonischen Form erhalten:

Sei beispielsweise $B = 2{:}5{:}6{:}7$. Dann müssen wir eine Reziproke konstruieren:

$$B^{\text{rez}} = (6{:}7) \oplus (5{:}6) \oplus (2{:}5) \cong 30{:}35{:}42{:}105.$$

Schließen wir diese an die Kette B an (indem wir beide Ketten so erweitern, dass die Anschlussmagnituden den Wert $30 * 7 = 210$ haben), so ist die ganze 6-stufige Kette A

$$\begin{aligned} A &\cong (2{:}5{:}6{:}7) \oplus (30{:}35{:}42{:}105) \\ &\cong 60{:}150{:}180{:}210{:}245{:}294{:}735, \end{aligned}$$

deren Symmetrie anhand des Stufenkriteriums – wenn auch etwas mühsam – gleichwohl durch elementare Kalkulation bestätigt wird, falls gewünscht.

Eine gegebene Mittelproportion in der Form $P = 7{:}30$ würde dagegen sofort die Verbindung $B \oplus P \oplus B^{\text{rez}}$ zu einer 7-stufigen Kette

$$A = 2{:}5{:}6{:}7{:}30{:}35{:}42{:}105$$

leisten, womit wir auch ein konstruktives Beipiel zur zweiten architektonischen Form gefunden hätten.

2.5 Das Proportionenkettentheorem

In diesem Abschnitt fassen wir – sozusagen als mathematisches Resümee dieses Kapitels – die wichtigsten Fakten rund um das Thema „Proportionenketten" zusammen und verbinden darüber hinaus einige Aussagen untereinander. Wir streben außerdem eine möglichst allgemein gehaltene Erörterung an – das ist in der Mathematik ja Usus –, verlangt aber, dass sicher auch die Wahl der beschreibenden Sprache dieser Allgemeinheit Rechnung trägt. Das gelingt ganz vorzüglich mittels des mathematischen Alphabets, der Sprache der Mengenlehre.

Theorem 2.6 (Proportionenkettentheorem)
Im Folgenden seien A, B usw. allgemeine n- oder m-stufige Proportionenketten. Dann gibt es folgende Eigenschaften für das Rechnen mit Proportionenketten:

1. **Ähnlichkeitsklassenstruktur aller Proportionenketten**
Die Ähnlichkeit ist eine **Äquivalenzrelation** auf der Gesamtheit $\mathcal{M}$ aller n-stufigen Proportionenketten; aus den drei – diese Struktur charakterisierenden – Eigenschaften
a) **Reflexivität:** Jede Kette ist ähnlich zu sich selbst: $A \cong A$,
b) **Symmetrie:** Ist B ähnlich zu A, so ist auch A ähnlich zu B: $A \cong B \Leftrightarrow B \cong A$,
c) **Transitivität:** Ist A ähnlich zu B, B ähnlich zu C, so ist auch A ähnlich zu C:
$$A \cong B \text{ und } B \cong C \Rightarrow A \cong C,$$
folgt dann, dass $\mathcal{M}$ in **„Ähnlichkeitsklassen"** eingeteilt werden kann, welche zueinander disjunkt (schnittfremd) sind, und dabei besteht jede Klasse aus der Gesamtheit aller n-stufigen Proportionenketten, die alle ähnlich zueinander sind. (Wegen der Reflexivität sind übrigens alle Ähnlichkeitsklassen nichtleer.)
In mathematischer Sprache ist dann
$$\mathcal{M}(A) = \{A' \in \mathcal{M} | A' \cong A\}$$
die Menge aller n-stufigen Ketten, die zu einer gegebenen Kette A ähnlich sind und die man dann die **Ähnlichkeitsklasse für A** nennt. Dann haben wir folgende Strukturierung der Gesamtheit $\mathcal{M}$ als „disjunkte Vereinigung aller möglichen Äquivalenzklassen ihrer Mitglieder", und das drückt sich so aus:
Ähnlichkeitsklassenstruktur aller n-stufigen Proportionenketten $\mathcal{M}$
a) $\mathcal{M} = \cup\{\mathcal{M}(A) | A \in \mathcal{M}\}$, und für alle $A \in \mathcal{M}$ ist $\mathcal{M}(A) \neq \emptyset$.
b) $A \cong B \Leftrightarrow \mathcal{M}(A) = \mathcal{M}(B)$.
c) $A \ncong B \Leftrightarrow \mathcal{M}(A) \cap \mathcal{M}(B) = \emptyset$.
So besagt beispielsweise die letzte Aussage, dass alle zu A ähnlichen Ketten von allen zu B ähnlichen Ketten verschieden sind, falls A und B selbst nicht ähnlich sind.

2. **Die Ähnlichkeitskriterien**
   Zwei n-stufige Ketten sind genau dann ähnlich, wenn eines der folgenden Kriterien
   1. das Stufenkriterium,
   2. das Magnitudenkriterium,
   3. oder – im Falle von kommensurablen Proportionenketten – das Wertekriterium

   zutrifft; alle drei sind aber im Übrigen untereinander äquivalent und in der Definition (2.2) des Abschn. 2.1 und dem dort enthaltenen Satz beschrieben.
3. **Proportionenketten und ihre Reziproken**
   a) **Invarianz unter Ähnlichkeit:** Für umkehrbare Proportionenketten A gilt
   $$\mathcal{M}(A^{\text{rez}}) = (\mathcal{M}(A))^{\text{rez}} \text{ und } (\mathcal{M}(A^{\text{rez}}))^{\text{rez}} = \mathcal{M}(A).$$
   b) **Symmetrie:** Die Eigenschaft einer Proportionenkettensymmetrie liest sich so:
   $$A \text{ ist symmetrisch} \Leftrightarrow \text{alle } A' \in \mathcal{M}(A) \text{ sind symmetrisch}$$
   $$\Leftrightarrow \mathcal{M}(A^{\text{rez}}) \cap \mathcal{M}(A) \neq \emptyset \Leftrightarrow \mathcal{M}(A^{\text{rez}}) = \mathcal{M}(A).$$
   Sobald es also in den Ähnlichkeitsklassen von A und von einer ihrer Reziproken eine gemeinsame Proportionenkette gibt, ist schon klar, dass A symmetrisch sein muss; und umgekehrt sind im Falle der Symmetrie von A beide Ähnlichkeitsklassen identisch.
4. **Universalität der Adjunktion unter Ähnlichkeit**
   Ist für A und B eine Adjunktion $C = A \oplus B$ konstruierbar, so auch für die kompletten Ähnlichkeitsklassen dieser beiden Proportionenketten; es gilt demnach universal die globale Gleichung
   $$\mathcal{M}(C) = \mathcal{M}(A) \oplus M(B),$$
   was im Einzelnen besagt:
   1. Für jede Kette A' aus $\mathcal{M}(A)$ und für jede Kette B' aus $\mathcal{M}(B)$ ist eine Adjunktion $C' = A' \oplus B'$ überhaupt erst einmal möglich.
   2. Jede Kette C' aus $\mathcal{M}(C)$ ist eine Adjunktion zweier beliebiger Ketten A' aus $\mathcal{M}(\mathrm{A})$ und B' aus $\mathcal{M}(B)$.
5. **Adjunktion und Reziproke**
   Sei A eine n-stufige und B eine m-stufige Proportionenkette, so sind äquivalent:
   a) Es existiert eine Adjunktion $C = A \oplus B$, und C ist umkehrbar.
   b) Es existiert eine Adjunktion $\overline{C} = B^{\text{rez}} \oplus A^{\text{rez}}$, und $\overline{C}$ ist umkehrbar.

   Folgerung: Wenn Aussage a) – und konsequenterweise auch Aussage b) – zutrifft, so sind A und B auch selbst umkehrbar, und die (n+m)-stufige Kette C ist eine Reziproke zu $\overline{C}$ und umgekehrt, so dass die wichtige Formel
   $$(A \oplus B)^{\text{rez}} \cong B^{\text{rez}} \oplus A^{\text{rez}}$$

gilt. Und da all dies invariant unter Ähnlichkeit ist, gilt die allgemeine Mengenformel

$$(\mathcal{M}(A) \oplus \mathcal{M}(B))^{\mathrm{rez}} = (\mathcal{M}(B))^{\mathrm{rez}} \oplus (\mathcal{M}(A))^{\mathrm{rez}} = \mathcal{M}(B^{\mathrm{rez}}) \oplus \mathcal{M}(A^{\mathrm{rez}}),$$

vorausgesetzt, dass eine der Eigenschaften a) oder b) für lediglich zwei Vertreter $A' \in \mathcal{M}(A)$ und $B' \in \mathcal{M}(B)$ zutrifft.

6. **Die Architektur symmetrischer Proportionenketten**
Für n-stufige Proportionenketten $A = a_0{:}a_1{:}\ldots{:}a_{n-1}{:}a_n$ gilt folgende Architektur:
1. Ist n gerade, also von der Form $n = 2m$, so sei

$$B = a_0{:}a_1{:}\ldots{:}a_{m-1}{:}a_m$$

die vordere m-stufige Teilkette von A, und dann ist

$$B^* = a_m{:}a_{m+1}{:}\ldots{:}a_{2m-1}{:}a_{2m}$$

ihre gespiegelte Proportionenkette, und sie ist die hintere Hälfte der Kette A. Dann gilt das Kriterium:

$$A \text{ symmetrisch } \Leftrightarrow B^* \cong B^{\mathrm{rez}} \Leftrightarrow A = B \oplus B^{\mathrm{rez}}.$$

2. Ist n ungerade, also von der Form n=2m+1, so sei

$$B = a_0{:}a_1{:}\ldots{:}a_{m-1}{:}a_m$$

wieder die vordere m-stufige Teilkette von A, und dann ist die ebenfalls m-stufige Proportionenkette

$$B^* = a_{m+1}{:}a_{m+2}{:}\ldots{:}a_{2m}{:}a_{2m+1}$$

ihre gespiegelte Kette. Ist dann $P = a_m{:}a_{m+1}$ die mittlere Stufenproportion von A, die ja B und B^* verbindet, so gilt das Kriterium:

$$A \text{ symmetrisch } \Leftrightarrow B^* \cong B^{\mathrm{rez}} \Leftrightarrow A = B \oplus P \oplus B^{\mathrm{rez}}.$$

Beweis: Zu (1): Die drei genannten Eigenschaften der Reflexivität, der Symmetrie und der Transitivität sind zwar unmittelbare Übertragungen aus dem Spezialfall gewöhnlicher Proportionen, wie wir ihnen im Theorem 1.1 bereits begegnet sind; gleichwohl wollen wir diesen abstrakten Gegenstand in dieser neuen erweiterten Situation im Detail begründen:

Zur Symmetrie: Weil jede Proportion $a{:}b$ ähnlich zu sich selbst ist, gilt dies auch für jede Proportionenkette A und daher ist $A \cong A$, und daraus folgt erst einmal, dass die Familie $\mathcal{M}(A)$ nichtleer ist, denn $A \in \mathcal{M}(A)$. Daraus folgt aber mit ein wenig Mengenkalkül die Bilanz

$$\mathcal{M} = \{A \mid A \in \mathcal{M}\} = \cup_{A \in \mathcal{M}} \{A\} \subset \cup_{A \in \mathcal{M}} \mathcal{M}(A) \subset \cup_{A \in \mathcal{M}} \mathcal{M} \subset \mathcal{M},$$

so dass die Gleichheit und somit die Aussage a) gilt. Ist eine Kette A ähnlich zur Kette B, so ist – nach dem Transitivgesetz für Proportionen – jede zu A ähnliche Kette auch ähnlich zu B und umgekehrt. Deshalb sind die Ähnlichkeitsklassen $\mathcal{M}(A)$ und $\mathcal{M}(B)$ gleich, und die Aussage b) ist gezeigt. Sind schließlich zwei Ähnlichkeitsklassen $\mathcal{M}(A)$ und $\mathcal{M}(B)$ nicht disjunkt, so gibt es eine Kette C, die sowohl in $\mathcal{M}(A)$ als auch in $\mathcal{M}(B)$ liegt. Dann ist per definitionem $C \cong A$ und $C \cong B$, so dass erneut nach dem Transitivgesetz auch $A \cong B$ folgt. Nicht-ähnliche Proportionenketten A und B können also keine ähnlichen gemeinsamen Ketten haben, womit auch die Aussage c) bewiesen ist.

Zu (2): Die beiden Ähnlichkeitskriterien 1. und 2. sind mittels der Kreuzregel äquivalent – das Wertekriterium sehen wir so: Wir setzen $a_0':a_0 = \lambda:1$, dann ist dies auch für alle anderen Proportionen richtig; die Kreuzregel und eine Vervielfachung mit λ liefert dann die Proportionenbeziehungen $a_k':1 = \lambda a_k:1$, was für Zahlen nichts anderes als $a_k' = \lambda a_k$ bedeutet.

Zu (3): Hier haben wir bereits alle Aussagen gezeigt; die mengentheoretische Formulierung der Invarianzeigenschaft mag etwas gewöhnungsbedürftig sein: wir wollen sie daher ein wenig erläutern:

- Die Menge $(\mathcal{M}(A))^{\text{rez}}$ ist die Gesamtheit aller Ketten K, die reziprok zu allen Proportionenketten A' sind, welche in $\mathcal{M}(A)$ liegen – also zu all jenen, welche stets ähnlich zu A sind. Da eine solche Kette A' Stufenproportionen hat, die ähnlich zu den entsprechenden Stufenproportionen von A sind, ist jede Kette K, die reziprok zu A' ist, auch reziprok zu A und daher ähnlich zu jeder zu A reziproken Kette. Deshalb ist K ebenfalls ein Element der Gesamtheit $\mathcal{M}(A^{\text{rez}})$ aller zu A^{rez} ähnlichen Ketten, wobei A^{rez} hierbei selber wieder irgendeine beliebige Reziproke zu A ist.

Alle Argumente sind nun Äquivalenzen, und die erste Mengengleichheit

$$(\mathcal{M}(A))^{\text{rez}} = \mathcal{M}(A^{\text{rez}})$$

ist gezeigt. Aufgrund der Symmetrie der Ähnlichkeit $(A^{\text{rez}})^{\text{rez}} \cong A$, welche besagt, dass eine Reziproke zur Reziproken einer Kette A wieder ähnlich zu A sein muss, folgt auch sofort die Gleichheit von

$$(\mathcal{M}(A^{\text{rez}}))^{\text{rez}} = \mathcal{M}(A),$$

und der Punkt (3) ist komplett.

Zu (4): Diesen Aussagenblock finden wir bereits in Theorem 2.1.

Zu (5): In der ersten Aussage a) argumentiert man wie folgt:
Wenn eine Adjunktion $C = A \oplus B$ existiert, so bedeutet das im Detail für die Ketten

$$A = a_0:a_1:\ldots:a_n \text{ und } B = b_0:b_1:\ldots:b_m,$$

dass die Kette $C = c_0{:}c_1{:}\ldots c_n{:}c_{n+1}{:}\ldots{:}c_{n+m-1}{:}c_{n+m}$ die ähnlichen Proportionen

$$c_0{:}c_1 \cong a_0{:}a_1, \ldots, c_{n-1}{:}c_n \cong a_{n-1}{:}a_n$$
$$c_n{:}c_{n+1} \cong b_0{:}b_1, \ldots, c_{n+m-1}{:}c_{n+m} \cong b_{m-1}{:}b_m$$

besitzt. Ist nun C umkehrbar, so gibt es eine $(m+n)$-stufige Kette $\overline{C}$ (ihre Reziproke),

$$\overline{C} = \overline{c}_0{:}\overline{c}_1{:}\ldots{:}\overline{c}_m{:}\overline{c}_{m+1}{:}\ldots{:}\overline{c}_{m+n-1}{:}\overline{c}_{m+n},$$

und nach Konstruktion einer Reziproken ist die vordere m-stufige Teilkette $\overline{c}_0{:}\overline{c}_1{:}\ldots{:}\overline{c}_m$ von $\overline{C}$ die Reziproke der hinteren m-stufigen Teilkette $c_n{:}\ldots{:}c_{n+m}$ von C – die aber nach Definition der Adjunktion $C = A \oplus B$ ähnlich zur m-stufigen Kette B ist. Also ist die Teilkette $\overline{c}_0{:}\overline{c}_1{:}\ldots{:}\overline{c}_m$ eine Reziproke zu B, und B ist somit umkehrbar. Genauso verhält es sich mit der Kette A: Die hintere n-stufige Teilkette $\overline{c}_m{:}\overline{c}_{m+1}{:}\ldots{:}\overline{c}_{m+n-1}{:}\overline{c}_{m+n}$ von $\overline{C}$ ist reziprok zur vorderen n-stufigen Teilkette $c_0{:}c_1{:}\ldots{:}c_n$von C, welche nach Konstruktion einer Adjunktion $C = A \oplus B$ aber wieder ähnlich zur n-stufigen Kette A ist. Deshalb ist auch A umkehrbar.

Somit folgt aus der Existenz der Adjunktion und deren Umkehrbarkeit, dass beide Ketten A und B umkehrbar sind und dass die $(m+n)$-stufige Kette $\overline{C}$ offenbar die Adjunktion der beiden Kettenumkehrungen $\overline{B}$ und $\overline{A}$ ist, wobei $\overline{A}$ an $\overline{B}$ angefügt ist. Damit ist „a) $\Rightarrow$ b)" gezeigt.

Die umgekehrte Richtung verläuft aufgrund der Symmetrie $(A^{\text{rez}})^{\text{rez}} \cong A$ völlig analog (weil man A durch A^{rez} und B durch B^{rez} ersetzen kann und dann darauf das bereits Gezeigte anwendet).

Zu (6): Sei $n = 2m$ eine gerade Stufenanzahl. Dann schreiben wir die Kette A in der Form

$$A = a_0{:}a_1{:}\ldots{:}a_n = a_0{:}a_1{:}\ldots{:}a_m{:}a_{m+1}{:}a_{m+2}{:}\ldots{:}a_{n=2m},$$

und mit den angegebenen Zerlegungen

$$B = a_0{:}a_1{:}\ldots{:}a_m \text{ und } C = a_m{:}a_1{:}\ldots{:}a_n,$$

welche offenbar direkt verbindbar sind, gilt die Bilanz $A = B \oplus C$. Nun ist aber diese Teilkette C genau die in gespiegelter Anordnung gebildete Kette der gespiegelten Magnituden von B – es sind ja in diesem Fall die Spiegelungen

$$a_0^* = a_n, a_1^* = a_{n-1}, \ldots, a_m^* = a_m,$$

gültig, so dass wir die m-stufige Teilproportionenkette

$$B^* = a_m^*{:}a_{m-1}^*{:}\ldots{:}a_0^* = a_m{:}a_{m+1}{:}a_{m+2}{:}\ldots{:}a_{2m} = C$$

erhalten. Um nun zu zeigen, dass B^* genau dann reziprok zu B ist, wenn A symmetrisch ist, könnten wir die Ähnlichkeitsbedingung diametraler Stufenproportionen nutzen – aber:

Ein abstraktes Argument möchte auch zu seinem Recht kommen, und dazu nutzen wir die Verbindung von Adjunktionen und Reziproken aus Teil 5 dieses Theorems:

$$A = A^{\text{rez}} \Leftrightarrow B \oplus B^* = \left(B \oplus B^*\right)^{\text{rez}} \cong \left(B^*\right)^{\text{rez}} \oplus B^{\text{rez}}.$$

Daher ist $(B^*)^{\text{rez}} = B$ wie auch $B^* = B^{\text{rez}}$ gilt – Letzteres ist aber wieder zu Ersterem äquivalent.

Im Fall einer ungeraden Stufenzahl $n = 2m + 1$ liefert dann die Wahl der m-stufigen Teilproportionenketten

$$B = a_0{:}a_1{:}\ldots{:}a_m \text{ und } C = a_{m+1}{:}a_{m+2}{:}\ldots{:}a_{n=2m+1}$$

zusammen mit der sie verbindenden Proportion $P = a_m{:}a_{m+1}$ die Adjunktion von A in der Bilanz $A = B \oplus P \oplus C$. Auch hier sind die Ketten B und C gespiegelt, $C = B^*$. Zusammen mit der trivialen Eigenschaft gewöhnlicher Proportionen, reziprok zu sich selbst zu sein, finden wir ebenfalls mit dem voranstehenden abstrakten Argument

$$\begin{aligned} A = A^{\text{rez}} &\Leftrightarrow B \oplus P \oplus B^* = \left(B \oplus P \oplus B^*\right)^{\text{rez}} \\ &= \left(B^*\right)^{\text{rez}} \oplus P^{\text{rez}} \oplus B^{\text{rez}} = \left(B^*\right)^{\text{rez}} \oplus P \oplus B^{\text{rez}} \Leftrightarrow B^{\text{rez}} = B^*, \end{aligned}$$

womit alles gezeigt ist.

Unter den zweifellos zahlreichen Anwendungen dieses Satzkompendiums greifen wir einmal die Architektur symmetrischer Ketten – also die Aussage (6) – heraus und zeigen in einem abschließenden Beispiel, wie sich diese Formeltheorie in der musikalischen Praxis anfühlt.

Beispiel 2.7

Dur- und Moll-Architektur in der Akkordik

Wir wollen einmal von einem beliebigen Ausgangston aus – sagen wir g_0 – ein symmetrisches Akkordgebilde bauen. Dazu fügen wir aufwärts an die Tonika (Ton g_0) den Dur-Akkord $g_0 - h_0 - d_1$ gemäß der Proportion $D = 4{:}5{:}6$, abwärts den Moll-Akkord $g_0 - es_0 - c_0$ gemäß der Proportion $M = 15{:}12{:}10$ an. Dann entsteht in Aufwärtsfolge ein Moll-Dreiklang, bei welchem auf der Quinte (Dominante) ein Dur-Dreiklang aufgesetzt ist. Dann ist offenbar

$$M^{inv} = D^{\text{rez}},$$

und das mathematische Ergebnis ist eine Proportionenkette

$$A = M^{inv} \oplus D = D^{\text{rez}} \oplus D \cong 40{:}48{:}60{:}75{:}90,$$

welche den Ambitus der totalen Proportionen 4:9 – das ist eine pythagoräische None – besitzt. Die Kette A ist symmetrisch, denn als solche ist sie ja konstruiert worden; gleichwohl bestätigt dies ein kurzer Check der Daten. Ebenso erkennen wir, dass die der Tonika entsprechende Magnitude – das ist die Zahl 60 – das „geometrische Zentrum“ der Kette ist: Wir haben die Symmetrien

$$40{:}60 \cong 60{:}90 \text{ und } 48{:}60 \cong 60{:}75,$$

welche in Vorwegnahme nachfolgender Erklärungen nichts anderes bedeuten, als dass die Zahl 60 das geometrische Mittel der beiden Datenpaare (40, 90) und (48, 75) ist.

Das musikalische Ergebnis ist ein Septim-Non-Moll-Akkord in der Stufenabfolge

$$kl.Terz(5{:}6) \oplus gr.Terz(4{:}5) \oplus gr.Terz(4{:}5) \oplus kl.Terz(5{:}6),$$

und hier haben wir beispielsweise die Tonfolge

$$c_0 - es_0 - g_0 - h_0 - d_1.$$

Sicher könnten wir auch eine hierzu ähnliche Konstruktion anfertigen, indem wir Dur und Moll vertauschen; dann entstünde die symmetrische Proportionenkette

$$B = D \oplus M = M^{\mathrm{rez}} \oplus M \cong 20{:}25{:}30{:}36{:}45,$$

und hier ist die Magnitude – die Ausgangstonika – ebenfalls das Symmetriezentrum. Es entsteht musikalisch ein „Dominant-Septim-Non-Akkord" – das ist hier ein verminderter (Dur-) Septimen-Akkord mit ajoutierter None – der Tonfolge

$$c_0 - e_0 - g_0 - b_0 - d_1$$

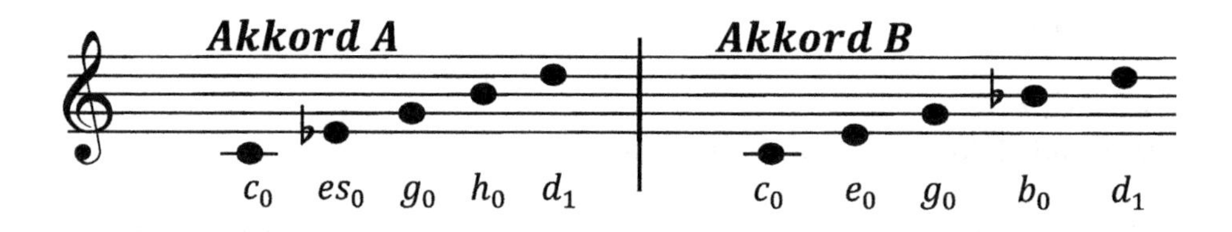

So ist insbesondere der Akkord B Bestandteil ungezählter harmonischer Bewegungen.

Ein Nachklang

Geschafft! Zweifellos haben wir in diesem Kapitel sehr viel darin investiert, der **Mathematik** die Rolle als Wächterin über die Klarheit der Begriffe und über die Logik ihrer Zusammenhänge zu überlassen; die **Plausibilität** als ihre weniger gestrenge Schwester musste sich ein wenig in Geduld üben. Gleichwohl haben jedoch beide ihr Recht. Und genau dies erbitten wir von unserer Leserschaft: Die einen können nicht genug bekommen in dem Wunsch, die Dinge in ihren möglichst abstraktesten Formen zu verstehen – andere finden ihre Freude in der Analogie und deren Quasi-Deutungen. Schön, wenn beide sich um die jeweilige andere Seite bemühen.

3 Medietäten

> *Eine Konsonanz ist das Maß von einem tiefen Ton zu einem hohen, oder von einem hohen zu einem tiefen, welche eine Melodie erzeugt.*
>
> (Cassiodor, aus [5], S. 127)

Bei dem Wort „Mittelwerte" – unserer heutigen Bezeichnung für Medietäten – denken wir sicher erst einmal an gewisse Durchschnitte diverser Datenmengen, und eine bange Vorahnung über mögliche total langweilige statistische Interpolationstabellen und Verteilungen macht sich womöglich breit. Weit gefehlt!

▶ **Wichtig**
Vielmehr besteht der Aufbau der antiken Musiktheorie zu einem nicht geringen Teil in einer äußerst kunstfertigen Einbeziehung der als „babylonische Medietäten" oder auch als „Medietäten des Archytas" bekannten Mittelwerte – nämlich dem

- *arithmetischen Mittel,*
- *harmonischen Mittel,*
- *geometrischen Mittel*

und noch einigen anderen – in das System der Intervalle, der Akkorde, der Tetrachordik und ihren hieraus errichteten Skalen.

Natürlich finden Mittelwerte tausendfältige Anwendungen auch außerhalb der Musiktheorie: Neben der Statistik sind dies die Arithmetik und die Geometrie – man denke nur an die bekannten Strahlensätze sowie an die Satzgruppe des Pythagoras, die ihrerseits ein wesentliches Grundkonzept der gesamten Elementargeometrie bilden. Die Tatsache, dass bereits im einfachsten – also im pythagoräischen – Kanon der *heiligen* Zahlen

K. Schüffler, *Proportionen und ihre Musik,* https://doi.org/10.1007/978-3-662-59805-4_3

$$6 - 8 - 9 - 12 \ (\text{pythagoräischer Kanon})$$

die beiden Innenzahlen das harmonische Mittel (die 8) und das arithmetische Mittel (die 9) der Oktavzahlen 6 und 12 darstellen, ließ jedenfalls in den antiken Betrachtungen einen ungeheuren Raum für spekulative, mystische wie auch zahlensymbolische Deutungen zu. Und das war erst der Anfang. Wenn wir beispielsweise die reine große Terz ins Spiel bringen – sie hat ja bekanntlich die (Tonhöhen-) Proportion 4:5 – so drückt sich das im Kanon dadurch aus, dass wir dort die Zahl 10 hinzunehmen. Denn im nun „diatonischen" Kanon

$$6 - 8 - 9 - 10 - 12 \ (\text{diatonischer Kanon})$$

entsteht ja mit 8:10 die zu 4:5 ähnliche Proportion, und auch die kleine reine Terz (und einige andere Intervalle mehr) hat mit $10{:}12 \cong 5{:}6$ dort ihren Platz gefunden. Wir beobachten nun folgende bemerkenswerte Gegenüberstellungen:

- Das harmonische Mittel – also die Zahl 8 – teilt die Spanne 6 – 12 in die beiden Abschnitte 6 – 8 und 8 – 12, welche selber im Verhältnis $2{:}4 \cong 6{:}12$ stehen.
- Die Zahl 10 hingegen teilt die Spanne 6 – 12 in die beiden Abschnitte 6 – 10 und 10 – 12, welche nun im „Contra-Verhältnis" $4{:}2 \cong 12{:}6$ stehen.

Auch diese Zahl 10 ist ein „Mittelwert" – nämlich das sogenannte „contra-harmonische Mittel" der Zahlen 6 und 12; das Teilungsverhältnis der Abschnitte ist umgekehrt zu demjenigen des harmonischen Mittels, und auch seine Lage ist entgegen positioniert, nähmen wir das arithmetische Mittel als neue Mitte an.

Dieses einfache Experiment zeigt uns, in welche Richtung die Diskussion mit den Medietäten wohl führen kann, und wir werden eine ganze Palette überraschender Zusammenhänge entdecken.

Üblicherweise sind Mittelwerte meist per Formeln definiert; aber auch verbale Beschreibungen sind nicht unüblich – ganz im Gegenteil: Die Antike kannte neben den Darstellungen aus der Proportionenlehre beinahe ausnahmslos nur die Form nicht selten vager Umschreibungen. Bekannte Beschreibungen sind jedenfalls im Falle zweier positiver Daten (a und b):

- Das arithmetische Mittel x_{arith} ist die Hälfte ihrer Summe,
- das harmonische Mittel y_{harm} ist der Kehrwert des arithmetischen Mittels der Kehrwerte – aber auch diejenige Seite, die mit dem arithmetischen Mittel ein zum Rechteck mit den Seiten a und b gleich großes Rechteck ergibt,
- das geometrische Mittel z_{geom} ist die Seite eines zum Rechteck mit den Seiten a und b gleich großen Quadrats.

Wir werden die Konzepte dieser und anderer Mittelwerte nicht vermittels statistischer Formeln, sondern weitestgehend mithilfe der Regeln und Methoden der Proportionenlehre beschreiben. Und wenngleich sich diese Beschreibungen in der Hauptsache auf (Zahlen-) Proportionen beziehen, so ist ein Zusammenhang zu allgemeineren

Magnitudenproportionen durchweg möglich; Symbole wie „+“ und „–“ und einige andere wären entsprechend zu deuten. Nun kommt es jedoch in der Musiktheorie auf „Frequenzverhältnisse“ an: Insofern begegnen wir hier eher doch nur der Situation, in welcher die „horoi“ a, b usw. positive Zahlen sind. Und solange wir uns in der antiken Musiktheorie bewegen, sind diese Zahlen bestenfalls rational (Brüche), wenn nicht gar nur vom Typ der Perissos- oder Artioszahlen: n und 1/n. Wobei aufgrund der Ähnlichkeitsverhältnisse sogar die Beschränkung auf ganze (natürliche) Zahlen genügen würde.

Ausgehend von der Proportionenlehre stellen wir zum einen zunächst einmal

1. die allgemeinen historischen Mittelwerteproportionen,
2. die babylonische Medietätentrinität (geometrisch-arithmetisch-harmonisch),
3. die zehn historischen Medietäten

vor und entwickeln zum anderen dann die für unsere Zwecke wesentlichen Zusammenhänge untereinander. Im Falle, dass eine Magnitude (x) eine Medietät von a und b eines gewissen Typs ist, so steht die

Medietätenproportionenkette $a{:}x{:}b$

im Fokus unseres Interesses, und wir suchen Beziehungen zwischen solchen Medietätenproportionenketten für unterschiedliche Medietätentypen: Welche gemeinsamen Eigenschaften gibt es und welche Zusammenhänge untereinander lassen sich gewinnen? Hierbei zeigt sich ein höchst fruchtbarer Zusammenhang zwischen *Mittelwerten als Magnituden und ihren Teilungsparametern.*

Und diese Zusammenhänge werden durch ein funktionales Wechselspiel zwischen der Stück-zum-Rest-Proportionenfunktion

$$y = f(x) = (x - a)/(b - x),$$

welche einer Magnitude („Medietät x“) ihren Teilungsparameter y zuordnet, und ihrer Inversen, welche den Teilungsparametern ihre Mittelwerte zuordnet, bestens beschrieben.

Aus historischer Sicht beherrschen die Theoreme des **Iamblichos** und des **Nicomachus von Gerasa** die Verbindung von babylonischen Mittelwerten und musikalischen Proportionen. Wir werden sehen, dass diese Theoreme Spezialfälle allgemeinerer Symmetrien sind, die man bei den Medietätenproportionenketten findet. Die beiden Theoreme von Iamblichos und Nicomachus sind jedoch das Herzstück der antiken Theorie der musikalischen Proportionen und ihrer Intervalle, und sie stellen inhaltlich das dar, was man unter der **„Harmonia perfecta maxima“** im ursprünglichsten und einfachsten Fall letztendlich verstanden hat. Wir berichten hierüber im Abschn. 3.2 in einem ersten Theorem, welches den pythagoräischen Kanon als Modell besitzt.

▶ Wir können aber dank unserer Ergebnisse rund um die Symmetrieeigenschaften von Medietätenproportionenketten diese althergebrachte Harmonia perfecta maxima einbetten in ein ***Universalkonzept einer Musiktheorie,*** das seinen Reichtum genau aus den erarbeiteten wechselseitigen Beziehungen von Proportionenketten, Reziproken, Mittelwerten und Zentrumssymmetrien schöpft. Und auch die Geometrie ist hier mit im Boot, nämlich in der Gestalt der ***Hyperbel des Archytas,*** die uns später und insbesondere im Geflecht weiterer Mittelwerte- und Intervallkonstruktionen ein hilfreicher Begleiter sein wird.

Zentrale Gegenstände dieses Kapitels sind also neben der Vorstellung antiker Medietäten in erster Linie die Symmetrien babylonischer Proportionenketten, und hierin ist der geometrischen Medietät ein eigener Abschn. 3.5 gewidmet. Darin kommen wir zu der vielleicht modernsten Form des pythagoräischen Kanons, der **„Harmonia perfecta maxima abstracta“.** Sie verbindet den Zauber der antiken Zahlenreihe

$$6 - 8 - 9 - 12$$

mit dem Zauber einer durch das geometrische Mittel gesteuerten Magnitudenreihe

$$a - x_1 - x_2 - b,$$

bei welcher die Innenmagnituden den Symmetriegesetzen der geometrischen Medietät gehorchen. Dann folgt im letzten Abschn. 3.6 dieses Kapitels die Beschreibung des diatonischen Kanons

$$6 - 7{,}2 - 8 - 9 - 10 - 12$$

in seiner allgemeinsten klassischen Medietätenform, sozusagen **ein musikalisches Resümee der Lehre der Proportionen,** und beschließt mit einem umfassenden Grundverständnis der pythagoräisch-diatonischen Musik den historischen Apparat der antiken Intervalllehre. Gleichzeitig wird aber hierdurch ein neuer Weg bereitet – hin zu den **infiniten musikalischen Medietätenproportionenketten** der erfindungsreichen Theoretiker, denen wir uns dann im darauf folgenden und letzten mathematischen Kapitel (Kap. 4) zuwenden werden.

3.1 Mittelwerteproportionen und ihre Analysis

Die Vielfalt historischer Mittelungen ist recht beachtlich; aber gottlob kann man bei vielen von ihnen gewisse Grundtypen erkennen, da sie nämlich entweder aus den klassischen drei Medietäten (den babylonischen Medietäten) abgeleitet sind oder aber in einer gewissen Analogie zu ihnen stehen.

Es zeigt sich sehr schnell, dass der **Zugang über die Proportionenketten** nicht nur seine historische Berechtigung hat, sondern dass dieser Zugang gleichzeitig auch ein generalisierendes Konzept darstellt, welches ganz andere Betrachtungsweisen zulässt als dasjenige, welches lediglich die Mittelwerte zu gegebenen Daten als **bloße Formeln** angibt.

Diese Beschreibung der Medietäten in der Sprache der Proportionenlehre kann sich nun im Wesentlichen genau dreier Formen bedienen, nämlich der

- „Stück zum Rest"-Proportion,
- „Stück zum Ganzen"-Proportion,
- „Stück zum Stück"-Proportion.

Und in der Literatur begegnet man – neben verbalen und manchmal ornamentreichen Beschreibungen – genau diesen drei Formen. Es leuchtet ein, dass nur eine Einheitlichkeit für vergleichende Betrachtungen Erfolg verspricht. Wir haben zwar bereits im Theorem 1.3 aus Abschn. 1.3 die grundsätzlichen Zusammenhänge dieser drei Proportionenformen untereinander geschildert, dennoch wollen wir dies im Falle der Medietätenproportionen erneut erwähnen. Dies geschieht im folgenden Satz:

Satz 3.1 (Die antiken Beschreibungen der Mittelwerteproportionen)

1. **Die Grundformen:** Es sei $a{:}x{:}b$ eine Proportionenkette mit $a < x < b$, und α, β seien weitere Magnituden, für die es eine Ratio $\alpha{:}\beta$ gibt; wir werden sie als **Teilungsparameter** bezeichnen. Dann sind die folgenden drei Formen untereinander gleichwertig:

   A) Die „Stück zum Rest"-Form:

   $$(x-a){:}(b-x) \cong \alpha{:}\beta \text{ oder auch } (b-x){:}(x-a) \cong \beta{:}\alpha.$$

   B) Die „Stück zum Ganzen"-Form:

   $$(x-a){:}(b-a) \cong \alpha{:}(\alpha+\beta) \text{ oder auch } (b-x){:}(b-a) \cong \beta{:}(\alpha+\beta).$$

   C) Die „Stück zum Stück"-Form:

   $$(x-a){:}\alpha \cong (b-x){:}\beta \cong (b-a){:}(\alpha+\beta).$$

   Die Formen A) beschreiben also das Verhältnis der beiden durch den „Mittelwert" x entstandenen und zueinander komplementären Teilabschnitte $(x-a)$ (dem „Stück") und $(b-x)$ (dem „Rest") zueinander; die Formen B) beschreiben das Verhältnis beider Abschnitte zum „Ganzen" $(b-a)$ – wobei aus der einen die jeweils andere folgt. Die Formen C) geben schließlich die Relationen aller drei Teile zu den Teilungsparametern α und β an, wobei $\alpha+\beta$ als „Ganzes" mit α als „Stück" und β als dessen „Rest" im Ganzen interpretiert wird. Zur Illustrationen siehe auch die Abb. 3.1.
2. **Monotonie der Mittelwerte, Lagekriterium:** Haben wir zu den gleichen Daten a und b zwei Mittelwerteproportionen, welche beispielsweise in der Stück-zum-Rest-Form A) vorliegen,

   $$(x-a){:}(b-x) \cong \alpha{:}\beta \text{ und } (\widetilde{x}-a){:}(b-\widetilde{x}) \cong \widetilde{\alpha}{:}\widetilde{\beta},$$

so gilt: Die Größenverhältnisse der Teilungsparameter übertragen sich unmittelbar auf die entsprechenden Mittelwerte, und dies bewirkt dadurch eine Ordnung der Magnituden – es gilt nämlich die genauere Äquivalenzbeziehung:

$$\frac{\alpha}{\beta} = \lambda < \widetilde{\lambda} = \frac{\widetilde{\alpha}}{\widetilde{\beta}} \Leftrightarrow \mathrm{a} < x < \widetilde{\mathrm{x}} < b.$$

Fazit: Ein Mittelwert (x) ist genau dann **kleiner** als ein anderer $(\widetilde{\mathrm{x}})$, wenn das Frequenzmaß $\frac{\beta}{\alpha}$ seiner Teilungsparameterproportion $\alpha{:}\beta$ **größer** ist als dasjenige des anderen Mittelwertes.

Beweis zu 1): In der Tat können wir die Äquivalenz der angegebenen Darstellungen aus den Regeln der Proportionenlehre gewinnen, indem wir nämlich die dortigen „Stück"-Formeln anwenden: Dazu setzen wir in den Stückformeln des Theorem 1.3 einfach

$$X = (x - a) \text{ und } Y = (b - x)$$

wahlweise für „Stück" und „Rest", dann ist das „Ganze" gleich $X + Y = (b - a)$. Ebenso sind die beiden Parameter α und β „Stück" und „Rest" des „Ganzen" $\alpha + \beta$, und der erste Teil des Satzes folgt.

Den Teil 2) entnehmen wir einfach einmal der Anschauung und haben den Fall A) vorliegen, bei dem die beiden Teilabschnitte $(x - a)$ (das „Stück") und $(b - x)$ (der „Rest") in Proportion zueinander stehen, so wie die Skizze der Abb. 3.1 es uns vor Augen führt. Da sich beide Abschnitte zur gegebenen Gesamtgröße $(b - a)$ (dem „Ganzen") addieren, können wir dann auch sehr leicht die Lage der Mittelwerte vergleichend ablesen. Dazu reicht fürs Erste eine einfache Beobachtung:

Geometrisch motivierte Betrachtung: Stellen wir uns dazu auf dem Zahlenstrahl die Strecke von a nach b durch einen Zwischenpunkt x in die beiden Abschnitte $(x - a)$ und $(b - x)$ geteilt vor, so wie es die Abb. 3.1 darlegt. Bewegt sich nun x aufwärts in Richtung b, so wird $(x - a)$ größer – aber $(b - x)$ wird gleichzeitig kleiner. Beides bewirkt, dass der Quotient (der Teilungsparameter)

$$(x - a)/(b - x) = \lambda$$

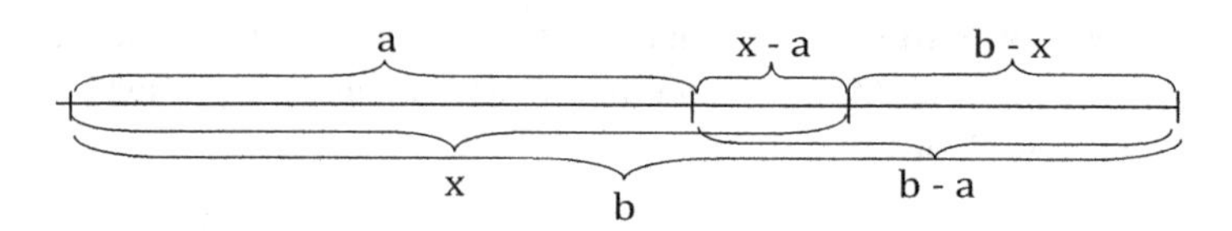

Abb. 3.1 Streckenmodell der Proportionenfunktion

wächst, da sein Zähler größer und sein Nenner kleiner wird. Entsprechend umgekehrt ist es, wenn der Zwischenpunkt x sich zu a hin bewegt: Hier wird der Abschnitt (x − a) kleiner und (b − x) simultan größer – der Bruch demnach kleiner. Und für den Kehrwert von λ – dem Frequenzmaß der Teilungsparameterproportion – gilt logischerweise das umgekehrte Wachstumsverhalten.

Wenngleich wir uns hierbei aus Bequemlichkeit der Deutung der Proportionen als Zahlenverhältnisse und folglich der Brucharithmetik bedient haben, so könnte diese Beobachtung zweifellos auch mit den Proportionengesetzen begründet werden. Wobei gleichwohl festzuhalten ist, dass manche ihrer Argumentationen auch hier den anschaulich motivierten Erfahrungsgesetzen erwachsen würden – denken wir zum Beispiel an die Kleiner-größer-Relation, deren Einbeziehung nur über die „urmathematische" Definition einer komplementären Magnitude (z) geschähe: $x < y \Leftrightarrow y = x + z$.

Deutlich bequemer profitieren wir jedoch durch die Analysis der **Proportionenfunktion**

$$y = f(x) = (x - a)/(b - x),$$

welche der „Stück zum Rest"-Form angepasst ist und uns in die „moderne" Mathematik führen kann.

Anmerkung: Hierbei empfiehlt es sich, auch den Parameter $q: = b/a$ mit ins Boot zu nehmen, er taucht in vielen Formeln auf, und so gut wie alle Entscheidungskriterien orientieren sich – bei Lichte besehen – weniger an den Größen der Magnituden a und b selbst, sondern vielmehr und beinahe ausschließlich an deren Verhältnis (dem „Proporz") zueinander. Dieser Parameter q hat – je nach Sichtweise und Gebrauch – viele Namen: **Intervall**- oder **Frequenzmaß** wie auch **Frequenzfaktor** des musikalischen Intervalls $[a, b]$ beziehungsweise der Proportion $a{:}b$. Und auch in der Finanzmathematik ist er zu finden: Dort nennt man ihn den **„Aufzinsfaktor"**.

So stellt das folgende Theorem neben der gewöhnlichen Analysis, welche die Fragen nach Stetigkeit, der Monotonie und Umkehrbarkeit klärt, insbesondere zwei wichtige Zusammenhänge zwischen den Variablen und ihren Funktionswerten her, wenn wir die für unsere Belange wichtige Frequenzmaß-Analyse im Blick haben. Vor allem aber liefert der Satz auf der Ebene einer grundsätzlichen und allgemeingültigen **„Funktionalgleichung"** den mathematischen Hintergrund der Symmetrien der Mittelwerte untereinander einerseits und den Symmetrien der ihnen entsprechenden Stück-zum-Rest-Proportionenparameter (den Teilungsparametern) andererseits.

Hierbei wird der Ruf des geometrischen Mittels, eine ***„unangefochtene Herrscherin über jegliche Symmetrien"*** zu sein – so unsere einschätzende Formulierung –, unübersehbar gefestigt.

Theorem 3.1 (Die Analysis der Proportionenfunktion und die Hyperbel des Archytas)

1. **Die „Proportionenfunktion":** Die reelle Funktion

$$f(x) = (x - a)/(b - x)$$

ordnet jedem Wert x mit $a < x < b$ das Größenverhältnis der entstehenden Mittelwerteabschnitte $(x - a)$ (dem „Stück") gegenüber $(b - x)$ (dem „Rest") zu. Dieses Größenverhältnis werden wir hinfort als den **Teilungsparameter** (für x) bezeichnen. Diese Funktion ist im Variablenbereich $a \leq x < b$ stetig und beliebig oft differenzierbar und hat in $x = a$ eine einfache Nullstelle. Sie verläuft streng monoton wachsend von 0 nach $+\infty$, wenn die Variable x streng monoton von a nach b läuft; im Punkt $x = b$ hat die Funktion eine einfache Polstelle, und ihre Asymptotik ist diese:

$$f(x) \nearrow +\infty \text{ bei } x \nearrow b.$$

2. **Die „Mittelwerteformel":** Die Gleichung

$$y = f(x) = (x - a)/(b - x)$$

hat aufgrund des in 1) geschilderten Verlaufs für jeden gegebenen Wert y – also für jeden Teilungsparameter – mit $0 \leq y < \infty$ genau eine Lösung x, welche darüber hinaus auch im Intervall $a \leq x < b$ liegt, und mit dem Frequenzmaß $q := b/a$ der betrachteten Proportion $a{:}b$ lautet diese Lösung als **Mittelwerteformel**

$$x = g(y) = a + \frac{y}{1+y}(b - a) = \frac{a + yb}{1+y} = a\frac{1 + yq}{1+y}.$$

Die dadurch festgelegte **Mittelwertefunktion** $g(y)$ ist auf dem positiven Zahlenstrahl $[0, \infty[$ stetig und beliebig oft differenzierbar, und sie ist die Umkehrfunktion zur Proportionenfunktion $f(x)$: Sie ordnet also einem gegebenen Proportionenparameter $y > 0$ genau denjenigen Wert x (**„Mittelwert"**) zwischen a und b zu, bezüglich dessen die beiden Abschnitte $(x - a)$ *und* $(b - x)$ gerade das Verhältnis y zueinander bilden. Das drückt man dann auch durch die „Inversen-Relationen" aus:

$$f(x) = (x - a)/(b - x) = y \Leftrightarrow x = a + \frac{y}{1+y}(b - a),$$

und dies gilt für alle $0 \leq y < \infty$ und für alle $a \leq x < b$.

3. **Die Monotonie der Mittelwerte:** Als Inverse einer streng monoton wachsenden Funktion ist die Mittelwertefunktion g ebenfalls streng monoton wachsend: Bewegt sich y monoton von 0 nach $+\infty$, so läuft die Lösung $x = g(y)$ der Proportionengleichung $f(x) = y$ ebenfalls monoton von a nach b, so dass wir die Ungleichungen

$$0 < y_1 < y_2 \Leftrightarrow a < x_1 := \frac{a + y_1 b}{1 + y_1} < x_2 := \frac{a + y_2 b}{1 + y_2} < b.$$

gewinnen. Diese Ungleichung stellt die Monotonie der **Mittelwerte** dar.

4. **Die Frequenzmaßsymmetrie:** Zwischen einem Mittelwert x und seinem Proportionenparameter $y = f(x)$ gibt es hinsichtlich beidseitiger Frequenzmaßabhängigkeiten eine bemerkenswerte Symmetrie:
Genau dann, wenn die relative Größe x/a nur vom Frequenzmaß $q = b/a$ abhängt, hängt auch der Teilungsparameter y ebenfalls nur von q ab, das heißt:

$$x/_a = \psi(q) \Leftrightarrow y = f(x) = \varphi(q)$$

mit passenden Funktionen ψ und φ der einen Variablen q.

5. **Die Funktionalgleichung:** Für alle $y > 0$ gilt die „Funktionalgleichung"

$$g(y) * g(1/qy) = ab,$$

deren Bedeutung vor allem in folgendem Zusammenhang zwischen Mittelwerten und ihren Proportionenparametern liegt: Es sind nämlich gleichwertig:

a) $x_1 * x_2 = ab$ – das heißt, dass beide gespiegelt sind: $x_2^* = x_1$,
b) $f(x_1) * f(x_2) = a/b$.

Hierbei können wir die Bedingung b) auch in den Formen schreiben

$$f(x_2) = 1/qf(x_1) \text{ beziehungsweise } f(x_1) : \frac{1}{\sqrt{q}} \cong \frac{1}{\sqrt{q}} : f(x_2).$$

Folgerung: Weil der Parameter $q^{-1/2} = \sqrt{a/b}$ genau der Proportionenparameter des geometrischen Mittels $z_{geom} = \sqrt{ab}$ ist, können wir die vorstehende Äquivalenz auch so ausdrücken:

$$x_1 : z_{geom} \cong z_{geom} : x_2 \Leftrightarrow f(x_1) : f(z_{geom}) \cong f(z_{geom}) : f(x_2),$$

was uns zu der bemerkenswerten Symmetrie führt:
Zwei Mittelwerte x_1 und x_2 liegen genau dann symmetrisch (gespiegelt) hinsichtlich des geometrischen Mittels z_{geom}, wenn ihre zugehörigen Teilungsparameter

$$y_1 = f(x_1) \text{ und } y_2 = f(x_2)$$

symmetrisch (gespiegelt) hinsichtlich des Proportionenparameters $\left(q^{-1/2}\right)$ des geometrischen Mittels (z_{geom}) liegen.

6. **Die Hyperbel des Archytas:** Der Graph der reellen Funktion

$$y = h(x) = \frac{ab}{x} (mit\, x < 0)$$

ist eine Hyperbel mit den Winkelhalbierenden als Symmetrieachsen.

Im Zusammenhang mit der Theorie unserer Harmonia perfecta maxima wollen wir sie die **„Hyperbel des Archytas"** und $y = h(x)$ die **Archytasfunktion** nennen. Nun gilt:
Die Hyperbel des Archytas ist genau der geometrische Ort aller Variablen x_1 und x_2, welche hinsichtlich der Proportion $a{:}b$ gespiegelte Magnituden sind, also:

$$x_1 * x_2 = ab \Leftrightarrow x_2^* = x_1.$$
$$\Leftrightarrow \text{der Punkt } (x_1, x_2) \text{ liegt auf der Hyperbel des Archytas.}$$

Erläuterung: Der Schnittpunkt dieser Hyperbel mit der Winkelhalbierenden $y = x$ ist genau der Koordinatenpunkt $(z_{\text{geom}}, z_{\text{geom}})$, wobei

$$z_{\text{geom}} = \sqrt{ab} = a\sqrt{q} = aq^{1/2}$$

die geometrische Medietät zu a und b ist.

Bevor wir einige weitere Erläuterungen zu dem Beweis geben, zeigen wir, in welche Richtung sich die eine oder andere Konsequenz dieser Beobachtungen hinbewegt:

1. **Bedeutung der Frequenzmaßsymmetrie**
Die meisten Bestimmungsgleichungen der Mittelwerte können in der einheitlichen Form

$$(x - a)/(b - x) = y$$

vorliegen, wobei y ein „gegebener" Teilungsparameter für das komplette Intervall der Länge $(b - a)$ darstellt. Oft sieht man es diesem Parameter direkt an, dass er sich als Ausdruck in der relativen Größe b/a schreiben lässt – manchmal aber nicht. Dass man das aber dennoch möchte, liegt daran, dass ein Lagevergleich diverser Mittelwerte umso leichter ausfällt, wenn man dies für ihre Teilungsparameter durchführen kann – das ist ja eine Konsequenz der Mittelwertemonotonie 3) des Satzes. Bei einer einheitlichen Funktionsbeschreibung dieser Teilungsparameter y als Funktion des Frequenzmaßes q gelingt dies nun im Regelfall erheblich bequemer als manche nur mühevoll erzielbaren direkten Mittelwerteungleichungen. Genau dies werden wir an späterer Stelle auch vorführen – nämlich bei der Diskussion der Contra-Medietätenfolgen in Abschn. 4.2.

2. **Bedeutung der Funktionalgleichung**
Wenn also das geometrische Mittel z_{geom} definitionsgemäß die Gleichung respektive die Proportion

$$ab = z_{\text{geom}}^2 \Leftrightarrow a{:}z_{\text{geom}} \cong z_{\text{geom}}{:}b$$

erfüllt, so können wir eine Beziehung $x_1 * x_2 = ab$ auch proportionell

$$x_1{:}z_{\text{geom}} \cong z_{\text{geom}}{:}x_2$$

schreiben, aus der wir erkennen, dass die Magnituden x_1 und x_1 sowohl gespiegelt zu den Rändern a und b als auch symmetrisch zum geometrischen Mittel liegen. Und z_{geom} ist deshalb simultan auch das geometrische Mittel für x_1 und x_2. Wir sagen später hierzu, dass die Proportionenketten

$$x_1{:}z_{\text{geom}}{:}x_2 \text{ und } x_2{:}z_{\text{geom}}{:}x_1$$

geometrisch sind. Gleichzeitig sind dann die Proportionenparameter gespiegelte Werte zum Proportionenparameter $\sqrt{a/b}$ des geometrischen Mittels. Wenn wir also einen beliebigen Proportionenparameter $y > 0$ vorgeben, zu dem wir die eindeutigen Mittelwerte x_1 und x_2 als Lösungen der beiden Mittelwerteproportionengleichungen

$$(x_1 - a)/(b - x_1) = y \text{ und } (x_2 - a)/(b - x_2) = 1/qy = a/by$$

erhalten, so erfüllen diese die Gleichung $x_1 * x_2 = ab$, was beweist, dass die Proportionenkette

$$x_1{:}z_{\text{geom}}{:}x_2 \text{ beziehungsweise } x_2{:}z_{\text{geom}}{:}x_1$$

geometrisch ist. Und umgekehrt stehen die Proportionenparameter y_1 und y_2 zweier Magnituden x_1 und x_2, deren Produkt $a * b$ ist, in der eindeutigen Beziehung

$$y_1 = a/by_2.$$

Die Anordnung der Magnituden erkennen wir anhand der Monotonie: Für den Fall, dass $0 < y < \sqrt{a/b}$ gilt, erhalten wir die Anordnung $x_1 < z_{\text{geom}} < x_2$ und im konträren Fall $y > \sqrt{a/b}$ haben wir die Anordnung $x_2 < z_{\text{geom}} < x_1$.

3. **Die Geometrie der Hyperbel des Archytas**

Der Funktionsgraph der wohlbekannten Funktion („Archytasfunktion")

$$y = h(x) = ab/x,$$

den wir nur im 1. positiven Quadranten $x > 0, y > 0$ betrachten, ist eine waschechte Hyperbel, deren Symmetrieachsen beide Winkelhalbierenden $x = y$ *und* $x = -y$ sind. Im Anhang ist die Hyperbel des Archytas nachschlagbar. Eine andere vertraute Darstellung der gleichen Hyperbel wäre übrigens auch diese:

$$(y + x)^2 - (y - x)^2 = 4ab.$$

Sie durchkreuzt die Winkelhalbierende $y = x$ senkrecht im Punkt (z, z) *mit* $z = \sqrt{ab}$. Sind dann beispielsweise (x_1, y_1) und (x_2, y_2) Punkte auf dieser Hyperbel mit der Anordnung

$$x_1 < x_2 < y_2 < y_1,$$

so liegen zunächst einmal beide Punkte oberhalb der Diagonalen $y = x$ auf dem Funktionsgraphen der Archytasfunktion h, und dabei liegt der Punkt (x_1, y_1) auch oberhalb des Punktes (x_2, y_2), welcher sich also auf dem Kurvenstück der Hyperbel zwischen (x_1, y_1) und dem Punkt (z, z) des geometrischen Mittels $z = z_{\text{geom}}$ befindet.

Anmerkung: *Schließlich bemerken wir, dass die Namensgebung der vertrauten Hyperbelfunktion h(x) in unserem Kontext wohlbegründet ist:* ***Archytas von Tarent*** *(etwa 435–350 v. Chr.) festigte ganz entscheidend das Medietätengebäude rund um die Mittelwerteproportion* $a{:}z \cong z{:}b$ *der geometrischen Medietät.*

4. **Die Parameterdarstellung der Hyperbel**

Die vektorielle Abbildung

$$G{:}\mathbb{R}_+ \to \mathbb{R}_+ \times \mathbb{R}_+, G(y) = (g(y), g(1/qy))$$

ist eine Parametrisierung der Hyperbel des Archytas – und zwar zwischen den Punkten (a, b) und (b, a); denn für alle Proportionenparameter $y > 0$ liegt das Magnitudenpaar $(g(y), g(1/qy))$ auf der Hyperbel, und läuft der Parameter y von 0 nach ∞, so läuft der Bildpunkt $G(y)$ monoton von (a, b) über den Winkelhalbierendenpunkt (z, z) – wo die beiden Punkte $g(y)$ und $g(1/qy)$ die Rollen tauschen – bis zum Spiegelpunkt (b, a).

Beweis des Satzes: Hilfreich ist zunächst die Umformung

$$f(x) = \frac{b-a}{b-x} - 1,$$

aus welcher der graphische Verlauf sehr schnell erkennbar ist: Den Graphen der bekannten Funktion $f_1(x) = \frac{1}{-x}$ verschiebt man in horizontaler Richtung um die Distanz b nach rechts, dann entsteht die Funktion $f_2(x) = \frac{1}{b-x}$; die anschließende Multiplikation mit dem konstanten positiven Faktor $(b - a)$ ändert an dem qualitativen Verlauf von $f_2(x)$ nichts, lediglich alle Funktionswerte werden mit diesem einheitlichen Faktor $(b - a)$ verändert. Die anschließende Subtraktion um (-1) bedeutet einfach eine vertikale Translation des Graphen um 1 Einheit nach unten. Und die Monotonie für die Proportionenfunktion ist am einfachsten an der Umformung ablesbar – Vertrautheit mit der Grundfunktion $1/x$ einmal unterstellt.

Zur Aussage 2). Weil die Funktion f auf dem Intervall $[a, b[$ stetig und streng monoton wachsend ist, in a eine Nullstelle hat und auch die offensichtliche Asymptotik

$$f(x) \nearrow +\infty \textit{ bei } x \nearrow b$$

aufweist, folgt aus dem Zwischenwertsatz für stetige Funktionen sofort, dass die Gleichung

$$f(x) = (x - a)/(b - x) = y$$

für **jedes positive y genau eine (positive) Lösung x** hat. Durch einfaches Umstellen dieser Gleichung nach der Variablen x ergibt sich die Mittelwerteformel. Die Monotonie der Proportionenfunktion überträgt sich 1 zu 1 auf ihre inverse Funktion – also auf die Mittelwertefunktion $g(y)$, womit auch die Mittelwertemonotonie 3) in voller Allgemeinheit und ohne mühsames Kalkulieren mit Ungleichungen gewonnen ist.

Die Aussage 4) sehen wir mit den Fomeln aus 1) und 2): Sei $x/a = \psi(q)$. Dann gilt

$$f(x) = \frac{x-a}{b-x} = \frac{a(\psi(q)-1)}{b-a\psi(q)} = \frac{\psi(q)-1}{q-\psi(q)} =: \varphi(q),$$

denn dieser letzte Ausdruck ist offenbar eine Funktion, die nur von q abhängt, und diese sei mit $\varphi(q)$ bezeichnet. Ist nun umgekehrt

$$y = f(x) = \varphi(q),$$

so folgt für $x/a = g(y)/a$ die Formel

$$\frac{g(y)}{a} = \frac{g(\varphi(q))}{a} = \frac{1+\varphi(q)q}{1+\varphi(q)} =: \psi(q),$$

die offenbar eine Funktion $\psi(q)$ der alleinigen Variablen q darstellt.

Schließlich zeigen wir noch die Funktionalgleichung 5): Wir rechnen

$$\begin{aligned} g(y) * g\left(\frac{1}{qy}\right) &= a\frac{1+yq}{1+y} * a\frac{1+(qy)^{-1}q}{1+(qy)^{-1}} = a^2\frac{1+yq}{1+y} * \frac{1+(y)^{-1}}{1+(qy)^{-1}} \\ &= a^2\frac{1+yq}{1+y} * \frac{(1+y)(y)^{-1}}{(1+qy)(qy)^{-1}} = a^2 * \frac{(y)^{-1}}{(qy)^{-1}} = a^2q = ab, \end{aligned}$$

und hierzu haben wir nur solide Bruchariththmetik benötigt. Die Folgerung ergibt sich nun einerseits aus dieser Monotonie-Betrachtung – was die Lage der Daten x_1, x_2 betrifft; der Ausnahmewert $y = \sqrt{a/b}$ ergibt übrigens den trivialen Sonderfall $x_1 = z = z_{\text{geom}} = x_2$, und dann folgt die behauptete Eigenschaft aus der Funktionalgleichung, weil ja mit

$$x_1 := g(y) \text{ und } x_2 := g\left(\frac{1}{qy}\right)$$

die Gleichung $x_1 * x_2 = z^2$ erfüllt ist, was nichts anderes bedeutet, als dass die Proportion $x_1{:}z = z{:}x_2$ geometrisch ist.

Der Aussagepunkt 6) entspringt einer einfachen Betrachtung der Archytasfunktion $h(x)$ und der Auswertung der voranstehenden Ergebnisse, und wir überlassen die einfachen Details dem emsigen Nacharbeiten. Damit ist der Satz gezeigt.

Zur Illustration der benötigten Funktionen verweisen wir auf den Anhang (Abbildungen), wo die qualitativen Verläufe der Proportionenfunktion $f(x)$, der Mittelwertefunktion $g(y)$ und der Hyperbel des Archytas $y = ab/x$ vorgestellt sind. Sie sind dort platziert, da sie an verschiedenen Stellen unseres Textes zur Veranschaulichung hilfreich sein können.

In dem folgenden Beispiel kommen wir nicht umhin, einige der Medietäten zu nutzen, deren Beschreibungen wir aber erst im nächsten Abschn. 3.2 beziehungsweise übernächsten Abschn. 3.3 behandeln – zum momentanen Verständnis genügt jedoch ein Blick in die Aufzählung der dortigen Definition 3.2.

Beispiel 3.1

Funktionalgleichung und Symmetrie der Proportionenparameter

Es seien x_1 und x_2 jeweils Lösungen folgender Mittelwerteproportionen

1. $(x_1 - \mathrm{a}):(\mathrm{b} - x_1) \cong \mathrm{a}:\mathrm{b}$ und $(x_2 - \mathrm{a}):(\mathrm{b} - x_2) \cong 1:1$.

   Dann sind x_1 und x_2 gespiegelt, $x_1 * x_2 = ab$, und es ist $a < x_1 < x_2 < b$; x_1 ist das **harmonische** und x_2 das **arithmetische** Mittel von a und b. Warum? Nun, die Proportionenparameter sind q^{-1} (für x_1) und q^0 (für x_2); sie liegen offenbar in geometrischer Proportion zu $q^{-1/2}$, denn es gilt die Proportion der geometrischen Medietät

   $$q^{-1}:q^{-1/2} \cong q^{-1/2}:1,$$

   und $q^{-1/2}$ ist das geometrische Mittel von q^{-1} und $q^0 = 1$.
2. $(x_1 - a):(b - x_1) \cong a^2:b^2$ und $(x_2 - a):(b - x_2) \cong b:a$.

   Dann sind auch x_1 und x_2 gespfiegelt, $x_1 * x_2 = ab$, und es ist $a < x_1 < x_2 < b$; x_1 ist das **contra-arithmetische** und x_2 das **contra-harmonische** Mittel von a und b. Warum? Hier sind die Proportionenparameter q^{-2} (für x_1) und q^1 (für x_2); auch sie liegen offenbar in geometrischer Proportion zu $q^{-1/2}$, denn wir haben die Proportion

   $$q^{-2}:q^{-\frac{1}{2}} \cong q^{-\frac{1}{2}}:q^1,$$

   und hier ist $q^{-1/2}$ das geometrische Mittel von q^{-2} und q^1.

Die beiden Beispiele zeigen eindrücklich, dass wir die entscheidende Gleichung

$$x_1 * x_2 = ab$$

auch **ohne Berechnung und Kenntnis** der beiden Mittelwerte zeigen konnten – lediglich die grundsätzlich wesentlich einfachere Betrachtung ihrer Proportionenparameter

$$\varphi(q) = f(x_1) \text{ und } \psi(q) = f(x_2)$$

war hierzu hinreichend. Anders ausgedrückt ist offenbar das amüsante Ratespiel

„Nenn mir deine Werte, und ich sag dir, wer du bist"

die mathematische Version einer Zauberei aus alten Märchen und Fabeln.

3.2 Die Trinität „geometrisch – arithmetisch – harmonisch" und ihre Harmonia perfecta maxima

Die musiktheoretische Bedeutung der Proportionenketten speist sich vor allem aus dem Spiel mit den **Mittelwerteproportionen** und ihren **Ketten.** Nun gab es in der Antike zwar „viele" solcher Proportionenketten – jedoch beherrschten von alters her nur drei hiervon das Geschehen,

- die Proportionenkette der geometrischen Medietät,
- die Proportionenkette der arithmetischen Medietät,
- die Proportionenkette der harmonischen Medietät.

Diese Medietäten werden unter anderen dem Pythagoräer Archytas (etwa 435–350 v. Chr.) zugeschrieben, andere Quellen attestieren ihnen jedoch noch einen weit älteren, babylonischen Ursprung. Wir prägen für sie daher den charakterisierenden Ausdruck **„babylonische Medietäten".** Archytas erwähnt selber auch **Pythagoras** als Quelle.

Aus diesen berühmten Medietäten entstand im pythagoräischen Oktavkanon die „Harmonia perfecta maxima" – und zwar in ihrer einfachsten und grundlegendsten Form. Wir werden in diesem Abschnitt dieses musikalische Prinzip für **jeden beliebigen** Kanon analysieren und beweisen. Dabei werden wir auch sehr interessante Symmetrien entdecken, die zwischen diesen Proportionenketten und ihren Reziproken bestehen. Und genau diesen Aspekt werden wir dann in den weiterführenden Abschn. 3.6 und 4.5 ausführlicher untersuchen.

Bei den Beschreibungen der Medietäten, die – wie schon des Öfteren erwähnt – üblicherweise nur die verbale Form kannten, sollte – wie in all diesen Kontexten – die fantasievolle Anwendung und Sinnhaftigkeit der Formulierung stets mit einbezogen werden! Die nachfolgende Definition 3.1 vermittelt ein Gespür für diese antiken Beschreibungsformen:

Definition 3.1 (Die babylonischen Medietäten – die Medietäten des Archytas)
Es seien a, b, c und d Magnituden – also Größen, welche mittels Proportionen verglichen werden können, das heißt, welche in Proportion zueinander stehen. Dann findet man folgende antik-historische Mittelwertebeschreibungen:

1. **Geometrische Medietät:**
   „Sind in der viergliedrigen Proportion $a{:}b = d{:}c$ die mittleren Glieder gleich, so heißt die Proportion ***kontinuierlich,*** *und $b = d$ ist die* ***geometrische*** *Medietät der äußeren Glieder (a und c)."*
2. **Arithmetische Medietät:**
   „Ist die mittlere (b) ebenso viel mehr als die kleinere (a) wie sie weniger ist als die größere (c) ist, so ist sie die ***arithmetische*** *Medietät der kleineren und der größeren (a und c)."*

Aber auch diese Formulierung ist bekannt:
„Die mittlere – zweimal genommen – ist ebenso viel wie die kleinere und die größere zusammen."

3. **Harmonische Medietät:**
*„Verhält sich der Rest der kleineren (a) in der mittleren (b) zum Rest der mittleren (b) in der größeren (c) wie die kleinere zur größeren, so ist die mittlere die **harmonische** Medietät der kleineren und größeren."*

Man sagt dann, dass die Proportionenkette $a{:}b{:}c$ **geometrisch** beziehungsweise **arithmetisch** beziehungsweise **harmonisch** ist.

Folgerung: Wir können diese Beschreibungen ohne Mühe in die Proportionensprache übertragen: Demnach gelten für eine (aufsteigende) Proportionenkette $a{:}x{:}b$ die Definitionen

1. Die Magnitude x ist die **geometrische Medietät** von a und b (und wir notieren dies mit $\boldsymbol{x = z_{\text{geom}}}$)

$$\Leftrightarrow a{:}x \cong x{:}b.$$

2. Die Magnitude x ist die **arithmetische Medietät** von a und b (und wir notieren dies mit $\boldsymbol{x = x_{\text{arith}}}$)

$$\Leftrightarrow (x-a){:}(b-x) \cong 1{:}1.$$

3. Die Magnitude x ist die **harmonische Medietät** von a und b (und wir notieren dies mit $\boldsymbol{x = y_{\text{harm}}}$)

$$\Leftrightarrow (x-a){:}(b-x) \cong a{:}b.$$

Die Proportionenkette $a{:}x{:}b$ heißt dann auch **geometrische** beziehungsweise **arithmetische** beziehungsweise **harmonische** Proportionen- oder Medietätenkette. Und zusammen nennen wir sie **„babylonische Medietätenketten"**.

Tatsächlich ist hiervon so manches bereits in dem einfachen **pythagoräischen Kanon**

$$6-8-9-12$$

ablesbar. Dieser besteht ja gerade aus dem harmonischen (8) und dem arithmetischen (9) Mittel der Oktavzahlen 6 und 12. Erstaunlich ist vor allem:

Die gesamte pythagoräische Musiktheorie wird alleine aus diesem Kanon heraus entwickelt. Im Zentrum stehen hierbei die Proportionengleichungen

$$6{:}8 \cong 9{:}12 \text{ oder } 6{:}9 \cong 8{:}12.$$

Diese pythagoräischen Proportionengleichungen, welche als **Harmonia perfecta maxima** bekannt wurden, sind Spezialfälle der Theoreme des **Iamblichos** und des **Nicomachus,** welche wir nun schildern wollen – allerdings in einer generalisierten Form. Sie führen wiederum direkt zur **authentisch-plagalischen Zerlegung** musikalischer Intervalle, Begriffe, die wir auch im Zusammenhang mit gregorianischen Tonarten (Modi) kennen.

Theorem 3.2 (Die Harmonia perfecta maxima des babylonischen Kanons)
Es seien a und b zwei Magnituden. Sind dann

$$x_{\text{arith}} \text{ die arithmetische Medietät für a und b,}$$
$$y_{\text{harm}} \text{ die harmonische Medietät für a und b,}$$

so betrachten wir die mit diesen zwei Medietäten gebildete 3-stufige Proportionenkette

$$P_{\text{mus}} = a{:}y_{\text{harm}}{:}x_{\text{arith}}{:}b,$$

welche Iamblichos bereits (im Falle des Oktavkanons 6:8:9:12) als **„die musikalische Proportionenkette"** bezeichnete. Andere Namen sind **babylonische** (oder auch pythagoräische) **Proportionenkette** – beziehungsweise **babylonischer Kanon.** In diesem Kanon herrscht folgende Symmetrie:

A) **Theorem des Iamblichos von Chalkis (245–325 n. Chr.):**
Es gelten die – dank der Kreuzregel äquivalenten – Proportionenähnlichkeiten

$$a{:}y_{\text{harm}} \cong x_{\text{arith}}{:}b,$$
$$a{:}x_{\text{arith}} \cong y_{\text{harm}}{:}b,$$

was wir auch so formulieren können: Die arithmetische und die harmonische Medietät einer Proportion sind stets zueinander gespiegelte Magnituden,

$$x^*_{arith} = y_{harm} \; und \; y^*_{harm} = x_{arith}.$$

Fazit: Die Proportionenkette P_{mus} ist symmetrisch, also reziprok zu sich selbst:

$$P_{\text{mus}} \cong P^{\text{rez}}_{\text{mus}}.$$

B) **Theorem des Nicomachus von Gerasa (etwa 60–120 n. Chr.):**
Ist darüber hinaus die Magnitude z_{geom} die zu a und b gehörende geometrische Medietät, so dass die aufsteigende Magnitudenfolge

$$a < y_{\text{harm}} < z_{\text{geom}} < x_{\text{arith}} < b$$

entsteht, dann gelten auch noch die Proportionen

$$y_{\text{harm}}{:}z_{\text{geom}} \cong z_{\text{geom}}{:}x_{\text{arith}}.$$

Das bedeutet, dass das geometrische Mittel $\boldsymbol{z_{geom}}$ simultan auch das geometrische Mittel der Medietäten y_{harm} und x_{arith} ist, und die aus diesen drei babylonischen Medietäten gebildete 2-stufige Proportionenkette

$$\boldsymbol{y_{harm}:z_{geom}:x_{arith}}$$

ist dann selber wieder eine geometrische Proportionenkette, denn dies ist ja die genaue Definition einer solchen Kette.

C) **Zusammenhang beider Theoreme:** Im Falle der Existenz des geometrischen Mittels (als eine „angebbare" Magnitude) sind beide Theoreme auch äquivalent.

Folgerung: Die authentisch-plagalische Zerlegung musikalischer Intervalle:
Für ein gegebenes musikalisches Intervall $[a, b]$ konstruiert man die zuvor beschriebene musikalische pythagoräische Proportionenkette $\boldsymbol{P_{mus}}$.

Sind dann

$$A_{arith} \cong a{:}x_{arith} \cong y_{harm}{:}b$$
$$A_{harm} \cong a{:}y_{harm} \cong x_{arith}{:}b$$

die zu diesen beiden Medietäten gebildeten Proportionen, so sind die beiden Proportionenketten

$$\boldsymbol{A_{auth} \cong a{:}x_{arith}{:}b \cong A_{arith} \oplus A_{harm}}$$
$$\boldsymbol{A_{plag} \cong a{:}y_{harm}{:}b \cong A_{harm} \oplus A_{arith}}$$

reziprok zueinander; sie haben einen umgekehrten architektonischen Aufbau.

Gleichwertig dazu ist zu sagen, dass die äußere Gesamt-Proportion $A = a{:}b$ mittels der Medietäten x_{arith} und y_{harm} jeweils zu 2stufigen Akkordketten A_{auth} und A_{plag} gegliedert werden kann, deren Stufenproportionen unter Vertauschung ähnlich sind, was man **authentische Teilung,** „Dur-Modell" beziehungsweise **plagalische Teilung,** „Moll-Modell" – respektive Zerlegung – des musikalischen Intervalls $a{:}b$ nennt.

Bemerkung: In der Antike stellten diese allgemeinen Beziehungen „Lehrsätze" dar – jedenfalls für den evidenten Zahlenfall der Oktave – also für den pythagoräischen Kanon.

Wir wollen nun den Nachweis auch ausschließlich mittels der Proportionengesetze – den Regeln aus Theorem 1.3 – führen, um so auf den Spuren der antiken Lehrmeister zu wandeln. Mit den wohlbekannten Mittelwerteformeln

$$2x_{arith} = (a + b) \text{ und } y_{harm} = 2ab/(a + b),$$

die wir in Kürze unter vielen weiteren Formeln herleiten, wäre der Nachweis der Proportionen und ihrer Harmonia jedoch quasi durch „Hinschauen" erledigt.

Herleitung: Zunächst zeigen wir den Teil A), und dies geschieht in einzelnen Schritten:

1. Für die harmonische Medietät y_{harm} gilt die Beziehung:

$$a{:}y_{\text{harm}} \cong (a+b){:}(b+b).$$

Denn die Definition

$$(y_{\text{harm}} - a){:}(b - y_{\text{harm}}) \cong a{:}b$$

geht mit der Summenregel, dann mit der Kreuzregel und dann mit der Umkehrregel äquivalent über in die Formen

$$y_{\text{harm}}{:}(b+b-y_{\text{harm}}) \cong a{:}b \Leftrightarrow y_{\text{harm}}{:}a \cong (b+b-y_{\text{harm}}){:}b$$
$$\Leftrightarrow a{:}y_{\text{harm}} \cong b{:}(b+b-y_{\text{harm}}),$$

und die erneute Anwendung der Summenregel ergibt die geforderte Gleichung.

2. Für die arithmetische Medietät x_{arith} gilt die Beziehung:

$$x_{\text{arith}}{:}b \cong (a+b){:}(b+b).$$

Denn aus der Definition entstehen mit der Kreuzregel zunächst die Ähnlichkeiten

$$(x_{\text{arith}} - a){:}a \cong (b - x_{\text{arith}}){:}a \Leftrightarrow (x_{\text{arith}} - a){:}(b - x_{\text{arith}}) \cong a{:}a,$$

und die Summenregel sowie die anschließende Umkehrung ergeben dann die Formen

$$x_{\text{arith}}{:}(a+b-x_{\text{arith}}) \cong a{:}a \Leftrightarrow (a+b-x_{\text{arith}}){:}x_{\text{arith}} \cong a{:}a \cong b{:}b.$$

In der Tat ist $a{:}a \cong b{:}b$, weil nämlich $a{:}a \cong b{:}b \Leftrightarrow a{:}b \cong a{:}b$ aufgrund der Kreuzregel ist – das noch einmal zur Wiederholung. Dieser letzte Trick („ersetze $a{:}a$ durch die Proportion $b{:}b$") führt mit der Kreuzregel zur Gleichung

$$(a+b-x_{\text{arith}}){:}b \cong x_{\text{arith}}{:}b,$$

und mit erneuter Summenregel kommen wir zur Behauptung

$$(a+b){:}(b+b) \cong x_{\text{arith}}{:}b.$$

3. Nun folgt die Proportionengleichung des Nicomachus aufgrund der Symmetrie- und Transitivitätsregeln der Proportionengesetze:

$$a{:}y_{\text{harm}} \cong (a+b){:}(b+b) \cong x_{\text{arith}}{:}b \Rightarrow a{:}y_{\text{harm}} \cong x_{\text{arith}}{:}b.$$

Daraus folgt, dass die musikalische Proportionenkette B_{mus} symmetrisch ist, und das Theorem von Iamblichos ist samt seinen äquivalenten Formen bewiesen.

Zur weitergehenden Betrachtung im Teil B) dient nun noch der Aussagenblock 4):

4. Aus der definierenden Gleichung $z_{\text{geom}}{:}a \cong b{:}z_{\text{geom}}$ für das geometrische Mittel sowie mithilfe der Proportionenfusion folgen mit Teil A) die Ähnlichkeiten

$$a{:}y_{\text{harm}} \cong x_{\text{arith}}{:}b \Leftrightarrow (a{:}y_{\text{harm}}) \odot (z_{\text{geom}}{:}a) \cong (x_{\text{arith}}{:}b) \odot (z_{\text{geom}}{:}a)$$
$$\Leftrightarrow z_{\text{geom}}{:}y_{\text{harm}} \cong (x_{\text{arith}}{:}b) \odot (b{:}z_{\text{geom}}) \cong x_{\text{arith}}{:}z_{\text{geom}}.$$

Deshalb ist

$$z_{\text{geom}}{:}y_{\text{harm}} \cong x_{\text{arith}}{:}z_{\text{geom}} \text{ oder auch } y_{\text{harm}}{:}z_{\text{geom}} \cong z_{\text{geom}}{:}x_{\text{arith}},$$

und die Kette $y_{\text{harm}}{:}z_{\text{geom}}{:}x_{\text{arith}}$ ist geometrisch.

Den Zusatz (C) sieht man so: Wenn die Proportionenähnlichkeit

$$y_{\text{harm}}{:}z_{\text{geom}} \cong z_{\text{geom}}{:}x_{\text{arith}}$$

besteht, so folgt hieraus, dass die Gleichung

$$y_{\text{harm}} * x_{\text{arith}} = z_{\text{geom}}^2 = ab$$

gilt. Deshalb liegt das Magnitudenpaar $(x_{\text{arith}}, y_{\text{harm}})$ auf der Hyperbel des Archytas, und es gilt simultan auch die Gleichung von Iamblichos:

$$a{:}y_{\text{harm}} \cong x_{\text{arith}}{:}b,$$

womit unser Theorem bewiesen ist, denn auch die Aussagen über die authentische und plagalische Zerlegung musikalischer Intervalle beziehungsweise Proportionen sind unmittelbare Anwendungen dieser Gesetze.

Bemerkung
Wenngleich der kürzeste Beweis des Theorems von Nicomachus zweifellos im Nachweis der Gleichung

$$y_{\text{harm}} * x_{\text{arith}} = z_{\text{geom}}^2$$

bestünde, wozu man einfach die Formeln für beide Medietäten einsetzen würde, so gibt es neben dem voranstehenden Beweis auch noch eine antike Form, welche sich ausschließlich der Grundregeln der Rechengesetze für Proportionen bedient und welche nicht den kurzen Weg mittels der Fusion nutzt: Dies wollen wir spaßeshalber mal vorführen und behaupten:

$$y_{\text{harm}}{:}z_{\text{geom}}{:}x_{\text{arith}} \text{ ist eine geometrische Proportionenkette.}$$

Wir verwenden zwecks kürzerer Formelgestaltungen die Symbole $x = x_{\text{arith}}, y = y_{\text{harm}}$, $z = z_{\text{geom}}$ und bemerken zunächst zur Größenanordnung:

Weil $a < x < b$ vorausgesetzt ist, gilt dann auch, dass $(a{:}a) < (a{:}x) < (a{:}b)$ ist, woraus nach Definition der Proportionen als Verhältnisse von $(x - a)$ zu $(b - x)$ auch deren entsprechendes Größenverhältnis zueinander folgt. Nun führen wir den Nachweis der Gleichung, dass nämlich

$$y{:}z \cong z{:}x$$

gilt – was ja das Kriterium einer geometrischen Proportionenkette ist. Und dies strukturieren wir in mehrere Beweisschritte:

1. Behauptung: Es gilt die Proportionenähnlichkeit $2x{:}(a+b) \cong a{:}a$.
   Weil $a{:}a \cong x{:}x$ ist, folgt aus $(x-a){:}(b-x) \cong a{:}a$ auch $(x-a){:}(b-x) \cong x{:}x$. Jetzt addieren wir mit der Summenregel diese ähnlichen Proportionen und erhalten $(2x-a){:}b \cong x{:}x$. Schreiben wir für $x{:}x$ wieder $a{:}a$, so folgt erneut nach der Summenregel aus $(2x-a){:}b \cong a{:}a$ die 1. Behauptung.
2. Behauptung: Es gilt die Proportionenähnlichkeit $y{:}a \cong 2b{:}(a+b)$.
   Denn aus $(y-a){:}(b-y) \cong a{:}b$ folgt mit der Summenregel $y{:}(2b-y) \cong a{:}b$ und hieraus mit der Kreuzregel die Proportion $y{:}a \cong (2b-y){:}b$ und hieraus abermals mit der Summenregel, dass $y{:}a \cong 2b{:}(a+b)$ gilt.
3. Behauptung: Es gilt die Proportionenähnlichkeit $y{:}a \cong b{:}x$.
   Denn aus den Behauptungen 1 und 2 folgen mit der Kreuzregel die beiden Ähnlichkeiten $2x{:}a \cong (a+b){:}a$ und ebenso $2b{:}y \cong (a+b){:}a$. Nun kann der Faktor 2 „gekürzt" werden, denn mit der Kreuzregel gilt ja allgemein

   $$2u{:}s \cong 2v{:}t \Leftrightarrow 2u{:}2v \cong s{:}t \Leftrightarrow (2{:}2) * (u{:}v) \cong u{:}v \cong s{:}t,$$

   denn die Zahlenproportion 2:2 kann nur als „1" gedeutet werden. Eine andere Begründung liefert aber auch die „Differenzenregel": u ist ein Stück vom Ganzen $2u$ ebenso wie v vom Ganzen $2v$. Die Stücke verhalten sich nun wie die Ganzen – daher sind die Proportionen für die Reste gleich. Aus $x{:}a \cong b{:}y$ folgt nun nach der Kreuzregel die 3. Behauptung.
4. Behauptung: Es gilt die Proportionenähnlichkeit $y{:}z \cong z{:}x$.
   Dies erhalten wir nun durch die Einschieberegeln:

   $$y{:}z \cong ya{:}za \cong (y{:}a) * (a{:}z) \cong (b{:}x) * (a{:}z) \cong (b{:}x) * (z{:}b) \cong (z{:}x)$$

   und daraus folgt die 4. Behauptung.

Einige Bemerkungen:

1. Die musikalische Proportion **(Proportionenkette des pythagoräischen Kanons)** wird also in allererster Linie im konkreten Oktavkanon 6 – 8 – 9 – 12 realisiert:

   $$6{:}8 \cong 9{:}12 \text{ beziehungsweise } 6{:}9 \cong 8{:}12.$$

   Diese Proportionen regeln den wichtigen musikalischen Fall der Oktave $1{:}2 \cong 6{:}12$ und führen zur Quinte (9) und zur Quarte (8). Hierin wird die Bedeutung dieser Proportionengleichung des Nicomachus sichtbar, von welcher dieser sagt, *sie sei die vollkommenste, dreifach gespannte, allumfassende Gleichung, welche von dem größten Nutzen sei für jede Art der musikalischen oder naturwissenschaftlichen Untersuchung. (vergl. [6], S. X).*

Und auch Boethius (etwa 480–525 n. Chr.), der hervortretende spätantike Gelehrte des ausgehenden Altertums, nennt sie die *„harmonia perfecta maxima“ (vergl. [6], S. X).*

Der Neuplatoniker Iamblichos (etwa 245–325 n. Chr.) erwähnt, dass diese Gleichung nicht nur Pythagoras, sondern bereits früher den Babyloniern bekannt gewesen sei (ebenda).

2. Wir werden diese „harmonia perfecta maxima“ jedoch noch dahingehend und unter Wahrung ihrer Symmetrien erweitern, so dass hieraus das komplette Gebäude der üblichen Terz-Quint-Diatonik gewonnen wird; dabei treten noch weit mehr als diese Symmetrien zu Tage.
3. Die in der Gregorianik übliche Verwendung der Termini **„authentisch“** und **„plagal“** (manchmal auch „plagalisch“) im Zusammenhang mit der Charakterisierung kirchentonaler Skalen hat natürlich nicht unmittelbar etwas mit unserem gebräuchlichen Dur-Moll-System zu tun. In nur einem – dem vielleicht augenfälligsten – Fall als authentisch oder plagalisch zu zerlegendes Intervall begegnen wir jedoch der Dur-Moll-Gegenüberstellung: Das ist der Fall der reinen Quinte:
Mit der Wahl der Quintenproportion $Q \cong 2{:}3 \cong 20{:}30 \cong a{:}b$ ist $y_{\text{harm}} = 24$ und $x_{\text{arith}} = 25$, und dann sind die authentisch-plagalischen Adjunktionen die beiden Ketten
$$20{:}25 \oplus 20{:}24 \cong 20{:}25 \oplus 25{:}30 \cong 20{:}30 \cong 4{:}6 \cong 4{:}5 \oplus 5{:}6,$$
$$20{:}24 \oplus 20{:}25 \cong 20{:}24 \oplus 24{:}30 \cong 10{:}15 \cong 10{:}12 \oplus 12{:}15.$$
Dieses entspricht musterhaft dem Akkordaufbau der Quinte als Schichtung von großer Terz (4:5) und kleiner Terz (5:6) in den beiden möglichen Reihungen – was als Dur- und Mollakkord der reinen Diatonik bekannt ist, also:
$$\text{Quinte}(2{:}3) = \text{Große Terz}(4{:}5) \oplus \text{kleine Terz}(5{:}6)\ (\text{Dur} - \text{Akkord}),$$
$$\text{Quinte}(2{:}3) = \text{kleine Terz}\ (5{:}6) \oplus \text{Große Terz}\ (4{:}5)\ (\text{Moll} - \text{Akkord}).$$
4. Die Gegenüberstellung von Dur- und Mollform (der reinen Diatonik) kann noch in einem anderen Zusammenhang gesehen werden: Wir werden nämlich entdecken,

▶ dass die reziproke Proportionenkette einer arithmetischen Proportionenkette eine harmonische ist und umgekehrt.

Und wie soeben gesehen, beschreibt ja die „arithmetische“ Proportionenkette 4:5:6 in der reinen Temperierung musikalisch den Dur-Dreiklang (zum Beispiel den C-Dur Dreiklang $c - e - g$). Eine Reziproke ist die „harmonische“ Proportionenkette
$$(1/6){:}(1/5){:}(1/4) \cong 10{:}12{:}15,$$

und diese beschreibt den diatonisch reinen Moll-Akkord (zum Beispiel $d - f - a$).

Die frühhistorische Einteilung der Zahlen in arithmetische und in harmonische, wie wir dies in Abschn. 1.1 anlässlich der Schilderung der „Genesis" bemerkt haben, steht also offenbar in Einklang damit, dass

- *je drei aufeinanderfolgende Glieder der – in der griechischen Antike als **Perissoszahlen** bezeichneten – natürlichen Zahlen eine **„arithmetische"** Proportionenkette bilden*

und dass dann ebenso

- *je drei aufeinanderfolgende Glieder reziproker natürlicher Zahlen – die man als **Artioszahlen** bezeichnete – dagegen eine **„harmonische"** Kette bilden – was wir noch zeigen werden.*

Hier mag auch einer der Ursprünge der Begriffe **„arithmetische Folgen"** u. Ä. vermutet werden – schließlich sind die natürlichen Zahlen der universelle Modellfall solcher arithmetischer Gesetzmäßigkeiten. Und ebenso könnten wir die Namensgebung **„harmonische Folge"** für die Folge $\left(\frac{1}{n}\right)_{n\in\mathbb{N}}$ in diesen Zusammenhängen verankert sehen.

Neben diesen drei Hauptformen der Medietäten gab es in der Antike selbstverständlich noch weitaus mehrere Mittelwerteproportionen. Einige – darunter auch für die Diatonik maßgebliche – werden wir im nächsten Abschn. 3.3 vorstellen.

3.3 Die Medietätenketten der antiken Mittelwerte

Beim Studium der antiken Medietäten stößt man immer wieder auf Hinweise, dass es neben den babylonischen Medietäten (geometrisch, arithmetisch und harmonisch) noch eine Reihe anderer Mittelungen gegeben habe. So findet man einige Hinweise, dass es neben dem geometrischen Mittel (dessen Zahlenmagnitude ja wegen seines beinahe ständigen irrationalen Wertes als *„nicht nennbar"* oder auch als *„nicht angebbar"* behandelt wurde) noch weitere neun Medietäten gegeben haben muss. In der folgenden Definition 3.2 greifen wir nun sowohl die bereits bekannten babylonischen Mittelwerte auf und ergänzen sie um ihre sogenannten „Contra-Medietäten". Hinzu kommen noch weitere Mittelungen, denen die Bezeichnung „homothetisch" gegeben wurde.

Bei allen Beschreibungen verwenden wir die einheitliche **„Stück zum Rest"**-Formulierung, die wir zur Bequemlichkeit des Lesers auch in den beiden **„Stück zum Ganzen"**-Formen anbieten,

$$\text{(Stück-zum-Rest-Form)}:(x-a):(b-x) \cong \ldots$$
$$\text{(Stück-zum-Ganzen-Form)}:(x-a):(b-a) \cong \ldots \text{ sowie } (b-x):(b-a) \cong \ldots.$$

Der Grund hierfür ist, dass die in der Literatur genannten Proportionen in unterschiedlichen Formen vorkommen – selbst innerhalb der gleichen Lektüre –, wodurch ein

Vergleich untereinander wie auch eine Übersicht hierüber erschwert wird. Das geometrische Mittel hat hierbei neben seiner Hauptform (Quadrat-Rechteck-Form) besonders viele Formen, die alle untereinander äquivalente Möglichkeiten zur Defintion darstellen.

Definition 3.2 (Die antiken Medietäten und ihre Proportionenketten)
Es sei $a{:}x{:}b$ eine 3-gliedrige (Zahlen-) Proportionenkette, von der wir die aufsteigende Ordnung $a < x < b$ annehmen. Die **Proportionenkette** heißt dann

1. **geometrisch** $\Leftrightarrow a{:}x \cong x{:}b$ **(Quadrat-Rechteck-Formel),**
   - $(x-a){:}(b-x) \cong a{:}x$ sowie $(x-a){:}(b-x) \cong x{:}b$,
   - $(x-a){:}(b-a) \cong a{:}(a+x)$ sowie $(x-a){:}(b-a) \cong x{:}(b+x)$.

Für die geometrische Proportionenkette können gleich zwei contra-geometrische Medietäten definiert werden: Die Proportionenkette heißt

2. **contra-geometrisch (I)** $\Leftrightarrow (x-a){:}(b-x) \cong x{:}a$,
   - $(x-a){:}(b-a) \cong x{:}(a+x)$ sowie $(b-x){:}(b-a) \cong a{:}(a+x)$,
3. **contra- geometrisch (II)** $\Leftrightarrow (x-a){:}(b-x) \cong b{:}x$,
   - $(x-a){:}(b-a) \cong b{:}(b+x)$ sowie $(b-x){:}(b-a) \cong x{:}(b+x)$.

Es folgen vier nicht-geometrische Mittelwertformen, die in unserem Kontext auch als **musikalische Medietäten** bezeichnet werden. Die Proportionenkette heißt

4. **arithmetisch** $\Leftrightarrow (x-a){:}(b-x) \cong a{:}a \cong 1{:}1$,
   - $(x-a){:}(b-a) \cong a{:}(a+a) \cong 1{:}2$ sowie $(b-x){:}(b-a) \cong 1{:}2$,
5. **contra-arithmetisch** $\Leftrightarrow (x-a){:}(b-x) \cong a^2{:}b^2$,
   - $(x-a){:}(b-a) \cong a^2{:}(a^2+b^2)$ sowie $(b-x){:}(b-a) \cong b^2{:}(a^2+b^2)$,
6. **harmonisch** $\Leftrightarrow (x-a){:}(b-x) \cong a{:}b$,
   - $(x-a){:}(b-a) \cong a{:}(a+b)$ sowie $(b-x){:}(b-a) \cong b{:}(a+b)$,
7. **contra-harmonisch** $\Leftrightarrow (x-a){:}(b-x) \cong b{:}a$,
   - $(x-a){:}(b-a) \cong b{:}(a+b)$ sowie $(b-x){:}(b-a) \cong a{:}(a+b)$.

Die nächsten vier – **homothetisch** genannten – Medietätenformen teilen die Distanz $(b-a)$ so, wie diese in Proportionen zu den Eckdaten a und b steht; so heißt eine Proportionenkette

8. **subhomothetisch** $\Leftrightarrow (x-a){:}(b-x) \cong a{:}(b-a)$,
   - $(x-a){:}(b-a) \cong a{:}b$ sowie $(b-x){:}(b-a) \cong (b-a){:}b$,
9. **contra-subhomothetisch** $\Leftrightarrow (x-a){:}(b-x) \cong (b-a){:}a$,
   - $(x-a){:}(b-a) \cong (b-a){:}b$ sowie $(b-x){:}(b-a) \cong a{:}b$,
10. **superhomothetisch** $\Leftrightarrow (x-a){:}(b-x) \cong b{:}(b-a)$,
    - $(x-a){:}(b-a) \cong b{:}(2b-a)$ sowie $(b-x){:}(b-a) \cong (b-a){:}(2b-a)$,
11. **contra-superhomothetisch** $\Leftrightarrow (x-a){:}(b-x) \cong (b-a){:}b$,
    - $(x-a){:}(b-a) \cong (b-a){:}(2b-a)$ sowie $(b-x){:}(b-a) \cong b{:}(2b-a)$.

Bezeichnungen: Für die **Mittelwerte x (Medietäten),** welche den entsprechenden Proportionen genügen, verwenden wir – je nach Kontext – zwei Bezeichnungsmodelle: Zum einen ist dies eine der vorstehenden Reihung gehorchende indizierte Auflistung

$$x_I \big(\text{geometrsche Medietät}\big), \ldots, \; x_{XI} \; \text{(contra-superhomothetische) Medietät)},$$

zum anderen sind dies durch ein erklärendes Subskript versehene Symbole, die vor allem dann, wenn es sich um die geometrische und die musikalischen Medietäten handelt, ein prägnanteres Bezeichnungsmuster tragen: Zuvorderst wird das geometrische Mittel (zweier fest gewählter Daten a und b) in der Regel durch das Symbol

$$z_{\text{geom}}(a, b) \text{ beziehungsweise nur kurz } z_{\text{geom}}$$

gekennzeichnet, und die musikalischen Medietäten erhalten vorwiegend die Symbolik

$$x_{\text{arith}} \big(\text{für arithmetisch}\big) \text{ und } x_{\text{co-arith}} \; \big(\text{für contra-arithmetisch}\big),$$
$$y_{\text{harm}} \; \big(\text{für harmonisch}\big) \text{ und } y_{\text{co-harm}} \; \big(\text{für contra-harmonisch}\big).$$

Alle homothetischen Medietätet erhalten die Variable u mit entsprechendem Subskript.

Zu diesen Begriffen wollen wir zunächst einmal Folgendes bemerken:

1. Alle Medietäten in unserer Liste – mit vorläufiger Ausnahme des geometrischen Mittels (und seiner beiden Contra-Formen) – beschreiben auf den ersten Blick das Verhältnis der beiden Teilstrecken $(x - a)$ *und* $(b - x)$ der Gesamtstrecke $(b - a)$ zueinander, wobei die Proportionen ausschließlich von den gegebenen Daten a und b und nicht vom Teilungspunkt (x) selbst abhängen. Und man erkennt auch, dass sich die Teilungsparameter allesamt als Funktionen des Frequenzmaßes $q = b/a$ ausdrücken lassen – wie im Theorem 3.1 bereits angedeutet. Außerdem sehen wir: Die Proportionen der Teilstücke zueinander sind ähnlich zu den Proportionen der durch die Daten a und b ebenfalls interpretierbaren Streckenverhältnisse. Beispielsweise wird bei der „homothetischen" Medietät die Teilung der Gesamtstrecke $(b - a)$ in die beiden Teilstrecken $(x - a)$ *und* $(b - x)$ ähnlich („verhältnisgleich") zur Teilung der Gesamtstrecke (b) in ihre Teilstrecken (a) und $(b - a)$ vollzogen (woraus sich auch die Namensgebung erklärt).
2. Über das in 1) Gesagte hinaus halten wir aber fest, dass die Medietätenproportionen teilweise auch die prägnante Form

$$(x - a):(b - a) \cong q^n:1 \cong b^n:a^n$$

besitzen; hierbei ist $q = b/a$ das Frequenzmaß des Intervalls $[a, b]$, und n ist ein Exponent, welcher ganzzahlig (jedenfalls in den nicht-geometrischen Mitteln) ist; für das geometrische Mittel selbst ist $n = -(1/2)$: Es lässt sich nämlich für die Stück-zum-Rest-Form folgender Satz zeigen:

Satz: Die geometrische Medietät kann über die in Definition 3.2 angegebenen Formen hinaus auch in einer Stück-zum-Rest-Proportion charakterisiert werden. Dann ergibt sich, dass der Teilungsparameter auch nur vom Quotienten $q = b/a$ abhängt:

$$a{:}x \cong x{:}b \Leftrightarrow (x - a){:}(b - a) \cong \sqrt{a}{:}\sqrt{b} = q^{-1/2}.$$

3. Mit Ausnahme des arithmetischen Mittels führt die Umkehrung des Teilungsverhältnisses, welches die beiden Teilstücke $(x - a)$ *und* $(b - x)$ der Gesamtstrecke $(b - a)$ zueinander haben, zu den als „Contra-Medietäten" bezeichneten Mittelwerten. Der arithmetische Fall kann jedoch im Rahmen einer anderen Systematik erklärt werden. Wir verweisen auf die folgende Bemerkung 4) wie auch auf das spätere Abschn. 4.2 über die Contra-Medietätenfolgen.
4. Eine mathematisch untermauerte Sichtweise über diese Bezeichnungen

Medietät – Contra-Medietät

und ihrer Deutungen erhalten wir, wenn wir die **Frequenzmaßsymmetrie** aus dem Theorem 3.1 und der dortigen Funktionalgleichung zu Rate ziehen, und dann erhalten wir die Beobachtung, ausgedrückt in einem Satz:

Satz: Sei x_1 eine Medietät mit dem Stück-zum-Rest-Teilungsparameter $y = \varphi(q)$. Dann sei x_2 eine weitere Medietät mit dem Stück-zum-Rest-Teilungsparameter

$$\psi(q) = 1/q\varphi(q).$$

Das heißt also, dass die Stück-zum-Rest-Proportionen

$$(x_1 - a){:}(b - x_1) \cong \varphi(\mathrm{q}) \text{ und } (x_2 - a){:}(b - x_2) \cong \psi(\mathrm{q}) = 1/q\varphi(q)$$

bestehen. Dann gilt

$$x_2^* = x_1 \text{ beziehungsweise } x_1 x_2 = ab.$$

Die beiden Medietäten x_1, x_2 liegen somit gespiegelt – sowohl zu den Rändern a und b als auch zur geometrischen Medietät $\mathrm{z}_{\mathrm{geom}}$. Der Koordinatenpunkt (x_1, x_2) liegt somit auf der Hyperbel des Archytas $y = ab/x$.
Speziell sind also die Medietäten zu den Teilungsparametern $\varphi(q) = q^n$ und $\psi(q) = q^{-(n+1)}$ in gespiegelter Position.

Leider folgen die antiken Bezeichnungsweisen nicht diesem Bild, welches unseres Erachtens eine konsequentere „Logik" besäße.

5. Ausgehend von dem Voranstehenden sehen wir, dass alle Medietäten ausschließlich mittels der Strahlensätze der Elementargeometrie konstruiert werden könnten.

Auch das geometrische Mittel ist sehr einfach geometrisch konstruierbar, wenn wir die Quadrat-Rechteck-Formel der Proportion $a{:}x \cong x{:}b$ als Gleichung

$$x^2 = ab$$

ansehen und dann den „Kathetensatz" (wie auch den „Höhensatz") aus der Satzgruppe des Pythagoras verwenden. Wobei bemerkt sei, dass auch diese beiden Sätze Konsequenzen der Strahlensätze sind.

Das folgende Beispielpaket zeigt uns zunächst einmal eine ganze Reihe von konkreten Zahlenverhältnissen für alle diese Mittelungen:

Beispiel 3.2

Antike Medietäten

In der Tabelle sind die Dezimalangaben mit Punktierung gerundete Daten.

Medietät	Proportion ganzzahlig	Proportion mit $a = 6$	Oktave $6{:}x{:}12$	Quinte $6{:}x{:}9$
x_{I} – geometrisch	1:2:4	6:12:24	6:8, 48.:12	6:7, 35.:9
x_{II} – contra-geometrisch I	2:4:5	6:12:15	6:9, 70.:12	6:7, 68.:9
x_{III} – contra-geometrisch II	1:4:6	6:24:36	6:9, 36.:12	6:7, 62.:9
x_{IV} – harmonisch	3:4:6	6:8:12	6:8:12	6:7, 2:9
x_{V} – contra-harmonisch	3:5:12	6:10:12	6:10:12	6:7, 8:9
x_{VI} – arithmetisch	2:3:4	6:9:12	6:9:12	6:7, 5:9
x_{VII} – contra-arithmetisch	5:6:10	6:7, 2:12	6:7, 2:12	6:6, 92.:9
x_{VIII} – subhomothetisch	6:8:9	6:8:9	6:9:12	6:8:9
x_{IX} – contra-subhomothetisch	3:7:9	6:14:18	6:9:12	6:7:9
x_{X} – superhomothetisch	5:11:15	6:13, 2:18	6:10:12	6:8, 25:9
x_{XI} – contra-superhomothetisch	5:9:15	6:9:10, 5	6:8:12	6:6, 75:9

In der Musiktheorie der reinen Diatonik findet man unter diesen Medietäten vor allem diese vier Medietäten,

- die harmonische und die arithmetische Medietät,
- die contra-harmonische und die contra-arithmetische Medietät

unserer Auflistung. Wir erkennen ja anhand des vorstehenden Beispiels 3.2, dass im Falle der Oktave 6:12 als totale Proportion alle homothetisch genannten Medietäten keine neuen Teilungen bewirken würden. Das geometrische Mittel ist hierbei nur indirekt im Boot. Dagegen könnten bei anderen Betrachtungen auch die übrigen Medietäten (und tausend andere) in Erscheinung treten; das Spiel mit den höheren Proportionalen – dargelegt in Kap. 4 wie auch schon im nächsten Abschn. 3.4 – zeigt uns eine nicht endende Fülle an Möglichkeiten, aus den bestehenden Medietäten immer weiter neuere zu generieren.

Das nächste Beispiel zeigt uns einige Grundzusammenhänge zwischen Medietäten, Proportionen und Musik:

Beispiel 3.3

Musikalische Medietäten und ihre Proportionenketten

1. Die **geometrische Proportionenkette** 3:6:12 (Akkordbeispiel $d - d' - d''$).
2. Die **arithmetische Proportionenkette** 6:9:12 (Akkordbeispiel $d - a - d'$).
3. Die **harmonische Proportionenkette** 6:8:12 (Akkordbeispiel $d - g - d'$).
   Die pythagoräische Musiktheorie entwickelte sich aus den inneren Strukturen der musikalischen Proportionenkette B_{mus}

   $$B_{\text{mus}} = a{:}y_{\text{harm}}{:}x_{\text{arith}}{:}b \cong 6{:}8{:}9{:}12,$$

   und der ganzen Kette entspricht beispielsweise die Tonfolge respektive der Akkord

   $$d - g - a - d'$$

   in pythagoräischer reiner Quinttemperierung. In der späteren Diatonik, welche die reine Terz 4:5 mit aufnimmt, spielen auch die beiden Contra-Medietäten von arithmetischem und harmonischem Mittel eine ausschlaggebende Rolle; wir haben
4. die **contra-harmonische Proportionenkette** $6{:}10{:}12 \cong 3{:}5{:}6$,
   welche einer Tonfolge $d - h - d'$ entspricht – oder auch der Adjunktion einer kleinen reinen Terz 5:6 an eine große reine Sexte 3:5. Wir haben ebenfalls
5. die **contra-arithmetische Proportionenkette** $6{:}7{,}2{:}12 \cong 5{:}6{:}10$,
   welche einem Moll-Akkord $d - f - d'$ oder $a - c - a'$ innerhalb einer durch reine Quinten (2:3) und reinen Terzen (4:5) aufgebauten Skala entspricht.

Zusammenfassung: Die so gewonnenen Medietäten lassen sich in Reihe so ordnen:

$$6 - 7{,}2 - 8 - 9 - 10 - 12,$$

was der Proportionenkette, die wir als ähnliche Kette auch ganzzahlig formulieren,

$$a{:}x_{\text{co-arith}}{:}x_{\text{harm}}{:}x_{\text{arith}}{:}x_{\text{co-harm}}{:}b \cong 30{:}36{:}40{:}45{:}50{:}60,$$

entspricht. Wir können dies auf „weißen Tasten“ einer jedoch in Wahrheit reindiatonisch gestimmten Tastatur verifizieren durch die Tonfolge

$$d - f - g - a - h - d'.$$

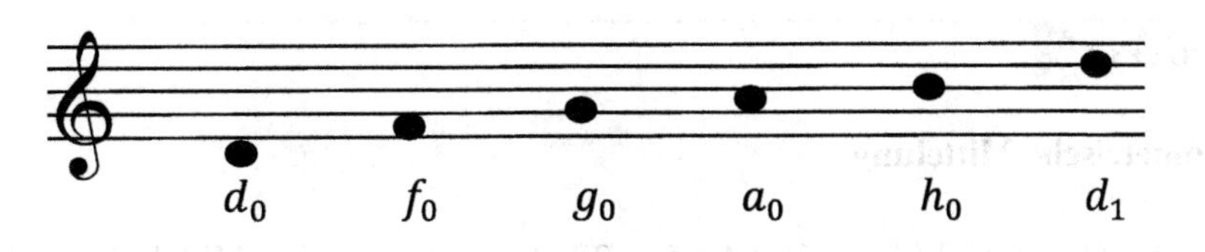

Diese Kette enthält mit Ausnahme der Semitonia, die sich als Intervalldifferenzen ergeben, bereits alle Stufen und Strukturintervalle der „reinen diatonischen" Skala:

- 30:36 $\cong$ 5:6 $\equiv$ kleine reine Terz
- 36:40 $\cong$ 9:10 $\equiv$ kleiner reiner Ganzton
- 40:45 $\cong$ 8:9 $\equiv$ großer reiner Ganzton
- 40:50 $\cong$ 36:45 $\cong$ 4:5 $\equiv$ große reine Terz
- 30:40 $\cong$ 3:4 $\equiv$ reine Quarte
- 30:45 $\cong$ 2:3 $\equiv$ reine Quinte
- 30:50 $\cong$ 3:5 $\equiv$ große reine Sext
- 30:60 $\cong$ 1:2 $\equiv$ Oktave.

Bilden wir die reine Quart 30:40 $\cong$ 36:48 sowie die reine große Terz in der Form 36:45, so liefert die Proportionenkette 36:45:48 unmittelbar das Differenzintervall „Quarte minus große Terz"

- 45:48 $\cong$ 15:16 $\equiv$ reiner diatonischer Halbton.

Bei diesen aufgelisteten musikalischen Proportionenketten fallen uns noch zwei – zunächst eher als zufällig erscheinende – Gesetzmäßigkeiten auf:

- Erstens: Die Ketten in 2) und in 3) sind reziprok.

Nach der Lektüre der Harmonia perfecta maxima der babylonischen Medietäten (Theorem 3.2) ist uns dies jedoch vertraut: Arithmetisches Mittel und harmonisches Mittel sind gespiegelt und definieren den symmetrischen Oktavkanon. Überraschend dagegen ist, dass auch

- zweitens: die Ketten in 4) und in 5) reziprok sind,

zumindest trifft dies hier in dem Fall der Oktave zu. Wie das allgemein ist, werden wir noch sehen. Einstweilen erkennen wir daraus, dass schon die 3-stufige Kette

$$6{:}x_{\text{arith}}{:}y_{\text{co-harm}}{:}12 = 6{:}9{:}10{:}12$$

zum Aufbau der Quint-Terz-Struktur – **reine Diatonik** genannt – ausreichen würde.

Ein weiterer Beispielblock ist dem geometrischen Mittel gewidmet:

Beispiel 3.4

Geometrische Mittelung

1. Für $a^2 = 16$ und $b^2 = 25$ ist $4 * 5 = 20$ das geometrische Mittel dieser beiden Quadrate und 16:20:25 ist eine geometrische Proportionenkette.
   Geometrisch: Die Fläche des Quadrats mit der Seitenlänge 20 entspricht der Fläche des Rechtecks mit den Seiten 25 und 16.

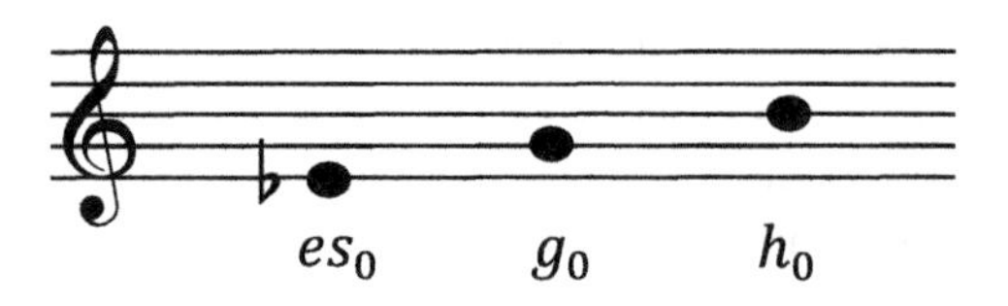

   Musikalisch: Die Proportionenkette 16:20:25 ist die Proportionendarstellung der Aufeinanderschichtung („Adjunktion") zweier reiner großer Terzen 4:5, und dies würde beispielsweise den Tonfolgen $es - g - h$ oder $c - e - gis$ entsprechen – vorausgesetzt, die reine Stimmung wäre bis in die Chromatik hinein fortgesetzt.
2. Bei der Adjunktion zweier gleich großer Intervalle – besser: zweier ähnlicher Intervalle – entsteht stets eine geometrische Proportionenkette: Sind $A = a{:}b$ und $C = c{:}d$, so gilt nach Konstruktion der Adjunktion

$$[a, b] \oplus [c, d] \cong [ac, bc] \oplus [cb, db] \cong ac{:}bc{:}db,$$

   und dann ist $ac{:}bc = a{:}b$ und $bc{:}db = c{:}d$. Ist nun

$$a{:}b \cong c{:}d, \text{ so ist auch } ac{:}bc \cong bc{:}db,$$

   und die Kette ist per definitionem geometrisch, was natürlich auch die Quadrat-Rechteckgleichung zeigt: Aus $bc = ad$ folgt (bc) * (bc) = (bc) * (ad) = (ac) * (db).
3. Ein weites Feld geometrischer Proportionenketten findet man konsequenterweise in den **gleichstufigen Temperierungen** – eben deshalb, weil die Gleichstufigkeit ja gerade gemäß den geometrischen Proportionen erreicht wird.

Als Nächstes wollen wir – im Rahmen einer üblichen Gleichungsbehandlung – die aus den Proportionen sehr leicht gewinnbaren Mittelwerteformeln sowie einige hieraus folgende Eigenschaften angeben:

Theorem 3.3 (Die Mittelwerteformeln und die Medietätenanordnung)

A) **Mittelwerteformeln**

Alle Medietäten lassen sich als eindeutige Lösungen der Mittelwertegleichungen beziehungsweise dank der Mittelwertefunktion bequem bestimmen, und die Details sind tabellarisch angeordnet diese:

Proportionenname	Teilungsparameter – Stück-zum-Rest-Prop $(x-a):(b-x) \cong$	Mittelwerteformel
x_{I} – geometrisch	$\sqrt{a}:\sqrt{b}$	$x_{I}^2 = \mathrm{ab}$
x_{II} – contra-geometrisch-I	$x:a$	$x_{II} = \frac{b-a}{2} + \sqrt{a^2 + \left(\frac{b-a}{2}\right)^2}$
x_{III} – contra-geometrisch-II	$b:x$	$x_{III} = \frac{a-b}{2} + \sqrt{b^2 + \left(\frac{b-a}{2}\right)^2}$
x_{IV} – arithmetisch	1:1	$x_{IV} = \frac{1}{2}(a+b)$
x_{V} – contra-arithmetisch	$a^2:b^2$	$x_{V} = \frac{ab}{a^2+b^2}(a+b)$
x_{VI} – harmonisch	$a:b$	$x_{VI} = \frac{2ab}{a+b}$
x_{VII} – contra-harmonisch	$b:a$	$x_{VII} = \frac{a^2+b^2}{a+b}$
x_{VIII} – subhomothetisch	$a:(b-a)$	$x_{VIII} = \frac{a(2b-a)}{b}$
x_{IX} – contra-subhomothetisch	$(b-a):a$	$x_{IX} = \frac{b^2+a(a-b)}{b}$
x_{X} – superhomothetisch	$b:(b-a)$	$x_{X} = \frac{b^2+a(b-a)}{2b-a}$
x_{XI} – contra-superhomothetisch	$(b-a):b$	$x_{XI} = \frac{b^2}{2b-a}$

B) **Die Anordnung der musikalischen Mittelwerte zur diatonischen Proportionenkette**

Die musikalischen Medietäten erfüllen die Ungleichungen

$$\mathrm{a} < x_{\text{co-arith}} < y_{\text{harm}} < \left(\mathrm{z}_{\text{geom}}\right) < x_{\text{arith}} < y_{\text{co-harm}} < b,$$

und hieraus entsteht die 5-stufige **diatonische musikalische Proportionenkette**

$$\boldsymbol{M}_{\text{diat}} = \mathbf{a}{:}\boldsymbol{x}_{\text{co-arith}}{:}\boldsymbol{y}_{\text{harm}}{:}\boldsymbol{x}_{\text{arith}}{:}\boldsymbol{y}_{\text{co-harm}}{:}\boldsymbol{b}.$$

Sie ist Hauptgegenstand der Harmonia perfecta maxima diatonica.

Beweis: Für die Mittelwerteformeln löst man die entsprechende Gleichung nach der Variablen x auf. Zweifellos gäbe es auch eine auf reinem Proportionenkalkül beruhende Beweisform – auch im Falle der Wurzelausdrücke. So würde man beispielsweise im contra-harmonischen Fall die Mittelwertangabe durch die Proportionenbeziehung

$$x_{VII}{:}1 \cong \left(a^2 + b^2\right){:}(a+b)$$

angeben, und eine Herleitung würde mittels der Rechenregeln der Proportionenlehre die definierende Proportion der contra-harmonischen Medietät in diese Form überführen.

Was noch bleibt, ist der Einblick, wie man im Falle des geometrischen Mittels auf die Form des Teilungsparameters

$$f(x_{I}) = f\left(z_{\text{geom}}\right) = \sqrt{a/b}$$

kommt. Bei aufmerksamer Betrachtung des Beispiels 3.1 ist dies eigentlich schon klar – nutzen wir doch dort die Funktionalgleichung der Mittelwertefunktion $g(y)$. Aber es geht auch so: Weil klar ist, dass $x_{\mathrm{I}}^2 = \mathrm{ab}$ ist – dies folgt ja sofort aus der wichtigsten definitorischen Beschreibung der geometrischen Medietät $a{:}x_{\mathrm{I}} \cong x_{\mathrm{I}}{:}b$ –, so setzen wir diesen Wert einfach in eine der beiden Stück-zum-Rest-Formen ein, erhalten

$$f(x_{\mathrm{I}}) = \frac{a}{x_{\mathrm{I}}} = \frac{a}{\sqrt{ab}} = \frac{\sqrt{a}}{\sqrt{b}} = \sqrt{a/b} = \frac{x_{\mathrm{I}}}{b},$$

und schon ist dieser Nachweis erbracht. Für die contra-geometrischen Medietäten ersparen wir uns eine Darstellung der Teilungsparameter $f(x_{\mathrm{II}})$ und $f(x_{\mathrm{III}})$ als Funktion der Daten a und b; hierzu muss man lediglich die jeweilige Medietätenformel in den Teilungsparameter einsetzen.

Zu B): Wenn auch die Ungleichungskette aus den Mittelwerteformeln via umfangreicher Rechnungen gewinnbar wäre, so folgt sie doch direkt aus der passenden Interpretation der Proportionendefinition: Denn dort wird das Größenverhältnis der Abschnitte $(x - a)$ und $(b - x)$ zueinander beschrieben, und dann können wir die Mittelwertemonotonie aus dem Theorem 3.1 anwenden.

Anmerkung: *Die Ungleichungskette der babylonischen Medietäten selbst – bekannt unter dem Namen „Ungleichung zwischen harmonischem und arithmetischen Mittel“ – erkennt man ansonsten auf vielerlei Weisen; eine davon möge als Demonstration dienen:*

$$\begin{aligned} 0 &< (b-a)^2 = b^2 + a^2 - 2ab \Leftrightarrow 2ab < b^2 + a^2 \Leftrightarrow 4ab < b^2 + a^2 + 2ab \\ &\Leftrightarrow z_{\mathrm{geom}}^2 = ab < \frac{1}{4}\left(a^2 + 2ab + b^2\right) = \left(\frac{1}{2}(a+b)\right)^2 = x_{\mathrm{arith}}^2. \end{aligned}$$

Damit ist die Ungleichung $z_{\mathrm{geom}} < x_{\mathrm{arith}}$ *gezeigt. Weil aber das Produkt von* y_{harm} *mit* x_{arith} *gleich* $(z_{\mathrm{geom}})^2$ *ist, muss dann der andere Faktor* y_{harm} *kleiner als das geometrische Mittel* z_{geom} *sein.*

Wir geben nun einige nützliche Beobachtungen aus diesen Formeln an:

Folgerungen: Gleichungen, Ungleichungen, Medietätenordnung:

1. Sind die Magnituden a und b rational, so sind mit Ausnahme der geometrischen Mittel, welche dann auch irrational sein können (und dies auch „meistens“ sind), alle übrigen Medietäten rational – und somit untereinander kommensurabel.
2. Das **arithmetische Mittel** ist simultan auch das arithmetische Mittel von harmonischem und contra-harmonischem Mittel:

$$x_{\mathrm{arith}} = \frac{1}{2}(y_{\mathrm{harm}} + y_{\mathrm{co\text{-}harm}}),$$

denn wir haben die gleichen Differenzen

$$x_{\text{arith}} - y_{\text{harm}} = \frac{1}{2}\frac{(a-b)^2}{a+b} = y_{\text{co-harm}} - x_{\text{arith}}.$$

3. Das **geometrische Mittel** zweier Daten a und b ist simultan auch die geometrische Mittelung für sowohl deren harmonisches und arithmetisches Mittel als auch für das contra-arithmetische und contra-harmonische Mittel, es gelten nämlich die Formeln

$$y_{\text{harm}} * x_{\text{arith}} = x_{\text{co-arith}} * y_{\text{co-harm}} = ab = \left(z_{\text{geom}}\right)^2.$$

Wobei die Liste aller relevanten Eigenschaften rund um das geometrische Mittel noch ganz andere und tiefer gehende Aspekte enthält – siehe den Folge-Abschn. 3.4.

4. Das **harmonische Mittel** erfüllt hinsichtlich seiner Lage stets die Schrankenbedingung

$$\mathrm{a} < y_{\text{harm}} < 2a,$$

und wenn b monoton wachsend von a nach $+\infty$ läuft, so strebt $y_{\text{harm}}(a, b)$ monoton wachsend von a nach $2a$. Dies lesen wir ganz leicht aus der Form

$$y_{\text{harm}}(a,b) = \frac{2ab}{a+b} = 2a\left(\frac{b}{a+b}\right) = 2a\left(\frac{1}{1+a/b}\right)$$

ab, denn der Bruch ist offenbar stets kleiner als 1 und er strebt monoton wachsend gegen 1, wenn b wächst und unbeschränkt groß gegenüber a wird, so dass demnach a/b gegen 0 strebt. Aber auch schon die Definition dieser Proportionen zeigt uns diese Lagebedingungen: Die Proportion des harmonischen Mittels

$$(y_{\text{harm}} - a):(b - y_{\text{harm}}) \cong a:b$$

ist dank der Kreuzregel gleichwertig zur Proportion

$$(y_{\text{harm}} - a):a \cong (b - y_{\text{harm}}):b.$$

Stellen wir uns die Magnituden als Strecken vor, so ist klar, dass die rechte Proportion numerisch kleiner als 1 ist, denn $(b - y_{\text{harm}})$ ist eine Teilstrecke der Gesamtstrecke b. Demnach ist auch die Strecke $(y_{\text{harm}} - a)$ kleiner als die Strecke a, weshalb y_{harm} der Lagebedingung $\mathrm{a} < y_{\text{harm}} < 2a$ genügen muss. Soviel zur Plausibilität dieser Sache.

5. Das **harmonische Mittel** y_{harm} ist simultan auch das harmonische Mittel zu contra-arithmetischem und arithmetischem Mittel, denn es gelten die Quotientformeln

$$\frac{y_{\text{harm}} - x_{\text{co-arith}}}{x_{\text{arith}} - y_{\text{harm}}} = \frac{2ab}{a^2+b^2} = \frac{x_{\text{co-arith}}}{x_{\text{arith}}},$$

und das ist ja selber wieder die definierende brucharithmetisch geschriebene Stück-zum-Rest Form für die Magnitude y_{harm}, harmonisches Mittel der Magnituden $x_{\text{co-arith}}$ und x_{arith} zu sein.

6. Für das **harmonische Mittel** zweier Daten a und b erkennen wir die alternative Definitionsmöglichkeit als **„Kehrwert des arithmetischen Mittels der Kehrwerte":**

$$y_{\text{harm}} = \left[\frac{1}{2}\left(\frac{1}{a} + \frac{1}{b}\right)\right]^{-1}.$$

Auch eine andere äußerst nützliche Form bietet sich an: Wer einer Formel aus dem Wege gehen möchte, beschreibt zum Beispiel das **geometrische Mittel** zweier Daten a und b als die Seitenlänge eines zum Rechteck der Seiten a und b gleich großen Quadrates. Und beim **harmonischen Mittel** geht das beinahe ebenso elegant:

▶ *Wir ersetzen das Rechteck (der Seiten a und b) durch* ***ein gleich großes Rechteck,*** *bei welchem die eine Seite die* ***arithmetische Mittelung*** *von a und b sein soll – die andere ist dann tatsächlich automatisch das (gesuchte)* ***harmonische Mittel.***

Das sieht man der Formel

$$\boldsymbol{y}_{\text{harm}} = \boldsymbol{ab}/\boldsymbol{x}_{\text{arith}}$$

für das harmonische Mittel ja unmittelbar an. Man bildet also einfach das Produkt (von a und b) und teilt es durch das arithmetische Mittel – kinderleicht und bei manierlichen Zahlenvorgaben per Kopfrechnen durchaus dem TR ebenbürtig; und eine vergleichsweise mühselige Berechnung aus der Proportionenvorschrift hat hier hoffnungslos das Nachsehen. Übrigens beweist die nämliche Formel ebenso drastisch die Spiegeleigenschaft: Beide Daten $(x_{\text{arith}}, y_{\text{harm}})$ liegen auf der Hyperbel des Archytas.

Wie einprägsam dieses „Mittelungsverfahren" hinsichtlich der Aufgabenstellung, ein Rechteck in ein flächengleiches Quadrat umzuwandeln, als auch einfach zur bequemen Gewinnung des harmonisches Mittels ist, möge an einem einfachen Beispiel demonstriert sein: Das Rechteck aus den Seiten 6 und 12 mit dem Flächeninhalt 72 geht also im ersten Schritt in ein wesentlich „quadrat-ähnlicheres" Rechteck über: Die Seiten sind das arithmetische Mittel 9 und $8 = 72/9$ – das harmonische Mittel. Was ergibt sich nun, wenn wir erneut dieses neue Rechteck mittels des gleichen Verfahrens noch quadratischer machen? Nun, die neue arithmetisch gemittelte Seite ist $17/2 = 8{,}5$, und demzufolge haben wir den harmonischen Partner mit $72/8{,}5 = 144/17$ taschenrechnergerecht vor Augen – es kommt 8,470588...heraus.

▶ **Wichtig**
Nachdem aber die Beschäftigung mit Proportionen uns zu glühenden Verehrern der Brucharithmetik und ihrer Kommensurabilität hat werden lassen und wir hierin gestählt so manche Ähnlichkeitsrechenkünste kopfrechnend gemeistert haben, verachten wir auch für dieses Mal die bloße Numerik und bleiben weiterhin den Proportionen treu: Im ganz neuen Rechteck ist die Seitenproportion nämlich diese:

$$\frac{144}{17}:\frac{17}{2} \cong \frac{288}{34}:\frac{289}{34} \cong 288:289.$$

Offenbar muss man schon ein sehr besessener Genauigkeitsfanatiker sein, um in einem solch proportionierten Rechteck ***kein*** *Quadrat zu sehen.*

Dieses Beispiel wird uns auch im späteren Abschn. 4.3 als Demonstration der **superschnellen Approximation** des geometrischen Mittels durch die **einschachtelnde Medietätenfolge** aus arithmetischen und harmonischen Mitteln dienen.

3.4 Spiele mit babylonischen Proportionenketten

Um es vorwegzunehmen: Wer einmal den Versuch unternimmt, in den ebenfalls schon historischen Literaturen der Musiktheoretiker das antike musikalische Weltgefüge zu studieren, sieht sich zusehends in einer Situation, wie jemand, der ohne Navi durch eine chinesische Metropole finden soll: viele Fahrspuren – viele Abzweigungen – fremde Sprachen – fremde Zeichen – und überhaupt! So erfahren wir beispielsweise in den Bänden von Ambros und in denen von Freiherr von Thimus in Hunderten von Verästelungen, wie sich wohl das antike Tonsystem unter den Gesetzen der Proportionen der „Alten" entwickelt und aufgebaut haben mag. Eine Kostprobe?

> *...dem Spiel der interpolirenden Medietäten kann, als Gegensatz desselben, für die Auffindung neuer Klangstufen das Spiel der dritten Proportionalen hinzunehmender neuer Vorder- oder Hinterglieder der aus den Functionen neuer Werthe α und ω der beiden Endtöne eines musikalischen Intervalls für die Vergleichung ihrer Schwingungsmassen oder Wellenlängen zu bildenden Proportionen gegenüber gestellt werden. Zu α und ω treten als dritte geometrische Proportionalen dann das Vorderglied $\frac{\alpha^2}{\omega}$ und beziehlich das Hinterglied $\frac{\omega^2}{\alpha}$ hinzu. Als arithmetisches Vorderglied beziehlich Hinterglied werden die Werthe $2\alpha - \omega$... gefunden (...)*
> *(aus: von Thimus, Bd I Vorrede XV).*

In diesem Abschnitt werden wir das Wesentliche rund um diese Konzepte vorstellen: Gegenstand sind Beziehungen zwischen geometrischen, arithmetischen und harmonischen Proportionenketten. Und wir gliedern unseren Abschnitt in zwei Teile: Zunächst fokussieren wir uns auf ein Spiel kleinerer Ketten mit sogenannten **dritten Proportionalen;** ihm folgt eine grundsätzlich geltende Symmetrie der **arithmetischen** und der **harmonischen** Proportionenketten unter Einbeziehung ihrer Reziproken.

Der **geometrischen Medietät** ist dann verdientermaßen ein eigener Abschnitt – der nachfolgende Abschn. 3.5 – gewidmet. Darüber hinaus münden unsere Betrachtungen in einem **infiniten** Iterationsprozess sich fortsetzender Mittelungen – dem Gegenstand des letzten mathematischen Kap. 4.

Zuvor erinnern wir noch einmal an die Begriffe der babylonischen Ketten: Eine zunächst lediglich 2-stufige Proportionenkette heißt geometrisch/arithmetisch/harmonisch, falls das mittlere Glied die geometrische/arithmetische/harmonische Medietät der äußeren Glieder ist – genauso wie dies in der zentralen Definition 3.2 angegeben ist. Diese Begriffe wären in analoger Weise auch auf die übrigen Medietäten übertragbar, wenn gewünscht.

A) Die „dritten Proportionalen"

Bei einer Mittelung eines gegebenen Intervalls $[a, b]$ – oder einer Proportion $a{:}b$ – haben wir einen Wert x – die **mittlere Proportionale** – gesucht, so dass die Proportionenkette $a{:}x{:}b$ von einem ganz bestimmten vorgegebenen Typ ist – z. B. geometrisch, harmonisch usw. bzw. so, dass die Variable x einer der klassischen Mittelwerte ist. Genauso gut könnte man aber auch fordern, dass entweder

- $x < a < b$ so zu bestimmen ist, dass jetzt die **Magnitude *a*** Mittelwert der Magnituden x und b des geforderten Typs ist – beziehungsweise, dass die Proportionenkette $x{:}a{:}b$ eine gewünschte Mittelwerteproportionenkette ist,

oder dass

- $a < b < x$ so zu bestimmen ist, dass nun die **Magnitude *b*** Mittelwert der Magnituden a und x des geforderten Typs ist – beziehungsweise, dass die Proportionenkette $a{:}b{:}x$ eine gewünschte Mittelwerteproportionenkette ist.

Im ersten Fall heißt x eine **„vordere dritte Proportionale"**, im zweiten Fall eine **„hintere dritte Proportionale"**. Wir können diese 3. Proportionalen sicher leicht aus den Daten (a, b) berechnen, indem wir die Mittelwerteformeln des Theorems 3.3 nutzen.

Es zeigt sich, dass hierbei eine auf den Punkt zugeschnittene Aufgabe und ihre Lösung bei vielen rechnerischen, aber auch theoretischen Betrachtungen für den nötigen Durchblick sorgen. Das ist die schlichte

Aufgabe: Finde zu einer gegebenen Proportion $a{:}x$ eine vordere harmonische 3. Proportionale y – beziehungsweise: Berechne eine Magnitude y, so dass die 2-stufige Proportionenkette $y{:}a{:}x$ harmonisch ist.

Hierbei haben wir die äußere Magnitude x als variablen Parameter benutzt, und die zu suchende Magnitude y ist dann eine Funktion von x, wobei die Magnitude a als konstant behandelt wird. Sicher ist die Lösung recht einfach:

Lösung: Die Proportionenkette $y{:}a{:}x$ ist genau dann harmonisch, wenn a harmonisches Mittel von y und x ist, und dann gilt für a die Mittelwerteformel des Theorems 3.3, welche wir lediglich nach y umstellen und dann noch das Ergebnis proportionell darstellen. In Formeln liest sich dieser Prozess so:

$$a = \frac{2yx}{y+x} \Leftrightarrow y = \frac{ax}{2x-a} \Leftrightarrow y{:}a \cong x{:}(2x-a) \cong 1{:}\left(2 - \frac{a}{x}\right).$$

Diese gebrochen-rationale Funktion

$$y = y(x) = \frac{ax}{2x - a}$$

ist vom geometrischen Typ einer Hyperbel – die **„harmonische Hyperbel"** – und lässt eine bequeme Verlaufsanalyse zu, die wir auch im Anhang skizziert finden.

Fazit: Strebt x monoton wachsend von a nach ∞, so strebt y monoton fallend und asymptotisch von a nach $a/2$ – in Einklang mit unserer Erkenntnis, dass das harmonische Mittel (hier a) nie größer sein kann als das doppelte Vorderglied (y).

Im nächsten Beispielblock üben wir diese Dinge erst einmal ein wenig ein:

Beispiel 3.5

„dritte Proportionalen"

Für die Parameter a und b sei in diesem Beispiel stets der Fall einer großen reinen Sext $a{:}b \cong 6{:}10$ angenommen.

Geforderter Typ für die 3. Proportionale	x-Wert	Proportionenkette
Vordere arithmetische 3. Proportionale	$x = 2$	2:6:10
Hintere arithmetische 3. Proportionale	$x = 14$	6:10:14
Vordere geometrische 3. Proportionale	$x = 3,6$	$3,6{:}6{:}10 \cong 9{:}15{:}25$
Hintere geometrische 3. Proportionale	$x = 16\frac{2}{3}$	$6{:}10{:}16\frac{2}{3} \cong 18{:}30{:}50$
Vordere harmonische 3. Proportionale	$x = 4\frac{2}{7}$	$4\frac{2}{7}{:}6{:}10 \cong 30{:}42{:}70$
Hintere harmonische 3. Proportionale	$x = 30$	6:10:30
Hintere contra-harmonische 3. Proportionale	$x = 12$	6:10:12
Vordere contra-arithmetische 3. Proportionale	$x = 5$	5:6:10

Beispielsweise kommt man im fünften Beispiel im Falle einer vorderen harmonischen 3. Proportionalen zu dem angegebenen x-Wert gemäß unserer voranstehenden Erörterung (also in den augenblicklichen Variablenbezeichnungen) durch folgende Überlegung:

$$a = \frac{2xb}{x + b} \Leftrightarrow x = \frac{ab}{2b - a} \Leftrightarrow x = \frac{60}{20 - 6} = \frac{30}{7} = 4\frac{2}{7} \approx 4,285\ldots$$

Die Proportionenkette 30/7:6:10 geht schließlich durch Multiplikation mit 7 in die dazu äquivalente Proportionenkette in der ganzzahligen Form 30:42:70 über.

▶ Solche 3. Proportionalen müssen aber keineswegs existieren! So gibt es zu der Proportion 1:3 keine hintere harmonische 3. Proportionale x, denn in der Kette 1:3:x wäre sonst die Zahl 3 das harmonische Mittel von 1 und x; ein harmonisches Mittel ist aber stets kleiner als das Doppelte der vorderen Magnitude

(1) – wie schon oft beobachtet, zuletzt in der Folgerung 4) nach Theorem 3.3. Auch gibt es in dem obigen Beispiel 3.5 weder eine vordere contra-harmonische noch eine hintere contra-arithmetische 3. Proportionale.

Über die Möglichkeiten ihrer Existenz und die Methoden, solche dritte Proportionalen in einem rekursiven Prozess zu generieren, berichtet das nächste Kap. 4, wo wir die Prozesse einer Mittelwertgenerierung **ad infinitum** fortsetzen wollen, *„damit die Mathematik auch zu ihrem Recht kommt"*.

Jetzt wollen wir diese Dinge in einer einfachen und naheliegenden Definition verankern:

Definition 3.3 (Babylonische Proportionenketten und höhere Proportionalen)
Gegeben sei für $n \geq 2$ eine n-stufige Proportionenkette

$$A = a_0{:}a_1{:}\ldots{:}a_n$$

mit den n Stufenproportionen $a_k{:}a_{k+1}, (k = 0, \ldots, n-1)$. Dann heißt die Kette A **geometrisch/arithmetisch/harmonisch – kurz: babylonisch**

$\Leftrightarrow$ jede ihrer (n – 1) möglichen 2-stufigen Teilketten in der Aufeinanderfolge direkt benachbarter Stufen

$$a_k{:}a_{k+1}{:}a_{k+2}, (k = 0, \ldots, n-2)$$

ist geometrisch/arithmetisch/harmonisch. Im Zusammenhang mit diesen fortschreitenden Folgen 2-stufiger Proportionenketten heißen die Magnituden

a_k **vordere 3. Proportionale** von $a_{k+1}{:}a_{k+2}$,

a_{k+1} **mittlere 3. Proportionale** von $a_k{:}a_{k+2}$,

a_{k+2} **hintere 3. Proportionale** von $a_k{:}a_{k+1}$,

wobei eine charakterisierende babylonische Medietäteneigenschaft (geometrisch oder arithmetisch oder harmonisch) dann hinzugefügt wird, wenn die entsprechende Teilkette diese Eigenschaft besitzt.

Dieser Prozess lässt sich fortsetzen und verallgemeinern: Ist eine 2-stufige Proportionenkette $a{:}b{:}c$ babylonisch, so sei x eine Magnitude, so dass die Kette

$$a{:}b{:}c{:}x$$

ebenfalls babylonisch ist. Dann heißt x eine hintere babylonische **4. Proportionale.** Und völlig analog sind alle sogenannten vorderen und hinteren (babylonischen) **höheren Proportionalen** zu verstehen.

Entsprechend würde man auch Proportionenketten mit anderen Medietäteneigenschaften (homothetisch, contra-harmonisch usw.) definieren.

Als einfaches Beispiel für babylonische Proportionenketten möge der Oktavkanon 6:12 dienen, für den wir verschiedene vordere, mittlere und hintere höhere Proportionalen berechnen (in der Tabelle des Folgebeispiels 3.6 sind sie fettgedruckt). So ergeben sich aus der 1-stufigen Proportion 6:12 einige mehrstufige babylonische Proportionenketten.

Beispiel 3.6

Babylonische Proportionenketten

Proportionenkette	Babylonischer Typ	Höhere Proportionalen
3:6:12:**24**:**48**:**96**	Geometrisch	**96 = hintere geom. 6. Prop.**
6:12:**18**:**24**	Arithmetisch	**24 = hintere arithm. 4. Prop.**
2,4:**3**:**4**:6:12	Harmonisch	**2,4 = vordere harm. 5. Prop.**

Eines der interessantesten Spiele mit babylonischen Proportionen besteht nun in der Vielfalt der inneren Symmetrien zwischen Ketten von verschiedenem babylonischen Typ und deren Zusammenwirken mit **höheren Proportionalen** und **reziproken Prozessen.** Betrachten wir ein Beispiel:

Beispiel 3.7

Vollständiger diatonischer Kanon

Im vollständigen diatonischen Kanon

$$6:7,2:8:9:10:12$$

betrachten wir einmal die Ganztonproportion $a{:}b \cong 8{:}9$. Für sie ist $x = 10$ eine hintere arithmetische 3. Proportionale; ebenso ist leicht zu erkennen, dass $y = 7,2$ eine vordere harmonische 3. Proportionale ist, denn die Magnitude 8 ist das harmonische Mittel von 7,2 und 9, wie die Rechnung

$$8 = 2 * 9 * 7,2/(9 + 7,2),$$

aber auch die Formel für die vordere harmonische 3. Proportionale

$$y = \frac{ab}{2\text{b} - \text{a}} = \frac{72}{18 - 8} = 7,2$$

zeigen. Wir beobachten, dass in der 3-stufigen Proportionenkette P $= 7,2{:}8{:}9{:}10$

die hintere Teilkette H $= 8{:}9{:}10$ arithmetisch,

die vordere Teilkette V $= 7,2{:}8{:}9$ harmonisch

ist. Auch ist schnell klar, dass die Kette V eine Reziproke von H ist – wie natürlich auch umgekehrt. Und die gesamte Kette P ist symmetrisch bzw. reziprok zu sich selbst.

Dieses und ähnliche Beispiele für das Zusammenwirken vorderer und hinterer Proportionalen begegnen uns nämlich in der frühen musikhistorischen Praxis bei den dort häufig in dieser Art durchgeführten Intervallkonstruktionen auf Schritt und Tritt.

Wir wollen als Nächstes die Situation dieses Beispiels auf eine etwas allgemeinere Ebene transferieren – ganz einfach deshalb, weil wir dann zu einer auf den Kern der inhaltlichen Zusammenhänge gelenkten Sicht kommen. Dazu haben wir folgende **Situation:** Gegeben seien die vier Daten

$$x_1 < x_2 < x_3 < x_4,$$

wobei wir die aufsteigende Ordnung nur bequemlichkeitshalber voraussetzen; sie bilden die Proportionenkette

$$\mathrm{P} \cong x_1{:}x_2{:}x_3{:}x_4,$$

und wir sehen die beiden inneren Magnituden x_2 und x_3 als Magnituden einer gegebenen Proportion oder als Daten eines musikalischen Intervalls $[x_2, x_3]$ an.

Dann untersuchen wir das Wechselspiel der äußeren Glieder x_1 und x_4 in Zusammenhang mit gewissen Eigenschaften der gesamten 3-stufigen Proportionenkette P und ihren vorderen und hinteren 2-stufigen Teilketten V und H, und wir formulieren dann ein Ergebnis in folgendem Satz:

Theorem 3.4 (Symmetriespiel der babylonischen 3. Proportionalen)
Sei $\mathrm{P} = x_1{:}x_2{:}x_3{:}x_4$ eine 3-stufige aufsteigende Proportionenkette mit der vorderen und der hinteren 2-stufigen Teilkette

$$\mathrm{V} = x_1{:}x_2{:}x_3 \text{ und } \mathrm{H} = x_2{:}x_3{:}x_4.$$

1. Es gilt als Erstes folgender Zusammenhang:

$$\mathrm{P}^{\mathrm{rez}} \cong \mathrm{P} \Leftrightarrow \mathrm{H} \cong \mathrm{V}^{\mathrm{rez}} \Leftrightarrow \mathrm{V} \cong \mathrm{H}^{\mathrm{rez}} \Leftrightarrow x_1 x_4 = x_2 x_3.$$

   Die ganze Kette P ist also genau dann **symmetrisch,** wenn ihre vordere und ihre hintere Teilkette **reziprok** zueinander sind.
2. Folgende Bedingungen sind relevant:

$$\mathrm{V} \text{ harmonisch} \Leftrightarrow x_1 = x_2 x_3/(2x_3 - x_2),$$
$$\mathrm{H} \text{ arithmetisch} \Leftrightarrow x_4 = 2x_3 - x_2.$$

3. Im Falle, dass P symmetrisch – also $\mathrm{P}^{\mathrm{rez}} \cong \mathrm{P}$ – ist, sind äquivalent:

$$\mathrm{V} \text{ harmonisch} \Leftrightarrow \mathrm{H} \text{ arithmetisch}.$$

   Dies ist gleichwertig dazu, dass die Magnituden die beiden Gleichungen erfüllen:

$$x_1 = x_2 x_3/(2x_3 - x_2) \text{ und } x_4 = 2x_3 - x_2.$$

4. Ist umgekehrt V harmonisch und H arithmetisch, so ist P symmetrisch, und dann gelten die Magnitudengleichungen aus (2) oder (3).

Beweis: Zu 1): Es ist $P^{rez} \cong P$ genau dann, wenn die Ähnlichkeit $x_1{:}x_2 \cong x_3{:}x_4$ und demnach für die Variablen der brucharithmetische Zusammenhang

$$x_1x_4 = x_2x_3 \Leftrightarrow x_1 = {}^{x_2x_3}\!/_{x_4}$$

besteht; und genau dann, wenn diese Bedingung erfüllt ist, sind definitionsgemäß auch die Ketten $x_1{:}x_2{:}x_3$ und $x_2{:}x_3{:}x_4$ reziprok zueinander, da sie ja die Proportion $x_2{:}x_3$ gemeinsam haben.

Zu 2) und 3): Nach Definition des harmonischen Mittels ist die vordere Kette $V = x_1{:}x_2{:}x_3$ genau dann harmonisch, wenn die Gleichung

a) $x_2 = {}^{2x_1x_3}\!/_{(x_1+x_3)}$

gilt. Die hierzu äquivalente einfache Umstellung auf die Variabe x_1 lautet

b) $x_1 = {}^{x_2x_3}\!/_{2x_3 - x_2}$.

Die hintere Kette H ist genau dann arithmetisch, wenn $x_4 - x_3 = x_3 - x_2$ ist, mithin wenn

c) $x_4 = 2x_3 - x_2$

gilt. Haben wir jetzt den Symmetriezusammenhang gemäß Teil 1),

d) $x_1 = {}^{x_2x_3}\!/_{x_4}$,

so lesen wir ab: Gilt der Zusammenhang c), so sind die Gleichungen b) und d) äquivalent, womit die Äquivalenz in Aussage 3) gezeigt ist.
Zu 4): Wenn die Gleichungen b) und c) gelten, so auch Gleichung d), was aber nach Aussage 1) die Symmetrie von P bedeutet.

Anwendung findet dieses Theorem, wenn wir zu einer gegebenen Proportion $a{:}b$ eine hintere arithmetische 3. Proportionale (x) und eine vordere harmonische 3. Proportionale (y) finden wollen, so dass dann konsequenterweise die komplette Kette $P = y{:}a{:}b{:}x$ symmetrisch ist.

Nach dem geschilderten Zusammenhang ist die Aufgabe schnell gelöst: Die arithmetische 3. Proportionale ergibt sich als triviale Rechnung mit Gleichung c). Dann ergibt sich die passende harmonische 3. Proportionale einfach durch die Gleichung b) beziehungsweise durch die Gleichung d) in der Aufzählung des voranstehenden Beweises.

Der nächste Beispielblock 3.8 zeigt einige ganzzahlig angegebene Proportionenketten

$$P \cong y{:}a{:}b{:}x$$

zu einer gegebenen „Innenproportion“ $a{:}b$ mit einer hinteren arithmetischen 3. Proportionalen (x) und einer vorderen harmonischen 3. Proportionalen (y). Die Modell-Akkordangaben sind (in den nicht-ekmelischen Fällen) angedacht für eine rein-diatonische Temperierung.

Beispiel 3.8

Arithmetisch-harmonische 3. Proportionalen

$a{:}b$	x	y	ähnliche Kette P	Akkord-Modell
1:2	3	2/3	2:3:6:9	$c_0 - g_0 - g_1 - d_2$.
2:3	4	3/2	3:4:6:8	$c_0 - f_0 - c_1 - f_2$
3:4	5	12/5=2,4	12:15:20:25	$c_0 - e_0 - a_0 - cis_1$
3:5	7	$2\frac{1}{7}$	15:21:35:49	ekmelischer Akkord
4:5	6	$10/3 = 3,\overline{3}$	10:12:15:18	$c_0 - es_0 - g_0 - b_1$
8:9	10	72/10=7.2	36:40:45:50	diatonischer Tritonus-Cluster (9:10) ⊕ (8:9) ⊕ (9:10) $b_{-1} - c_0 - d_0 - e_0$
9:10	11	$90/11 = 8,\overline{18}$	90:99:110:121	ekmelischer Tritonus-Cluster (10:11) ⊕ (9:10) ⊕ (10:11)

Alle diese Beispiele dokumentieren eindrucksvoll die Grundsymmetrien, die sich im Wechselspiel von

[arithmetisch – harmonischen] mit [reziprok – gepiegelt angeordneten]

Teilketten einfinden, wenn sie im Lichte einer Gesamtsymmetrie betrachtet werden. Im anschließenden Teil B) finden diese Beziehungen nun ihre allgemeinste Plattform:

B) Symmetrien der Medietätenproportionenketten

Das folgende Theorem beschreibt allgemein, wie die babylonischen Eigenschaften sich im Wechsel von Ketten zu ihren Reziproken ändern.

Hierbei bedienen wir uns nicht nur der üblichen modernen mathematischen Sprache, sondern wir formulieren auch Ergebnisse, die in der antiken Betrachtung **nicht** in Erscheinung getreten sind – jedenfalls nicht so: Sowohl die Proportionen als auch die gerechneten Mittelwerte dieser Proportionen und deren „Contra"-Varianten weisen außerordentlich interessante Parallelen und Symmetrien auf: Die Bezeichnungen „contra" werden dabei unter anderen Aspekten deutbar.

Theorem 3.5 (Symmetrien babylonischer Proportionenketten)

1. **Invarianz unter Ähnlichkeit:** Ähnliche Ketten haben auch die gleiche babylonische Eigenschaft, das heißt, dass die Äquivalenz gilt:

   $A = a_0{:}a_1{:}\ldots{:}a_n$ ist geometrisch/arithmetisch/harmonisch

   $\Leftrightarrow$ alle zu A ähnlichen Ketten sind geometrisch/arithmetisch/harmonisch.

   Mit einer gegebenen Proportionenkette A haben also alle Ketten der Äquivalenzklasse

   $$\mathcal{M}(\mathrm{A}) = \{\mathrm{A}' = a_0'{:}a_2'{:}\ldots{:}a_n' \mid a_0'{:}\ldots{:}a_n' \cong a_0{:}\ldots{:}a_n\}$$

dieselbe babylonische Medietäteneigenschaft wie A, sofern diese eine solche besitzt.
Gleiches gilt auch für alle anderen Medietätenketten wie die contra-harmonische usw.

2. **Reziprozitätssymmetrien:** Zwischen einer Proportionenkette A und jeder ihrer Reziproken A^{rez} gelten folgende Symmetriezusammenhänge:
   a) A geometrisch $\Leftrightarrow$ A^{rez} geometrisch,
   b) A arithmetisch $\Leftrightarrow$ A^{rez} harmonisch,
   c) A harmonisch $\Leftrightarrow$ A^{rez} arithmetisch.

   Aber auch für die übrigen Medietäten gibt es ähnlich gelagerte Beziehungen:
   d) A contra-harmonisch $\Leftrightarrow$ A^{rez} contra-arithmetisch,
   e) A contra-arithmetisch $\Leftrightarrow$ A^{rez} contra-harmonisch,
   f) A subhomothetisch $\Leftrightarrow$ A^{rez} contra-superhomothetisch.

Einige Bemerkungen

1. Kehrwertbildung und umgekehrte Reihung führen also eine arithmetische in eine harmonische, eine contra-arithmetische in eine contra-harmonische Proportionenkette über und jeweils umgekehrt.
2. Weil die Reziproke einer Reziproken ähnlich zur Ausgangsproportionenkette ist,
$$A \cong \left(A^{\text{rez}}\right)^{\text{rez}},$$
sind in der voranstehenden Auflistung 2) der Symmetrien einige Dinge eigentlich „überflüssigerweise" genannt. So ist 2b) automatisch mit 2c) äquivalent: Wenden wir nämlich die Symmetrie 2b) auf die Kette A^{rez} an, so ist demnach
$$A^{\text{rez}} \text{ arithmetisch} \Leftrightarrow \left(A^{\text{rez}}\right)^{\text{rez}} \text{ harmonisch}.$$
Nach der Invarianzeigenschaft 1) ist somit auch A harmonisch und umgekehrt, so dass wir die Symmetrie 2c) erhalten haben. Wir haben lediglich aus Gründen einer drastischeren Wahrnehmung diese Dinge gesondert aufgeführt.
3. Sowohl aus den Formeln des Theorems 3.3 und auch wegen der dort beschriebenen diametralen Positionen in der Medietätenordnung – auch hinsichtlich des geometrischen Mittels als auch untereinander – und jetzt auch aus den Reziprozitätssymmetrien in Theorem 3.5 lassen sich weitere Möglichkeiten finden, wie die Begriffe der „Contra-Mittelwerte" zu den übrigen Medietäten zu deuten möglich sind.
4. Die Eigenschaft „geometrisch" bleibt als einzige invariant gegenüber der Reziprokenkonstruktion – dies unterstreicht schon einmal die singuläre Bedeutung dieser Medietät. Wir begegnen im folgenden Abschn. 3.5 – und zwar im Theorem 3.7 – weiteren Symmetrieprinzipien des geometrischen Mittels, welche noch vielmehr dessen Sonderrolle unterstreichen.

Beweis des Theorems 3.5

Zu 1): Weil bei Ähnlichkeit zweier Proportionenketten alle „inneren" Proportionen – und speziell auch alle gleich positionierten Stufenproportionen – erhalten bleiben, ändert sich an den definierenden Eigenschaften nichts.

Dennoch wollen wir – gleichsam **zur Übung proportioneller Mathematik** – die Details einmal konkret ausführen. Wobei wir uns aber aufgrund der Definition 3.3 auf 2-stufige Ketten beschränken können, und hierbei betrachten wir zwei Fälle, die modellhaft für alle anderen stehen.

Sei $a{:}b{:}c$ eine Proportionenkette und es sei $a'{:}b'{:}c'$ähnlich zu $a{:}b{:}c$, symbolisch $a{:}b{:}c \cong a'{:}b'{:}c'$. Dann bedeutet das per definitionem und dank unserer Definition mit Satz 2.2, dass simultan die beiden untereinander gleichwertigen Ähnlichkeitskriterien

$$a{:}b \cong a'{:}b' \text{ und } b{:}c \cong b'{:}c' \text{ (Stufenkriterium)}$$
$$a{:}a' \cong b{:}b' \cong c{:}c' \text{(Magnitudenkriterium)}$$

zur Verfügung stehen und demnach alle diese Proportionen vorliegen. Insbesondere folgt aus dem zweiten Kriterium – mittels Anwendung der Differenzenregel – dass sich auch die Differenzen in gleicher Proportion befinden, will sagen:

$$(b-a){:}\left(b'-a'\right) \cong (c-b){:}\left(c'-b'\right) \cong a{:}a' \cong b{:}b' \cong c{:}c'.$$

Und hieraus gewinnen wir ebenfalls mithilfe der Kreuzregel auch die Proportionen

$$(b-a){:}a \cong \left(b'-a'\right){:}a' \text{ und } (c-b){:}c \cong \left(c'-b'\right){:}c'.$$

Betrachten wir nun zunächst einmal den Fall, dass $a{:}b{:}c$ geometrisch ist – somit also die Quadrat-Rechteck-Formel in Proportionenform

$$a{:}b = b{:}c$$

gilt, so erkennen wir unmittelbar mit dem Stufenkriterium die Gleichheiten

$$a'{:}b' \cong a{:}b \cong b{:}c \cong b'{:}c'.$$

Also ist auch $a'{:}b' \cong b'{:}c'$, und die Proportionenkette a′:b′:c′ ist geometrisch.

Das war sehr leicht; etwas subtiler geht es allerdings für alle anderen Fälle zu: Nehmen wir als Nächstes den Fall einer harmonischen Kette $a{:}b{:}c$. Sie ist genau dann harmonisch, wenn in der „Stück zum Rest"-Form die Proportionenähnlichkeit

$$(b-a){:}(c-b) \cong a{:}c$$

besteht. Diese ist via Kreuzregel gleichwertig zur Proportionenähnlichkeit

$$(b-a){:}a \cong (c-b){:}c,$$

das ist die „Stück zum Stück"-Form. Nun fügen wir alles zusammen:

$$\left(b'-a'\right){:}a' \cong (b-a){:}a \cong (c-b){:}c \cong \left(c'-b'\right){:}c'.$$

Dann ist aber die sich hieraus ergebende Relation

$$\left(b' - a'\right):a' \cong \left(c' - b'\right):c'$$

genau die „Stück zum Stück"-Form einer harmonischen Proportion, die mit der Kreuzregel wieder in die vertraute „Stück zum Rest"-Form übergeht.

Alle übrigen Fälle (arithmetisch, contra-arithmetisch und contra-harmonisch) sind Kopien dieses – sicher trickreichen – Verfahrens.

Zu 2): Unter Beachtung der formal „bruchfreien" Form $ab{:}ac{:}bc$ für eine zu $a{:}b{:}c$ reziprokähnliche Proportionenkette können alle Aussagen – begründet durch die Invarianzeigenschaften 1) – in einer an den Beweis zu 1) angelehnten Vorgehensweise geleistet werden. Wir betrachten exemplarisch wieder zwei Fälle:

1. Fall: Die Kette $a{:}b{:}c$ ist geometrisch $\Leftrightarrow$ $a{:}b \cong b{:}c$. Dann folgen unmittelbar für die Reziproke $ab{:}ac{:}bc$ die Beziehungen

   $$ab{:}ac \cong b{:}c \text{ und } ac{:}bc \cong a{:}b,$$

   woraus dann auch die Ähnlichkeit

   $$ab{:}ac \cong ac{:}bc$$

   folgt, so dass die Kette $ab{:}ac{:}bc$ tatsächlich geometrisch ist, da sie ja die Quadrat-Rechteck-Formel erfüllt.
2. Fall: Die Kette $a{:}b{:}c$ ist arithmetisch: Dann ist $(c - b){:}(b - a) \cong b{:}b$. Nun wenden wir die Umkehrung der Kürzungsregel zweimal und die Umkehrregel einmal an, dann folgt:

   $$\begin{aligned} a(c - b){:}(b - a) &\cong ab{:}b \Leftrightarrow (ac - ab){:}(b - a) \cong ab{:}b \\ &\Leftrightarrow (b - a){:}(ac - ab) \cong b{:}ab \Leftrightarrow c(b - a){:}(ac - ab) \cong cb{:}ab \\ &\Leftrightarrow (\mathrm{cb} - \mathrm{ca}){:}(\mathrm{ac} - \mathrm{ab}) \cong \mathrm{cb}{:}\mathrm{ab} \Leftrightarrow (\mathrm{ac} - \mathrm{ab}){:}(\mathrm{cb} - \mathrm{ca}) \cong \mathrm{ab}{:}\mathrm{bc}. \end{aligned}$$

   Die letzte Bedingung ist aber gerade diejenige, aufgrund derer die Proportionenkette

   $$ab{:}ac{:}bc$$

   definitionsgemäß harmonisch ist.

Die übrigen Fälle verlaufen analog zu diesem Fall und mögen vielleicht den Lesern zur Übung dienen.

Wir wollen trotzdem einmal zeigen, wozu die **Funktionalgleichung der Mittelwertefunktion** des Theorems 3.1 in der Lage ist, und beweisen exemplarisch, dass die subhomothetischen und die contra-superhomothetischen Proportionenketten reziprok zueinander sind.

Auch hier genügt es wie zuvor, dies für 2-stufige Proportionenketten zu tun. Um nun diese Wunderwaffe anzuwenden, betrachten wir ganz einfach die entsprechenden

Teilungsparameter – das sind die jeweiligen Werte der **Medietätenfuntion** $f(x)$, und diese lesen wir aus der Tabelle des Theorems 3.3 ab:

$$x_{\text{VIII}} - \text{ subhomothetisch} \Rightarrow f(x_{\text{VIII}}) = a/(b-a),$$
$$x_{\text{XI}} - \text{ contra-superhomothetisch} \Rightarrow f(x_{\text{XI}}) = (b-a)/b.$$

Dann liefert die Aussage 5) des Theorems 3.1 ein geniales Kriterium, welches in verbaler Formulierung so lautet:

- **Hyperbel-Kriterium:** Genau dann wenn das Produkt zweier Teilungsparameter gleich a/b ist, dann ist das Produkt der zugehörigen Medietäten gleich a ∗ b.

In unserem vorliegenden Fall ist nun tatsächlich

$$f(x_{\text{VIII}}) * f(x_{\text{XI}}) = a/(b-a) * (b-a)/b = a/b.$$

Deshalb gilt die Hyperbelgleichung $x_{\text{VIII}} * x_{\text{XI}} = ab$, die nichts anderes bedeutet, als dass die – dank der Kreuzregel duplizierten und untereinander gleichwertigen – Ähnlichkeiten

$$a{:}x_{\text{VIII}} \cong x_{XI}{:}b \text{ und } a{:}x_{\text{XI}} \cong x_{\text{VIII}}{:}b$$

bestehen, und deswegen sind die beiden Ketten

$$a{:}x_{\text{VIII}}{:}b \text{ und } a{:}x_{\text{XI}}{:}b$$

reziprok zueinander, weil ja ihre Stufenproportionen unter Vertauschung ähnlich sind.

Dieses Wechselspiel zwischen Magnituden und ihren Teilungsparametern beschreiben wir noch einmal am Ende des folgenden Abschn. 3.5, und geben wir ihm den Namen einer „Zauberformel".

Frage: Wie ist die Situation für das Medietätenpaar x_{IX} (contra-subhomothetisch) und x_{X} (superhomothetisch)?

3.5 Geometrisches Mittel – das Machtzentrum der Medietäten

Das geometrische Mittel zweier Magnituden $a < b$ hat gegenüber den anderen Medietäten – wir meinen das arithmetische Mittel, harmonische Mittel, ihre Contra-Formen, aber auch die „homothetisch" genannten Mittelungen – offenbar einen deutlichen Nachteil: Man benötigt die Quadratwurzelberechnung; bei allen übrigen braucht es nur einfachste brucharithmetische Kalkulationen – Kopfrechnen genügt sozusagen. Und unabhängig von dieser als „höherwertig" angesehenen Rechenkunst kommt ja noch erschwerend hinzu, dass die Wurzel des Produkts zweier gegebener Zahlen eher dem Zufall nach rational ist – in der Regel aber nicht-rational (irrational) und daher im Sinne antiker

Zahlbegriffe als „nicht angebbar" oder auch als „nicht nennbar" bezeichnet wurde. Was aber nicht bedeutet, dass die „Existenz dieser Wurzel" den alten Lehrmeistern rundherum unbekannt gewesen wäre.

Über geometrische Proportionenketten findet man bei Euklid *(Euklid, Satz 11 Buch VIII)* die Beobachtungen:

1. *Zwischen zwei Quadratzahlen liegt stets ein geometrisches Mittel.*
2. *Es gibt zu zwei Quadratzahlen stets eine Zahl, welche das geometrische Mittel der beiden Quadratzahlen darstellt beziehungsweise mit ihnen eine geometrische Proportion eingeht.*

Sind also a und b selbst natürliche Zahlen, so ist mit $c = ab$ auch $a^2{:}c \cong c{:}b^2$. Und somit ist mit $A = a^2{:}ab{:}b^2$ stets eine geometrische Proportionenkette gefunden.

3. *Ist n eine natürliche Zahl, dann gibt es genau dann eine (ganzzahlige) geometrische Proportionenkette, wenn n ein Produkt aus zwei verschiedenen ganzzahligen Faktoren ist.*

Für eine ganze Zahl n ist demnach die Kette $a{:}n{:}b$ genau dann eine geometrische Proportionenkette, wenn $n =$ pq ein Produkt mit ganzzahligen Faktoren $p \neq q$ ist.

4. *Entsteht eine Zahl dadurch, dass zwei „ähnliche" Zahlen einander vervielfältigen, so muss das Produkt eine Quadratzahl sein. (Euklid, Buch IX).*
   Sind a, b, c, d natürliche Zahlen mit $a{:}b \cong c{:}d$, dann ist das Produkt aller Zahlen $(a * b * c * d)$ eine Quadratzahl. (Satz 1, Buch IX)

Und so kommt es, dass wir in den antiken musikalischen Proportionenketten anscheinend so gut wie nie dem geometrischen Mittel direkt begegnen; das Feld ist offenbar ausschließlich dem arithmetischen Mittel, seinem harmonischen Partner und auch noch ihren beiden Contra-Medietäten überlassen.

Tritt also das geometrische Mittel nicht in Erscheinung?
Mitnichten. Schon bei dem Spiel vorderer und hinterer dritter Proportionalen sind uns ja schon Gleichungen – oder die sie begleitenden Überlegungen – begegnet, die uns blitzschnell und allenthalben die Verbindung zur Hyperbel des Archytas aufzeigten. So sagte uns ja im Theorem 3.4 die Gleichung

$$x_1 x_4 = x_2 x_3,$$

dass die jeweils sich gegenüberliegenden Magnitudenpaare (x_1, x_4) und (x_2, x_3) der Proportionenkette $P = x_1{:}x_2{:}x_3{:}x_4$ auf der gleichen Hyperbel des Archytas liegen. Dies ist jedoch die eindeutige Hyperbel, welche durch ihren Symmetriepunkt (z, z) verläuft, und dann ist z simultan das geometrische Mittel beider Magnitudenpaare

$$z = \sqrt{x_1 x_4} = \sqrt{x_2 x_3}.$$

Mit anderen Worten:

*Im Hintergrund kontrolliert eine Größe, **die geometrische Medietät,** alle Dinge, die im Dunstkreis symmetrischer Konstellationen liegen.*

Wie groß diese Kraft wirklich ist, sehen wir fürs Erste schon einmal in dem folgenden Theorem, welches summarisch das nächstliegend Wichtigste hierüber sagt. Aber erst recht das Folge-Kapitel 4, in welchem wir geschachtelte Medietätenfolgen untersuchen, wird erst so richtig demonstrieren, wie diese geometrische Medietät die Dinge steuert.

Theorem 3.6 (Symmetrieprinzipien der geometrischen Medietät)
Die folgenden Symmetriekriterien für Proportionenketten sind zwar gleichwertig; sie beschreiben den steuernden Einfluss der geometrischen Medietät aber auf unterschiedliche Weise.

1. **Prinzip des Symmetriezentrums**
   Es sei $A = a_0{:}a_1{:}\ldots{:}a_n$ eine Proportionenkette, und $z_{\text{geom}}(a_0, a_n)$ sei das geometrische Mittel der totalen Proportion von A. Dann gilt:

$$A \cong A^{\text{rez}} \Leftrightarrow a_k * a_k^* = a_k * a_{n-k} = \left(z_{\text{geom}}\right)^2 \text{ für alle } 0 \leq k \leq n$$
$$\Leftrightarrow z_{\text{geom}}(a_0,\ a_n) = z_{\text{geom}}(a_k,\ a_{n-k}) \text{ für alle } 0 \leq k \leq n.$$

   Fazit: Das geometrische Mittel z_{geom} der totalen Proportion ist also im Falle der Symmetrie der Proportionenkette simultan das geometrische Mittel aller zueinander gespiegelten Magnitudenpaare – damit ist z_{geom} das **Symmetriezentrum** von A. Umgekehrt ist die Kette symmetrisch, sofern das geometrische Mittel der totalen Proportion $z_{\text{geom}}(a_0, a_n)$ das Symmetriezentrum der ganzen Kette ist.
2. **Das Symmetrieprinzip der Hyperbel des Archytas**
   Gegeben seien m aufsteigende 2-stufige Proportionenketten

$$A_1 = a_1{:}z{:}b_1, \ldots, A_m = a_m{:}z{:}b_m,$$

   welche demnach alle die gleiche mittlere Proportionale z haben. Dann sind äquivalent:
   a) Alle Magnitudenpaare $(a_1, b_1), \ldots, (a_m, b_m)$ liegen auf der Hyperbel des Archytas $xy = z^2$, welche durch den Punkt (z, z) als Symmetriepunkt verläuft.
   b) Alle Ketten $A_1, \ldots, A_m$ sind geometrische Proportionenketten – die gemeinsame Magnitude z ist somit geometrisches Mittel simultan für alle Magnitudenpaare $(a_1, b_1), \ldots, (a_m, b_m)$, was sich auch so ausdrücken lässt:

$$z = z_{\text{geom}}(a_1, b_1) = z_{\text{geom}}(a_2, b_2) = \ldots = z_{\text{geom}}(a_m, b_m).$$

c) Die wie folgt spiegelsymmetrisch aufgebaute 2m- beziehungsweise (2m+1)-stufige Proportionenkette

$$P = a_1{:}a_2{:}\ldots{:}a_m{:}(z{:})b_m{:}\ldots{:}b_2{:}b_1$$

ist symmetrisch, das heißt, es gilt $P \cong P^{\text{rez}}$.

Anmerkung: Zur Festlegung dieser Proportionenkette P kommt es auf eine Reihung in aufsteigender Größenanordnung innerhalb der Magnituden a_k nicht an – einzig allein die contra-positionierte Aufzählung der beteiligten Magnitudenpaare ist wichtig. Ist allerdings die Nummerierung so eingerichtet, dass die Magnituden bereits die aufsteigende Ordnung

$$a_1 \leq a_2 \leq \ldots \leq a_m$$

haben, so sind im Falle der Symmetrie von P beziehungsweise im Falle, dass die Magnitude z gemeinsame geometrische Medietät ist, auch die Partnermagnituden b_k der a_k (umgekehrt) geordnet,

$$b_m \leq \ldots \leq b_2 \leq b_1,$$

und man erhält die ganze Kette P als eine aufsteigende Proportionenkette der gesamten Magnitudenfolge; sie kann als **geschachtelter Aufbau** aus den Proportionen $A_1, \ldots, A_m$ angesehen werden. (Den Gleichheitsfall haben wir mehr oder weniger aus Gründen möglichst großer Allgemeinheit mit hinzugenommen.)

Beweis zu 1): Ist $A = a_0{:}a_1{:}\ldots{:}a_n$ symmetrisch, dann gilt für eine **gerade Stufenzahl** mit der Darstellung $n = 2m$, dass es eine mittlere Magnitude gibt, und diese ist dann a_m; sie ist dann auch das geometrische Mittel der totalen Proportion

$$z_{\text{geom}}(a_0, a_n) = a_m,$$

und a_m ist somit auch das geometrische Mittel aller an der Position m gespiegelten Magnituden

$$a_m = z_{\text{geom}}(a_{m-k}, a_{m+k}), k = 1, \ldots, m.$$

Das heißt nichts anderes, als dass alle (m) 2-stufigen Teilketten von A der Form

$$a_{m-j}{:}a_m{:}a_{m+j}, j = 1, \ldots, m$$

geometrisch sind. Eine kurze Begründung hierzu wäre: Weil A symmetrisch ist, gilt ja nach dem Spiegelprinzip des Theorems 2.5 speziell, dass die Ähnlichkeiten

$$a_j{:}a_m \cong a_m^*{:}a_j^* = a_{n-m}{:}a_{n-j} \cong a_m{:}a_{2m-j} \text{ für alle } j = 0, \ldots, n$$

erfüllt sind. Mit der Indexumbenennung $k = m - j$ entstehen also die geometrischen Proportionen

$$a_{m-k}{:}a_m \cong a_m{:}a_{m+k}.$$

Für eine **ungerade Stufenzahl** $n = 2m + 1$ liegt das gemeinsame geometrische Mittel $z_{\text{geom}}(a_0, a_n)$ aller gespiegelten Magnituden zwischen den mittleren Gliedern a_m und a_{m+1}, deren geometrisches Mittel z_{geom} ja auch ist, und alle (m+1) 2-stufigen Teilketten der Form

$$a_{m-k}{:}z_{\text{geom}}(a_0, a_n){:}a_{m+1+k}, k = 0, \ldots, m$$

sind geometrisch.

Die Herleitung ähnelt dabei dem Vorangehenden. Sicher können wir auch das Hyperbelprinzip des Theorems 2.5 nutzen: Demnach sind alle Produkte $(a_k * a_k^*)$ der gespiegelten Magnitudenpaare genau dann gleich, wenn A symmetrisch ist:

$$a_0 * a_n = a_1 * a_{n-1} = \ldots = a_n * a_0 = (z_{\text{geom}}(a_0, a_n))^2,$$

und dann folgen daraus die Proportionengleichungen

$$a_k{:}z_{\text{geom}}(a_0, a_n) \cong z_{\text{geom}}(a_0, a_n) * a_k^*,$$

was gleichbedeutend mit unserer Behauptung ist. Die anschließende Lagebeschreibung des geometrischen Mittels ergibt sich aus der Anordnungssymmetrie der gespiegelten Magnituden: Im geraden Fall ist nämlich

$$a_m = a_{2m-m} = a_m^*,$$

und im ungeraden Fall gilt

$$a_m^* = a_{2m+1-m} = a_{m+1}.$$

Beweis zu 2): Das Hyperbelprinzip des Theorems (2.5) ist äquivalent zur Symmetrie von P, und daraus folgt alles Gewünschte. Aber auch ein anderer Weg würde zum Ziel führen: Ist P symmetrisch, so ist dies äquivalent dazu, dass alle zueinander gespiegelten Magnitudenpaare ähnliche Proportionen besitzen – in unserem Aufzählungsmuster führt dies also auf die Beziehungen

$$a_0{:}a_k \cong b_k{:}b_0 \text{ für alle } k = 1, \ldots, n.$$

Das wiederum bedeutet die Gleichheit aller Produkte

$$a_0 * b_0 = a_k * b_k \text{ für alle } k = 1, \ldots, n.$$

Demnach haben alle Proportionen A_k das gleiche Symmetriezentrum (z), welches die gemeinsame geometrische Medietät ist. Damit ist das Theorem gezeigt.

Zum Abschluss dieser Diskussion über die geometrische Medietät mit ihrem weit vernetzten Wirkungsbereich kommen wir vielleicht zu dem eindrucksvollsten Aspekt, ***welcher auch die Geometrie und die Analysis mit der Proportionentheorie der Medietäten verbindet.***

Es handelt sich um ein Ergebnis, das seinen Ursprung in der Funktionalgleichung der Mittelwertefunktion des Theorems 3.1 hat und das wir jetzt in einer sehr einprägsamen proportionellen Anwendung vorstellen. Hierzu wollen wir ganz kurz nochmal die Proportionenfunktion f aufrufen:

Für einen beliebigen Zwischenwert $a < x < b$ hat die Funktion

$$y = f(x) = (x - a)/(b - x)$$

die Aufgabe, das Teilungsverhältnis – oder besser: den Teilungsparameter (y) – der beiden durch den gegebenen Punkt x bedingten Teilstücke der Gesamtstrecke $(b - a)$ zueinander anzugeben. Diese Funktion haben wir im ersten Abschn. 3.1 dieses Kapitels bereits sehr ausführlich diskutiert, und im Theorem 3.3 sind die Mittelwerteformeln wie auch die Teilungsparameter aufgelistet. Für das geometrische Mittel haben wir dort die Form

$$f\left(z_{\mathrm{geom}}\right) = \sqrt{a/b} = q^{-1/2}$$

mit $q = b/a$ gefunden. Jetzt erinnern wir uns an die Funktionalgleichung des Theorems 3.1, wonach für zwei Magnituden x_1, x_2 mit $a < x_1 < b$ *und* $a < x_2 < b$ die Äquivalenz

$$x_1 * x_2 = ab \Leftrightarrow f(x_1) * f(x_2) = a/b$$

besteht. Die linke Seite besagt, dass die beiden Magnituden auf der Hyperbel des Archytas liegen – somit ebenfalls z_{geom} als geometrisches Mittel besitzen. Die rechte Seite besagt aber, dass die beiden Teilungsparameter $f(x_1), f(x_2)$ der Magnituden x_1, x_2 den Teilungsparameter $f\left(z_{\mathrm{geom}}\right)$ als geometrisches Mittel haben, denn wir haben ja die Gleichung

$$f(x_1) * f(x_2) = \frac{a}{b} = f\left(z_{\mathrm{geom}}\right) * f\left(z_{\mathrm{geom}}\right)$$

gewonnen. Somit ist die Proportionenkette

$$f(x_1) : f\left(z_{\mathrm{geom}}\right) : f(x_2)$$

eine geometrische und deshalb auch eine symmetrische. Dieses derart interpretierbare Resultat schreiben wir im letzten Theorem 3.7 dieses Abschnitts auf; es rundet unsere Recherchen nach inneren Zusammenhängen von Medietäten, ihren Proportionen und Symmetrien in drastischer Weise ab.

Theorem 3.7 (Die Zauberformel der geometrischen Medietät – die Harmonia perfecta maxima abstracta)
Für zwei beliebige Magnituden x_1, x_2 mit a $< x_1 < b$ und a $< x_2 < b$ gilt die Äquivalenz:

$$x_1 * x_2 = z_{\text{geom}} * z_{\text{geom}} = ab \Leftrightarrow f(x_1) * f(x_2) = f\left(z_{\text{geom}}\right) * f\left(z_{\text{geom}}\right) = a/b.$$

An den Teilungsparametern $f(x_1), f(x_2)$ kann also eins zu eins abgelesen werden, wie es um die Symmetrien der Proportionen hinsichtlich der Daten x_1, x_2 bestellt ist: Dieses Resultat hat folgende Liste gleichwertiger Interpretationen:

A) Die linke Seite der Äquivalenz beschreibt die Beziehungen der beiden ***Magnituden*** x_1, x_2 zur geometrischen Medietät z_{geom}. Diese Bedingung

$$\left[x_1 * x_2 = z_{\text{geom}} * z_{\text{geom}} = ab\right]$$

hat folgende untereinander äquivalenten Deutungen:
1. Der numerische Wert des Produktes der Mittelwerte ist $x_1 * x_2 = ab$.
2. Es gelten die Ähnlichkeitsproportionen

$$a{:}x_1 \cong x_2{:}b \text{ beziehungsweise } a{:}x_2 \cong x_1{:}b.$$

3. Das geometrische Mittel von (a, b) ist auch geometrisches Mittel von (x_1, x_2),

$$z_{\text{geom}}(a, b) = z_{\text{geom}}(x_1, x_2),$$

und das wiederum bedeutet die Ähnlichkeit

$$x_1{:}z_{\text{geom}} \cong z_{\text{geom}}{:}x_2.$$

4. Die Proportionenkette $P = x_1{:}z_{\text{geom}}{:}x_2$ ist geometrisch.
5. Die Proportionenkette $P = x_1{:}z_{\text{geom}}{:}x_2$ ist symmetrisch, also $P = P^{\text{rez}}$.
6. Der **abstrakte musikalische Kanon**

$$A_{\text{mus}} = a{:}x_1{:}x_2{:}b$$

ist symmetrisch: $A_{mus} \cong (A_{mus})^{\text{rez}}$.
7. Der Punkt (x_1, x_2) liegt auf der **Hyperbel des Archytas** $y * x = ab$, welche durch die Punkte (a, b) *und* (b, a) verläuft und ihren Symmetriepunkt als Schnitt mit der Winkelhalbierenden $y = x$ im Punkt $\left(\sqrt{ab}, \sqrt{ab}\right)$ – also im geometrischen Mittel $\left(z_{\text{geom}}, z_{\text{geom}}\right)$ – hat.

B) Die rechte Seite der Äquivalenz dagegen beschreibt die Beziehungen der beiden ***Teilungsparameter*** $f(x_1), f(x_2)$ zum Teilungsparameter der geometrischen Medietät. Insgesamt hat die Bedingung

$$\left[f(x_1) * f(x_2) = f\left(z_{\text{geom}}\right) * f\left(z_{\text{geom}}\right) = a/b\right]$$

folgende untereinander gleichwertige Deutungen:

1. Der numerische Wert des Produkts der Teilungsparameter ist
$$f(x_1) * f(x_2) = a/b.$$
2. Es gilt die Ähnlichkeitsproportion
$$f(x_1):f(z_{\mathrm{geom}}) \cong f(z_{\mathrm{geom}}):f(x_2).$$
3. Die Proportionenkette der **Teilungsparameter**
$$T = f(x_1):f(z_{\mathrm{geom}}):f(x_2) = f(x_1):\sqrt{a/b}:f(x_2)$$
ist geometrisch.
4. Die Proportionenkette der **Teilungsparameter**
$$T = f(x_1):\sqrt{a/b}:f(x_2)$$
ist symmetrisch – somit reziprok zu sich selbst, also $T = T^{\mathrm{rez}}$.
5. Der Punkt $(f(x_1), f(x_2))$ liegt auf der Hyperbel $y * x = a/b$, die ihren Symmetriepunkt als Schnitt mit der Winkelhalbierenden $y = x$ im Punkt $\left(\sqrt{a/b}, \sqrt{a/b}\right)$ – also in den Teilungsparametern des geometrischen Mittels
$$\left(f(z_{\mathrm{geom}}), f(z_{\mathrm{geom}})\right)$$
zu den Teilungsparametern $f(x_1), f(x_2)$ – hat.

Fazit: Indem man alle möglichen äquivalenten Formen der Aussagengruppe A) mit denen der Aussagengruppe B) kombiniert, entsteht ein imposantes Netz äquivalenter Beschreibungen rund um die Symmetrie zweier allgemeiner Mittelwerte in Bezug auf ihr Verhältnis zur geometrischen Medietät. Resümierend finden wir in folgender Kurzform all dies Voranstehende in einer griffigen Formel, sozusagen in einer **Zauberformel** der geometrischen Medietät in Theorie und Praxis, welche die Symmetrie eines allgemeinstmöglichen Kanons beschreibt:

Harmonia perfecta maxima abstracta:
Mit den Proportionenketten zweier Medietäten x_1, x_2 und ihrer Teilungsparameter
$$A_{\mathrm{mus}} = a{:}x_1{:}x_2{:}b \ \mathit{und}\ T = f(x_1):\sqrt{a/b}:f(x_2)$$
haben wir den theoretischen und rechnerisch praktischen Symmetriezusammenhang:
$$\text{Die Theorie:}\ \boldsymbol{A_{\mathrm{mus}} = A_{\mathrm{mus}}^{\mathrm{rez}} \Leftrightarrow T = T^{\mathrm{rez}}}$$
$$\text{Die Praxis:}\ \boldsymbol{x_1 * x_2 = ab \Leftrightarrow f(x_1) * f(x_2) = a/b}.$$
Die erste Form beschreibt alle inneren proportionellen Beziehungen der **Magnitudenmedietäten,** die zweite gibt die numerischen Kriterien zu diesen Symmetrien anhand der **Teilungsparameter** an. Beide Formen sind äquivalent und Ausdruck eines einzigen abstrakt-musikalischen Prinzips.

Genau nach diesem Prinzip haben wir am Ende des Abschn. 3.4 den Nachweis geführt, dass die Reziproken von subhomothetischen Proportionenketten contra-superhomothetisch sind. Und aus Freude an diesen verblüffend kurzen Beweisen testen wir die ebenfalls im dortigen Theorem 3.5 angegebene Symmetrie einer Proportionenkette A,

$$\text{A contra-arithmetisch} \Leftrightarrow A^{\text{rez}} \text{ contra-harmonisch,}$$

mit genau diesem Prinzip der Harmonia perfecta maxima abstracta:

Ist x_1 die contra-arithmetische und ist x_2 die contra-harmonische Medietät von a, b, so sind die Teilungsparameter nach den Angaben in Theorem 3.3

$$f(x_1) = a^2/b^2 \; und \; f(x_2) = b/a.$$

Folglich ist deren Produkt

$$f(x_1) * f(x_2) = a/b,$$

und die Behauptung ist gezeigt, denn dann liegen nach diesem Prinzip die beiden Medietäten gespiegelt zur geometrischen Medietät und damit auch gespiegelt zu den Rändern a, b. Das aber heißt, dass die Proportionenketten

$$a{:}x_1{:}b \text{ und } a{:}x_2{:}b$$

reziprok zueinander sind – total einfach, oder nicht?

▶ *Man beachte erneut, dass wir bei diesem Verfahren die Medietäten gar nicht explizit als Formeln kennen müssen – lediglich die Kenntnis ihrer Teilungsparameter reicht aus. („Nenn mir deine Werte, und ich sag dir, wer du bist").*

Ein Lob der Theorie.

3.6 Die Harmonia perfecta maxima diatonica

In den zurückliegenden Abschnitten sind wir häufig den musikalischen Proportionenketten in Form des „Kanons" begegnet und schon manches ist darüber berichtet worden. Insbesondere haben wir den – aus der Sicht der Musiktheorie – wegweisenden Aspekt stufiger babylonischer Proportionenketten hinsichtlich ihrer inneren Proportionen, Symmetrien und sonstigen Gesetzmäßigkeiten beleuchtet. Das war der Gegenstand des Theorems 3.2, der Harmonia perfecta maxima babylonica, für den speziellen Fall der Proportionenreihe

(Magnitude a):(harmonische Medietät):(arithmetische Medietät):(Magnitude b).

Darüber hinaus haben wir soeben im vorangehenden Abschn. 3.5 diesen 3-stufigen Kanon in seiner möglichst allgemeinsten Form mittels des Theorems 3.7 als „Harmonia perfecta maxima abstracta" vorgestellt.

Gleichwohl wollen wir zur Hinführung zu einem weiteren zentralen Theorem der Musiktheorie den historisch-musikalischen Gedanken der Harmonia perfecta maxima noch einmal aufgreifen und der weiteren Entwicklung der Harmonia voranstellen.

Schon seit urdenklichen Zeiten stand also die Zahlenreihe

$$6 - 8 - 9 - 12$$

als Inbegriff einer Verschmelzung arithmetisch-harmonischer Symmetrien und ihrer Proportionen mit musikalischen Elementen. Die Zahlenreihe dieses Kanons verkörpert den Aufbau einer Oktave 6:12 als Konstrukt aus drei pythagoräischen Intervallen

$$\text{Quarte} \oplus \text{Tonos} \oplus \text{Quarte}.$$

Und die hierzu maßgeblichen Zwischen-Magnituden sind das harmonische Mittel (8) und das arithmetische Mittel (9) der Oktavmagnituden 6 und 12. Faszinierend für die damalige Wissenschaft – und ihren überirdischen Charakter beweisend – waren vor allem die bemerkenswerten Proportionensymmetrien dieser 4-gliedrigen Kette: So sind die folgenden Beobachtungen unmittelbar vor Augen:

1. $6{:}8 \cong 9{:}12$ (Quarten).
2. $6{:}9 \cong 8{:}12$ (Quinten).
3. Die Proportionenketten 6:9:12 und 6:8:12 sind reziprok zueinander; die erstere ist arithmetisch, und die zweite ist harmonisch.
4. Die Proportionenketten 6:8:9 und 8:9:12 sind ebenfalls reziprok zueinander und repräsentieren die Formen des Quintaufbaus aus Quarte und Tonos.

Die Zerlegung der Oktave in die zwei Formen

$$6{:}9{:}12 \;\cong\; 2{:}3{:}4 \text{ und } 6{:}8{:}12 \;\cong\; 3{:}4{:}6$$

entspricht den Intervallgliederungen

Oktave = Quinte ⊕ Quarte(arithmetische – oder auch **authentische** Teilung),
Oktave = Quarte ⊕ Quinte (harmonische – oder auch **plagalische** Teilung).

Dieses Konzept der Einteilung der Zerlegung eines Intervalls gemäß einer arithmetischen oder einer harmonischen Proportionenstruktur entspringt übrigens letztendlich dem Konzept der sich in der Einheit 1:1 treffenden zueinander gegenläufigen Proportionenreihen der Perissos- und der Artioszahlen, wie wir es in Abschn. 1.1 angedeutet haben:

> Die authentische Oktave ist die gemäß einer arithmetischen Proportionenkette geteilte Oktave, und die plagalische ist die selbige, wenn man die Abwärtsrichtung verfolgt und dann von den Perissos- zu den Artios-Magnituden wechselt:
>
> $$2{:}3{:}4\,(\text{Aufwärtsoktave}) \rightleftarrows (1/2){:}(1/3){:}(1/4) \cong 6{:}4{:}3\,(\text{Abwärtsoktave})$$
>
> Dann sind ja auch die Intervallfolgen gleich: Erst die Quinte, dann die Quarte; im ersten Falle aufwärts im zweiten Fall abwärts. (siehe [6], 1. Kap.)

Die unter dem voranstehenden Punkt 4) aufgezeigte Symmetrie des Aufbaus der Quinte als Quarte $\oplus$ Ganzton beziehungsweise als *Ganzton* $\oplus$ *Quarte* ist dagegen nicht authentisch-plagalischer Natur. Solche Teilungen wären nämlich die Proportionenketten

$$12:15:18 \cong 60:75:90 \text{ (arithmetisch – authentisch)},$$

$$10:12:15 \cong 60:72:90 \text{ (harmonisch – plagalisch)},$$

deren Unterschied in der Mittelproportion

$$72:75 \cong 24:25,$$

einem sogenannten **„kleinen Chroma“,** der Differenz des diatonischen Halbtons 15:16 im kleinen Ganzton 9:10, entspricht.

Dieses – und eigentlich beinahe alle signifikanten Intervalle der Diatonik – lassen sich jedoch nicht alleine aus den **Primzahlen 2 und 3** – somit auch nicht aus dem pythagoräischen Kanon – ableiten. Hier bewirkt die Erweiterung der arithmetischen und harmonischen Mittel durch deren Contra-Mittelwerte eine Fülle neuer Symmetrien wie auch neue Intervallkonstruktionen. Angewendet auf den pythagoräischen Kanon kommen wir also zu den Zahlenketten (dem **vollständigen diatonischen Kanon)**

$$6 - 7.2 - 8 - 9 - 10 - 12 \text{ beziehungsweise } 30 - 36 - 40 - 45 - 50 - 60,$$

für welche eine Aufzählung aller inneren Symmetrien vieler ihrer Teilproportionen samt deren musikalischen Bedeutungen eine bestaunenswerte eigene Welt erschließt. Gut zu verstehen ist von daher, dass man gerade dieser mathematisch-musikalischen Miniatur die Attribute „perfecta“ (vollkommen) und „maxima“ (größte Vollkommenheit) beigab und sie zum **Universalgesetz der Musiktheorie** kürte.

Bleibt noch zu bemerken, dass die Erweiterung des simplen Oktavkanons nicht zuletzt auch auf die – allerdings zur damaligen Zeit höchst umstrittene – Forderung nach der **Hinzunahme der reinen großen Terz 4:5** $\cong$ **8:10** in den bestehenden pythagoräischen Intervallbestand resultiert. Diese Forderung hat jedenfalls aus dem pythagoräischen den diatonischen (Oktav-) Kanon gemacht, und das im Spätmittelalter beginnende **Temperierungszeitalter** mit seiner Blütezeit um die Ära von Johann Sebastian Bach weiß hiervon viel zu erzählen.

▶ **Wichtig**

Im folgenden Theorem zeigen wir nun, dass die Schönheit dieses Gebildes nicht allein von den glatten Oktavzahlen des Kanons abhängt: Alle Symmetrien erklären sich ausschließlich durch den Mittelwertecharakter ihrer Magnituden, und wir können durch die gemeinsame Kraft unserer wichtigsten Ergebnisse, nämlich

- dem Theorem 2.5 über die Symmetriekriterien,
- dem Proportionenkettentheorem 2.6,

- dem Theorem 3.4 über die Symmetrie der 3. Proportionalen
- sowie vor allem den Reziprozitätsregeln des Theorems 3.6

unser **Hauptergebnis der antiken Diatonik** in der proportionellen Form gewinnen.

Theorem 3.8 (Die Harmonia perfecta maxima der reinen Diatonik)
Sei $A = a{:}b$ eine beliebige Proportion, so dass das musikalische Intervall $[a, b]$ aufsteigend ist. Dann lautet die zentrale Aussage:

Harmonia perfecta maxima diatonica: Die durch die vier musikalischen Medietäten von A zu einer 5-stufigen Proportionenkette gegliederte Kette

$$\boldsymbol{D_{\text{mus}}(a, b) = a{:}x_{\text{co-arith}}{:}y_{\text{harm}}{:}x_{\text{arith}}{:}y_{\text{co-harm}}{:}b}$$

ist eine symmetrische, aufsteigende Proportionenkette: $\boldsymbol{D_{\text{mus}} \cong D^{\text{rez}}_{\text{mus}}}$.

Aus dieser Symmetrie und aus den Medietätengleichungen folgt wiederum eine beachtliche Liste interner Proportionenähnlichkeiten, welche unter anderem eine abstrakte Version der Theoreme von Iamblichos und Nicomachus enthalten, wie diese:

1. **Zentrumssymmetrie – Theorem des Nicomachus:** Das geometrische Mittel ist gemeinsames Mittel hierzu diametral positionierter Magnituden: Die Kette D_{mus} hat stets mindestens die drei geometrischen 2-stufigen Teilketten

$$\boldsymbol{G_1 = a{:}z_{\text{geom}}{:}b,}$$
$$\boldsymbol{G_2 = y_{\text{harm}}{:}z_{\text{geom}}{:}x_{\text{arith}},}$$
$$\boldsymbol{G_3 = y_{\text{co-arith}}{:}z_{\text{geom}}{:}x_{\text{co-harm}}.}$$

2. **Babylonische Teilkettenstruktur – Theorem des Iamblichos:** Die Proportionenkette D_{mus} enthält stets mindestens zwei arithmetische 2-stufige Teilketten,

$$\boldsymbol{A_1 = a{:}x_{\text{arith}}{:}b,}$$
$$\boldsymbol{A_2 = y_{\text{harm}}{:}x_{\text{arith}}{:}y_{\text{co-harm}},}$$

und konsequenterweise auch stets zwei harmonische 2-stufige Teilketten,

$$\boldsymbol{H_1 = a{:}x_{\text{harm}}{:}b,}$$
$$\boldsymbol{H_2 = x_{\text{co-arith}}{:}y_{\text{harm}}{:}x_{\text{arith}},}$$

welche paarweise reziprok zueinander sind und welche gleichzeitig als gespiegelte Teilketten von $\boldsymbol{D_{\text{mus}}}$ erscheinen, im Einzelnen:

$$\boldsymbol{H_1 = A_1^* \cong A_1^{rez} \text{ und } H_2 = A_2^* \cong A_2^{rez}.}$$

Die symmetrisch angeordnete 3-stufige Teilkette aller musikalischen Medietäten

$$\boldsymbol{M}_{\text{mus}} = \boldsymbol{x}_{\text{co-arith}} : \boldsymbol{y}_{\text{harm}} : \boldsymbol{x}_{\text{arith}} : \boldsymbol{y}_{\text{co-harm}}$$

ist selber wieder eine symmetrische Proportionenkette.

3. Darüber hinaus gilt untereinander ein Zusammenhang allseitiger Äquivalenz:

Harmonia perfecta maxima diatonica
⇔ Theorem des Nicomachus (in der Form(1))
⇔ Theorem des Iamblichos (in der Form (2)).

Beweis: Der Nachweis der Symmetrie $D_{\text{mus}} \cong D_{\text{mus}}^{\text{rez}}$ ist dann erbracht, wenn wir zum Beispiel die Zentrumssymmetrie gezeigt haben und dann das Theorem 3.6 nutzen. Hierzu berechnen wir mithilfe der Mittelwerteformeln die Produkte

$$y_{\text{harm}} * x_{\text{arith}} = \frac{2ab}{a+b} * \frac{1}{2}(a+b) = ab = z_{\text{geom}}^2$$
$$x_{\text{co-arith}} * y_{\text{co-harm}} = \frac{ab}{a^2+b^2}(a+b) * \frac{a^2+b^2}{a+b} = ab = z_{\text{geom}}^2.$$

Daher ist das geometrische Mittel z_{geom} simultan das geometrische Mittel von y_{harm} und x_{arith} sowie von $x_{\text{co-arith}}$ und $y_{\text{co-harm}}$. Und genau deshalb ist nach Theorem 3.6 die komplette Kette D_{mus} auch symmetrisch.

Zu Aussage 2): Dass die Kette $A_1 = a{:}x_{\text{arith}}{:}b$ arithmetisch ist, liegt auf der Hand, und dass die harmonische Kette $H_1 = a{:}y_{\text{harm}}{:}b$ eine Reziproke hierzu ist, haben wir im Theorem 3.2 mit dem Satz von Iamblichos für die pythagoräische Proportionenkette

$$a{:}y_{\text{harm}}{:}x_{\text{arith}}{:}b$$

bereits gezeigt. Betrachten wir jetzt einmal die Proportionenkette

$$A_2 = y_{\text{harm}}{:}x_{\text{arith}}{:}y_{\text{co-harm}}.$$

Dass auch A_2 arithmetisch ist, erkennt man – auch ohne Rechnung – daran, dass das harmonische beziehungsweise das contra-harmonische Mittel die Strecke (b – a) in den entgegengesetzten Proportionen $a{:}b$ beziehungsweise $b{:}a$ teilen: So ist nämlich

$$y_{\text{harm}} - a = \frac{a}{b+a}(b-a) \text{ und } y_{\text{co-harm}} - a = \frac{b}{a+b}(b-a),$$

und mit $x_{\text{arith}} - a = \frac{1}{2}(b-a)$ folgt daraus die Gleichheit der Differenzen

$$x_{\text{arith}} - y_{\text{harm}} = \frac{1}{2(b+a)}(b-a)^2 = y_{\text{co-harm}} - x_{\text{arith}}.$$

In der Proportionenkette

$$H_2 = x_{\text{co-arith}}{:}y_{\text{harm}}{:}x_{\text{arith}}$$

ist nun aufgrund der Symmetrie von D_{mus} die vordere Proportion $x_{\text{co-arith}}{:}y_{\text{harm}}$ ähnlich zur hinteren Proportion von A_2,

$$x_{\text{co-arith}}{:}y_{\text{harm}} \cong x_{\text{arith}}{:}y_{\text{co-harm}},$$

und die hintere Proportion $y_{\text{harm}}{:}x_{\text{arith}}$ von H_2 ist ohnehin identisch mit der vorderen Proportion von A_2. Daher ist H_2 reziprok zu A_2, und H_2 ist Teilproportionenkette von D_{mus}. Der darüber hinausgehende Zusammenhang zur gespiegelten Teilkette wird durch das Proportionenkettentheorem begründet: Teilketten, welche reziprok zu einer Teilkette sind, sind simultan auch Proportionenketten der gespiegelten Magnituden – unter Beachtung der ebenfalls gespiegelten Adjunktion. Damit ist das Theorem erklärt.

Wir stellen jetzt drei Beispiele vor:

Beispiel 3.9

Der diatonische Oktavkanon $D_{\text{mus}}(1{:}2)$

Diese musikalische Proportionenkette wird traditionell in die äußere Oktavproportion mit den Magnituden 6:12 eingearbeitet, und dann entsteht die bekannteste Proportionenkette der reinen Diatonik

$$\begin{aligned} D_{\text{mus}} = D_{\text{mus}}(6{:}12) &= 6{:}7,2{:}8{:}9{:}10{:}12 \\ &\cong 30{:}36{:}40{:}45{:}50{:}60. \end{aligned}$$

Sie besitzt neben ihrer Proportionenkettensymmetrie $D_{\text{mus}} \cong D_{\text{mus}}^{\text{rez}}$ die zusätzliche Eigenschaft, zunächst einmal in Summe sogar genau vier arithmetische 2-stufige Teilketten $A_1, \ldots, A_4$ zu haben, und dann kommt auch noch hinzu, dass auch deren harmonische Reziproken $H_1, \ldots, H_4$ ebenfalls Teilketten von D_{mus} sind. Dadurch entstehen gleichzeitig authentische und plagalische Zerlegungen von vier Intervallen. Wir listen alle diese vier Kettenpaare auf:

$$\begin{aligned} A_1 &= a{:}x_{\text{arith}}{:}b = 6{:}9{:}12 \\ H_1 &= a{:}y_{\text{harm}}{:}b = 6{:}8{:}12. \end{aligned}$$

Dieses Proportionenkettenpaar definiert die akkordische Zerlegung der Oktave in die beiden Strukturformen

Oktave (1:2) = Quinte(2:3) $\oplus$ Quarte(3:4) (authentische Zerlegung)

Oktave (1:2) = Quarte(3:4) $\oplus$ Quinte(2:3) (plagalische Zerlegung).

Das nächste Proportionenkettenpaar ist

$$\begin{aligned} A_2 &= y_{\text{harm}}{:}x_{\text{arith}}{:}y_{\text{co-harm}} \cong 8{:}9{:}10 \\ H_2 &= x_{\text{co-arith}}{:}y_{\text{harm}}{:}x_{\text{arith}} \cong 7,2{:}8{:}9. \end{aligned}$$

Hier liegt die akkordische Zerlegung der großen reinen Terz 8:10 $\cong$ 4:5 in den Stufen zweier Ganztöne vor:

$$\text{Terz}(4{:}5) = \text{Tonos } (8{:}9) \oplus \text{ diatonischer Ganzton}(9{:}10) \text{ (authentisch)}$$
$$\text{Terz}(4{:}5) = \text{diatonischer Ganzton}(9{:}10) \oplus \text{ Tonos } (8{:}9) \text{ (plagalisch).}$$

Während diese beiden Proportionenkettenpaare nach unserem vorstehenden Theorem 3.8 in ihrer allgemeinen Struktur in jedem musikalischen Kanon mit beliebigen Daten a und b zu finden sind, gibt es in diesem Fall der Oktave noch zwei weitere Paare, nämlich

$$A_3 = a{:}y_{\text{harm}}{:}y_{co\text{-harm}} = 6{:}8{:}10$$
$$H_3 = x_{\text{co-arith}}{:}x_{\text{arith}}{:}b = 7,2{:}9{:}12.$$

Die äußere Proportion 6:10 bildet eine reine Sexte 3:5, deren Zerlegung dann lautet

$$\text{Sext } (3{:}5) = \text{Quarte}(3{:}4) \oplus \text{ Terz}(4{:}5) \text{ (authentisch)}$$
$$\text{Sext } (3{:}5) = \text{Terz}(4{:}5) \oplus \text{ Quarte}(3{:}4) \text{ (plagalisch),}$$

und wir finden vertraute musikalische Realisierungen wieder: Authentisch ist dies ein „Quart-Sext-Akkord“ – zum Beispiel $c - f - a$, plagalisch dagegen ein Moll-Akkord in Terzlage – zum Beispiel $c - e - a$.

Schließlich finden wir noch ein viertes Paar arithmetisch-harmonischer Teilketten:

$$A_4 = y_{\text{harm}}{:}y_{\text{co-harm}}{:}b = 8{:}10{:}12$$
$$H_4 = a{:}x_{\text{co-arith}}{:}x_{\text{arith}} = 6{:}7.2{:}9.$$

Hier handelt es sich um die Zerlegung einer Quinte 8:12 $\cong$ 6:9 $\cong$ 2:3 in die vertrauten Dur- und Moll-Dreiklangformen, nämlich

$$\text{Quinte}(2{:}3) = \text{große Terz}(4{:}5) \oplus \text{ kleine Terz}(5{:}6) \text{ (authentisch)}$$
$$\text{Quinte } (2{:}3) = \text{kleine Terz}(5{:}6) \oplus \text{ große Terz } (4{:}5) \text{ (plagalisch).}$$

Die oft zitierte musikalische Realisierung wäre zum Beispiel $c - e - g$ (Dur, authentisch) beziehungsweise $a - c - e'$ (aufwärts, a-Moll, plagalisch).

Neben diesen überraschend vielen arithmetischen 2-stufigen Teilketten gibt es in D_{diat} – auch konsequenterweise – sogar genau eine 3-stufige arithmetische Teilkette A_0, deren 3-stufige harmonische Reziproke $H_0 \cong A_0^{\text{rez}}$ ebenfalls im Kanon entalten ist:

$$A_0 = a{:}y_{\text{harm}}{:}y_{\text{co-harm}}{:}b = 6{:}8{:}10{:}12 \text{ (authentisch)}$$
$$H_0 = a{:}x_{\text{co-arith}}{:}x_{\text{arith}}{:}b = 6{:}7.2{:}9{:}12 \text{ (plagalisch).}$$

A_0 ist die Zusammensetzung von A_3 und A_4. Musikalisch realisierende Vierklänge sind schnell gefunden: Nehmen wir den F-Dur-Akkord in Quintlage $c - f - a - c'$ für den authentischen Fall und einen e-Mollakkord in Tonikalage $e - g - h - e'$.

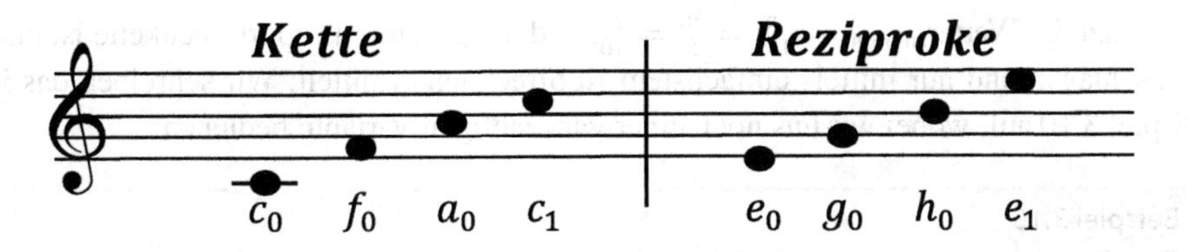

Sehr bequem können wir die Eigenschaft ablesen, dass der eine Akkord reziprok zum anderen ist; die Stufenanordnung hat sich umgekehrt.

Für diesen diatonischen Oktavkanon D_{diat} zeigt sich noch eine weitere Eigenschaft:

▶ **Vollständigkeitssatz** Die Gesamtheit aller Proportionen, welche man aus dem diatonischen Oktavkanon $D_{\text{mus}}(1{:}2)$ vermöge Schichtung, Fusion sowie Invertierung seiner darin enthaltenen Proportionen erhalten kann, ist gleich derjenigen, die man aus den Proportionen des Senarius

$$S = 1{:}2{:}3{:}4{:}5{:}6$$

auf gleichem Wege gewinnt. Und diese Intervallmenge ist die in der Musik als **reine diatonische Temperierung** bekannte Ton-, Intervall- und Skalenstruktur. Und genau diese **„Vollständigkeit"** ist mit dem Attribut **„perfecta maxima"** gemeint.

Die nächsten zwei Beispiele behandeln den Fall der Quinte 2:3 in der Form $D_{\text{mus}}(6{:}9)$ sowie der oktavierten Quinte – der Duodezime 1:3 – in der Form $D_{\text{mus}}(6{:}18)$.

Anmerkung: *Dabei wollen wir gleichzeitig vorführen, wie diese musikalischen Proportionenketten auf einfachem Wege und ohne Nachschlagen der Berechnungsformeln der fraglichen Mittelwerte gewonnen werden können: Einzig das simple arithmetische Mittel ist anzugeben – der ganze Rest ergibt sich aus der Symmetrie unseres Theorems – oder auch aus den Zentrumseigenschaften des geometrischen Mittels.*

Beginnen wir mit der Duodezime $1{:}3 \cong 6{:}18$. In der Proportion 6:18 ist $x_{\text{arith}} = 12$. Nun ist nach dem Hyperbelprinzip des Theorems 2.5 das Produkt

$$x_{\text{arith}} * y_{\text{harm}} = 6 * 18 = 12 * y_{\text{harm}},$$

und deshalb ist $y_{\text{harm}} = 9$. Jetzt nutzen wir, dass nach unserem Theorem die Teilkette

$$y_{\text{harm}}{:}x_{\text{arith}}{:}y_{\text{co-harm}} = 9{:}12{:}y_{\text{co-harm}}$$

arithmetisch ist – daher ist $y_{\text{co-harm}} = 15$. Jetzt liefert schließlich erneut die Hyperbeleigenschaft für $x_{\text{co-arith}}$ den noch fehlenden Wert: Aus dem Produkt

$$y_{\text{co-harm}} * x_{\text{co-arith}} = 6 * 18 = 108$$

folgt dann der Wert $x_{\text{co-arith}} = \frac{108}{15} = \frac{36}{5} = \frac{72}{10}$, und die gesamte Proportionenkette ist ohne Nachschlagen und nur mittels einfachstem Kopfrechnen ermittelt. Wir schreiben das im Beispiel 3.10 auf, wobei wir uns noch einer ganzzahligen Variante bedienen:

Beispiel 3.10

Der Duodezimkanon $D_{\mathbf{mus}}(6{:}18)$

Für die Duodezime 1:3 lautet die musikalische Proportionenkette

$$D_{mus}(6{:}18) = 6{:}7,2{:}9{:}12{:}15{:}18.$$

Sie besitzt eine ganzzahlige ähnliche Variante

$$D_{\text{mus}}(10{:}30) = 10{:}12{:}15{:}20{:}25{:}30.$$

Der Duodezimkanon besitzt eine mindestens gleichperfekte Symmetrie wie der Oktavkanon: Neben den ebenfalls vier arithmetischen 2-stufigen Proportionenketten $A_1, \ldots, A_4$ mit ihren harmonischen Reziproken $H_1, \ldots, H_4$, welche ebenfalls Teilketten von $D_{\text{mus}}(10{:}30)$ sind – konkret

$$A_1 = 10{:}20{:}30 \text{ mit der Reziproken } H_1 = 10{:}15{:}30,$$
$$A_2 = 15{:}20{:}25 \text{ mit der Reziproken } H_2 = 12{:}15{:}20,$$
$$A_3 = 10{:}15{:}20 \text{ mit der Reziproken } H_3 = 15{:}20{:}30,$$
$$A_4 = 20{:}25{:}30 \text{ mit der Reziproken } H_4 = 10{:}12{:}15,$$

gibt es offenbar noch eine sogar 4-stufige arithmetische Teilkette

$$A_0 = 10{:}15{:}20{:}25{:}30,$$

deren 4-stufige Reziproke H_0 sich als eine harmonische Teilkette von $D_{\text{mus}}(10{:}30)$,

$$H_0 = 10{:}12{:}15{:}20{:}30,$$

auffinden lässt – womit die Reziprozitätsgesetze aus Theorem 3.5 bestens bestätigt sind. Auch musikalisch lassen sich diese 5 tönigen Skalen A_0 und H_0 durch diatonisch bekannte Modelle verifizieren: A_0 ist ein gespreizter, diatonischer Dur-Akkord, und tatsächlich ist H_0 ein 5-töniger Moll-Akkord:

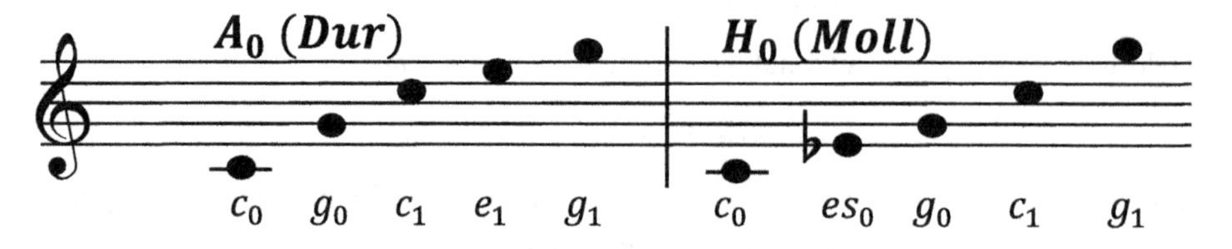

An diesem konkreten Tonbeispiel sehen wir Musiker auch sehr schön, dass beide Ketten (Akkorde) reziprok zueinander sind: Die Intervallabfolge der Stufen ist exakt umgekehrt.

Schließlich gehen wir noch auf den Quintkanon ein: Für die Werte der musikalischen Proportionenkette der Quinte $D_{\text{mus}}(2{:}3)$ nutzen wir eine optimiertere Ganzzahligkeit $D_{\text{mus}}(20{:}30)$, und dann finden wir in Kopie des voranstehenden Beispiels 3.10 ebenfalls **per Kopfrechnen** die Werte

$$x_{\text{arith}} = 25, y_{\text{harm}} = 24 \text{ und } y_{\text{co-harm}} = 26.$$

Dann ergibt sich nach dem Hyperbel- beziehungsweise nach dem Prinzip des Symmetriezentrums aus Theorem 3.6 für das contra-arithmetische Mittel der Wert

$$x_{\text{co-arith}} = \frac{20 * 30}{26} = \frac{300}{13} = 23\frac{1}{13}.$$

Wir verzichten auf eine ganzzahlig dargestellte Proportionenkette zugunsten kleinerer überschaubarer Zahlenwerte und haben somit die Proportionenkette für den diatonischen Quintkanon gewonnen:

Beispiel 3.11

Der Quintkanon $D_{\text{mus}}(2{:}3)$

Die musikalische Proportionenkette der Quinte 2:3 – eingearbeitet in die beiden äußeren Proportionen 20:30 und 6:9 – lautet

$$\begin{aligned} D_{\text{mus}}(20{:}30) &= 20{:}23\frac{1}{13}{:}24{:}25{:}26{:}30 \\ &\cong 6{:}6\frac{12}{13}{:}7, 2{:}7, 5{:}7, 8{:}9 = D_{\text{mus}}(6{:}9). \end{aligned}$$

Sie besitzt neben ihrer Symmetrie und den beiden allgemein stets vorhandenen arithmetischen 2-stufigen Teilketten und ihren harmonischen Reziproken allerdings keine weiteren dieser Art.

Dies zeigt aber auch, dass die im Theorem genannte Zahl von mindestens zwei möglichen arithmetischen und harmonischen Teilkettenpaaren bereits für den allgemeinen Fall nicht vergrößerbar ist.

Diese Beispiele können nun in mannigfacher Weise fortgeführt werden, und man kann sich auf Entdeckungsreisen begeben.

Frage: Welche Symmetrien – zum Beispiel – besitzt eine musikalische diatonische Kanonkette der Spanne 1:5 – also einer Obertonterz? Ein kurzer Hinweis: Es lohnt, die Proportion 1:5 in der hierzu ähnlichen Form

$$39{:}195 = (3 * 13){:}(5 * 3 * 13)$$

zu betrachten. Für Freaks sei dann die Aufgabe gestellt zu zeigen, dass der diatonische Kanon n:5n genau dann ganzzahlig ist, wenn n ein Vielfaches von 39 ist.

Ausklang: Schließlich möge noch die Anregung gegeben sein, dieses – quasi per Kopfrechnen gewonnene – Verfahren zur Berechnung diatonischer Kanonketten eifrig zu üben; denn nirgendwo sonst erschließen sich die Symmetriezusammenhänge nachhaltiger als bei dieser durch die Theorie begründete und sie begleitende Methode zur Berechnung aller vier musikalischen Medietäten. Wir heften dieses Verfahren noch einmal als wegweisendes Rezept an:

Par-coeur-Methode zur Berechnung des diatonischen Kanons

$$\boldsymbol{D_{\text{mus}}(a,b) = a : x_{\text{co-arith}} : y_{\text{harm}} : x_{\text{arith}} : y_{\text{co-harm}} : b}$$

Wir nehmen der Bequemlichkeit halber die ganzzahlige Form $a = n$ und $b = m$ an, und dann funktioniert das Verfahren, per Kopfrechnen – und ohne Formelwissen – die Kanonkette zu bestimmen, in folgenden Schritten:

1. Berechne zunächst Summe und Produkt der Magnituden, $\boldsymbol{n+m}$ und $\boldsymbol{nm}$.
2. Berechne dann das arithmetische Mittel $\boldsymbol{x_{\text{arith}} = (n+m)/2}$.
3. Berechne dann daraus das harmonische Mittel via $\boldsymbol{y_{\text{harm}} = nm/x_{\text{arith}}}$.
4. Berechne dann daraus das contra-harmonische Mittel; dazu ermittle zunächst die Differenz

$$\boldsymbol{d = x_{\text{arith}} - y_{\text{harm}}}$$

   und addiere diese zum arithmetischen Mittel, dann ist $\boldsymbol{y_{\text{co-harm}} = x_{\text{arith}} + d}$.
5. Berechne nun das contra-arithmetische Mittel via $\boldsymbol{x_{\text{co-arith}} = nm/y_{\text{co-harm}}}$.

Was war also notwendig zu merken? Eigentlich müssen wir nur das arithmetische Mittel ausrechnen – die anderen schenkt uns die Harmonia abstracta. Und so können wir – par coeur, auswendig und nur mittels des Kleinen Einmaleins des Kopfrechnens und nicht ganz ohne Stolz – beliebige diatonische Kanonketten berechnen.

Proportionenfolgen babylonischer Medietäten

4

... es werde der Himmel gemäß der Süße der Harmonie in Bewegung gehalten

Aristoteles
(aus [5], S. 127)

In der historischen Musiktheorie begegneten wir fortwährend dem Prozess, der darin bestand, zu zwei Daten – den Magnituden eines Intervalls – eine oder mehrere weitere Magnituden (sprich: Töne) zu finden, so dass die alten zusammen mit den neuen Daten Proportionenketten eines gewünschten Medietätentyps bildeten. Im Abschn. 3.4 haben wir diesen Vorgang bereits als ein Konstrukt diverser babylonischer dritter Proportionalen beschrieben, soweit wir dies für die Harmonia perfecta maxima nutzen konnten.

Um das einfache Grundbeispiel nochmal aufzugreifen: So entsteht aus der Proportion

pythagoräischer (großer) Ganzton 8:9

durch Hinzunahme des Wertes 10 die arithmetische Kette 8:9:10, welche wie gesehen das pythagoräische zum rein diatonischen System erweitert, denn neben den beiden erzeugenden Primzahlen 2 und 3 des pythagoräischen Systems kommt ja jetzt auch die Primzahl 5 hinzu, aus welcher die große reine Terz 4:5 geboren wird. Und wenn wir diesen Schritt durch eine hierzu reziproke – und demnach harmonische – Proportionenkette ergänzen, gelangen wir zu der bekannten und auf ganzzahlige Form gebrachten musikalischen Proportionenkette, dem Kanon

30:36:40:45:50:60

der reinen Diatonik.

K. Schüffler, *Proportionen und ihre Musik*, https://doi.org/10.1007/978-3-662-59805-4_4

▶ Die weitere Idee ist nun diese, dass dieser *Prozess sodann immer wieder neu gestartet wird, indem nun statt der Startdaten 8 und 9 stets andere des sich immer weiter aufbauenden Datensystems nach Belieben hierzu ausgewählt werden.*

Mathematisch drückt sich das so aus, dass wir in diesem Kapitel eine Analysis beschreiben, welche die wichtigsten historischen Medietäten in eine neue mathematische Theorie für drei unterschiedlich konzeptionierte Familien von ad infinitum iterierten Mittelwerteproportionenketten $a{:}x{:}b$ einbindet, nämlich für

- die Familien der **iterierten babylonischen Medietäten** als geschachtelte Iterationen der babylonischen Proportionenketten im ***Innenraum*** des Intervalls $[a, b]$,
- die Familien der **dritten und höheren Proportionalen** als Interpolation von fortschreitenden Mittelwerteproportionen in den ***Außenraum*** des Intervalls $[a, b]$,
- die Familien der **„Contra-Medietäten"** als eine beidseitige Folge iterierter Proportionenketten, welche zu der exponentiellen Teilungsparameterfolge $(a/b)^n$ gehören.

Tatsächlich wird hierdurch eine weitere Vielzahl – besser: eine Unzahl – an Medietäten erreicht, die dadurch entsteht, dass aus zwei vorhandenen Daten stets und in vielleicht sogar unterschiedlicher Art eine dritte Magnitude gewonnen wird, so dass diese drei Daten die Medietätenkette einer geforderten Architektur beziehungsweise eines geforderten Medietätentyps bilden. Greift man erneut zwei von diesen drei Daten heraus, so führt erneute Mittelung zu weiteren Daten. Auf diese Weise begegnet man in manchen Literaturen schier unübersehbaren Sequenzen an Medietätenketten. Unser Vorgehen entspringt dem Wunsch, für die wichtigsten dieser Iterationen diverser Medietätenproportionen – gelegentlich auch Interpolationen genannt – ein analytisches Konzept zu entwerfen, um diese Dinge in eine vertraute moderne Form unserer Mathematik zu bringen. Vor allem liegt uns auch an dem Wunsch, eine Einordnung all dieser Vorgänge zu gewinnen, welche die Zusammenhänge zur Harmonia perfecta und ihrer Systematik zeigt.

Bei diesen Iterationen besticht vor allem die „innere" Iteration musikalischer Medietäten zu einer unendlichen, nach innen zum geometrischen Mittel als Zentrum konvergierende musikalische Proportionenkette, die eine unendlichfache Kopie der Theoreme von Iamblichos und Nicomachus innehat – und die deshalb nur einen Namen verdient hat: die **Harmonia perfecta infinita.**

Aber auch die Contra-Medietätenfolge beherbergt in ihrer Zusammenstellung als beidseitig unendliche Proportionenkette eine bestechende Vielfalt innerer Symmetrien ihrer babylonischen musikalischen Teilkettensysteme – ebenfalls dargelegt in ihrer Harmonia perfecta infinita.

In unserer Analysis bedienen wir uns erneut der einheitlichen Darstellung aller Mittelwerteproportionen in der „Stück zum Rest"-Form, und die mathematische Analyse dieser Proportionen nutzt dann die im Satz 3.2 des Abschn. 3.1 gewonnenen analytischen und strukturellen Eigenschaften der „Stück-zum-Rest"-Proportionenfunktion

$$y = f(x) = (x - a)/(b - x)$$

und ihrer Inversen, der Mittelwertefunktion

$$x = g(y) = a + \frac{y}{1+y}(b-a);$$

deren Funktionalgleichung (siehe Theorem 3.1) fungiert wiederum als eine raffinierte Methode für die Beschreibung der Zusammenhänge der Mittelwertesymmetrien gegenüber den Symmetrien der Teilungsparameter.

4.1 Höhere Proportionale und ihre babylonischen Medietätenketten

Wie gerade in der Einleitung zu diesem Kapitel nochmal hervorgehoben wurde, gehen wir von einer als gegeben betrachteten 1-stufigen Kette (Proportion) $A = a_0{:}a_1$ aus, finden dazu eine vordere oder hintere 3. Proportionale eines gegebenen babylonischen Typs, erhalten somit eine 2-stufige Kette, wählen wieder eine vordere oder hintere 1-stufige Teilkette aus, erweitern diese erneut durch eine vordere respektive hintere 3. Proportionale, wodurch dann eine 3-stufige Kette entsteht... und so fort, und so fort.

Also kann man versuchen, diesen Prozess nach jedem Schritt immer weiter fortzusetzen – und zwar durch die Wahl 1-stufiger Teilketten in sogar äußerst verschachtelter und mannigfacher Weise und gelangt so zu den – in der älteren Literatur so genannten – **„höheren Proportionalen".** Diese Prozesse lassen sich – vielleicht – iterativ ins Uferlose fortsetzen – tröstlich zu wissen, dass diese „geheime Wissenschaft" zunehmend ihre praktische Bedeutung innerhalb der Skalentheorie einbüßt. Aber wir sind neugierig und gehen der Frage der Fortsetzbarkeit einmal nach:

Wo führt das am Ende hin?

Wir wenden uns also der eigentlichen Frage zu, wann man eine gegebene Proportion respektive eine gegebene babylonische Proportionenkette iterativ – also immer wieder – durch vordere oder hintere Glieder dergestalt erweitern kann, dass entweder der babylonische Typ der Kette erhalten bleibt oder ein anderer, vorgegebener Typ gewonnen wird.

Vereinbarung: Aus Gründen einer technischen Beschreibung benutzen wir hierbei für eine allgemein gegebene Proportionenkette $A = a_0{:}a_1{:}\ldots{:}a_n$ die beiden Parameter des „anfänglichen" Verhältniszuwachses oder der „anfänglichen" Differenz,

$$q = {}^{a_1}\!/_{a_0} \text{ beziehungsweise } d = a_1 - a_0;$$

sie spielen nämlich im Falle unserer drei gewählten babylonischen Medietäten eine charakteristische Rolle.

Theorem 4.1 (Existenz höherer babylonischer Proportionalen)
Für alle drei Typen babylonischer Medietäten (geometrisch/arithmetisch/harmonisch) gelten folgende Charakterisierungen, Kriterien und Formeln über die Existenz der Iterationen höherer babylonischer Proportionalen:

1. **Geometrische Ketten:** Eine Proportionenkette $G = a_0{:}a_1{:}\ldots{:}a_n$ ist genau dann geometrisch, wenn die Rekursionsformeln

$$a_{k+1} = a_k q \quad \text{für alle } k = 0, \ldots, n-1$$

gelten. Dieses rekursive System kann sofort in das System direkter Berechnungen

$$a_k = a_0 q^k \quad \text{für alle } k = 0, \ldots, n-1$$

übergeführt werden, woraus jedes Folgenglied sofort angegeben werden kann.
Folgerung: Jede Proportion $a_0{:}a_1$ kann in eindeutiger Weise zu einer beidseitig unbegrenzt fortschreitenden geometrischen Kette

$$G_\infty = \ldots{:}a_{-m}{:}\ldots{:}a_{-1}{:}a_0{:}a_1{:}\ldots{:}a_n{:}\ldots$$

fortgesetzt werden. Ist das Frequenzmaß der Startproportion $q = a_1/a_0 > 1$, so gilt

$$a_{-m} \to 0 \text{ bei } m \to \infty \text{ und } a_n \to \infty \quad \text{für } n \to \infty.$$

Für $q = a_1/a_0 < 1$ ist das Konvergenz-Verhalten umgekehrt – man betrachtet dann besser die inverse Proportion $a_1{:}a_0$.
2. **Arithmetische Ketten:** Eine Proportionenkette $A = a_0{:}a_1{:}\ \ldots\ {:}a_n$ ist genau dann arithmetisch, wenn die Rekursionsformeln beziehungsweise Gleichungen gelten:

$$a_{k+1} - a_k = d \quad \text{für alle } k = 0, \ldots, n-1 \text{ (Rekursionsformeln)}$$
$$a_k = a_0 + kd \quad \text{für alle } k = 0, \ldots, n-1 \text{ (Gleichungssystem)}$$

Folgerung: Jede Proportion $A = a_0{:}a_1$ (mit $0 < a_0 < a_1$) kann nach links höchstens endlich (m) Mal – nach rechts jedoch beliebig oft – zu einer insgesamt unbegrenzt fortschreitenden arithmetischen Kette

$$A_\infty = a_{-m}{:}\ \ldots\ {:}a_{-1}{:}a_0{:}a_1{:}\ \ldots\ {:}a_n{:}\ldots$$

fortgesetzt werden. Die linksseitige Fortsetzung bricht nach endlich vielen Schritten nämlich dann ab, wenn für einen negativen Index k der Ausdruck $a_0 + kd \leq 0$ ist.
3. **Harmonische Ketten:** Eine Proportionenkette $H = a_0{:}a_1{:}\ \ldots\ {:}a_n$ ist genau dann harmonisch, wenn die rekursiven (und untereinander äquivalenten) Gleichungen

$$a_{k+2} = {}^{a_k a_{k+1}}\!/_{2a_k - a_{k+1}} \quad \text{für alle } k = 0, \ldots, n-2$$
$$\Leftrightarrow a_k = {}^{a_{k+1} a_{k+2}}\!/_{2a_{k+2} - a_{k+1}} \quad \text{für alle } k = 0, \ldots, n-2$$

erfüllt sind. Die zweite Gleichung ist hierbei lediglich die Umstellung der ersten Gleichung auf die Variable a_k.
Folgerung: Jede Proportion $A = a_0{:}a_1$ (mit $0 < a_0 < a_1$) kann nach rechts höchstens endlich oft (m-mal) – nach links, jedoch beliebig oft zu einer harmonischen Kette

$$H_\infty = \ldots{:}a_{-n}{:}\ldots{:}a_{-1}{:}a_0{:}a_1{:}\ldots{:}a_m$$

fortgesetzt werden.

Beweis: Zu 1): Sofort aus der Definition einer geometrischen Proportionenkette folgt, dass der Quotient sukzessiver Magnituden stets der gleiche ist – nichts anderes sagt die Rekursionsformel. Die dazu gleichwertige Auflösung der Rekursion zu einer Gleichung gewinnt man, indem der Reihe nach erkannt wird:

$$a_1 = a_0 q \Rightarrow a_2 = a_1 q = a_0 q^2 \Rightarrow a_3 = a_2 q = a_0 q^3 \Rightarrow \ldots$$

(und dann mathematisch korrekt mit dem Prinzip der „vollständigen Induktion“ der Beweis gesichert wird). Sind umgekehrt die Magnituden a_k für alle ganzzahligen Indizes k nach dieser Gleichung

$$a_k = a_0 q^k$$

definiert, so ist die beidseitig unbeschränkte Kette G_∞ der geordneten Magnituden geometrisch, da ja stets die rekursive Formel gilt. Je drei aufeinander folgende Magnituden bilden eine 2-stufige geometrische Kette, wie gefordert.

Zu 2): Der Zusammenhang zwischen Rekursion und Gleichung ist trivial; man aufaddiert von Magnitude zu Magnitude die Differenz d – so entsteht die angegebene Bilanz. Nach links bricht der Prozess dann ab, wenn die Sinnhaftigkeitsschranke der Positivität der Magnituden durchbrochen wird, wenn zwar noch

$$a_0 - md > 0, \text{ aber dann die Ungleichung } a_0 - (m+1)d \leq 0$$

erreicht ist, was bei positivem Differenzparameter d irgendwann einmal eintritt.

Zu 3): Hätten wir nicht eine „Theorie“ zur Hand, so könnte die iterative Beschreibung samt ihren Entscheidungskriterien recht unangenehme Rechnungen einfordern: So aber erfreuen wir uns des Zusammenhangs, **dass die Reziproke einer harmonischen Kette arithmetisch ist,** und wir können daher die triviale Aussage 2) nutzen. Die eigentlichen Rekursionsformeln sind jedoch die direkte Berechnung von a_{k+2} als hinterer und a_k als vorderer harmonischer 3. Proportionalen der Teilkette $a_k{:}a_{k+1}{:}a_{k+2}$, bei welcher ja a_{k+1} das harmonische Mittel seiner Nachbarn a_k und a_{k+2} ist. Die Auflösungen der Mittelwertegleichung

$$a_{k+1} = {}^{2a_k a_{k+2}}\!/_{(a_k + a_{k+2})}$$

nach a_{k+2} beziehungsweise nach a_k sind dann genau die im Theorem angegebenen Rekursionsformeln; wir hatten die zweite hiervon ohnehin bereits im Theorem 3.4 errechnet, und die erste ergäbe sich sowieso aus einem Tausch der Indizes, da die Formel des harmonischen Mittels hinsichtlich der beiden Außenmagnituden a_k und a_{k+2} symmetrisch ist. Nun ergibt sich die Fortsetzbarkeit der harmonischen Kette aus derjenigen der arithmetischen Reziproken; und weil bei dieser Umkehrung sich die Reihung der Proportionen umkehrt, sind die geschilderten Aussagen Konsequenzen des arithmetischen Falls 2).

4.2 Contra-Medietätenfolgen

Wir beschreiben jetzt eine – vorrangig im 19. und 20. Jahrhundert ausgiebig diskutierte – Verallgemeinerung harmonischer und arithmetischer Proportionenketten und ihrer Mittelwerte. Schon die Beispiele der klassischen Medietäten und ihrer Stück-zum-Rest-Proportionen zeigen, dass viele von ihnen die formelle Struktur

$$(x-a):(b-x) \cong b^n:a^n \cong q^n:1$$

besitzen, und dann ist der Exponent (n) neben dem Frequenzmaß q der charakteristische Parameter der betreffenden Medietät. So gehört $n=0$ zum arithmetischen, $n=-1$ zum harmonischen Mittel – und würden wir auch gebrochene Exponenten zulassen, so wäre $n=-1/2$ der passende Parameter zum geometrischen Mittel.

Definition 4.1 (Die Contra-Medietätenfolge)
Es sei $a < b$, dann definieren wir für $n = 0, \pm1, \pm2$, also für $n \in \mathbb{Z}$, die Familie der Proportionenketten $a{:}x{:}b$ durch die Teilungsvorschrift (Proportion)

$$(x-a):(b-x) \cong b^n:a^n \text{ **Contra–Medietätenproportionen.**}$$

Setzen wir wieder $q = \frac{b}{a}$, so ist in moderner Sprache diese Proportionenfamilie über den Parameter q und dem Exponenten n parametrisiert, so dass wir eine Proportionenfamilie zu einer **exponentiellen** Teilungsparameterfolge q^n

$$(x-a)/(b-x) = q^n \text{ mit } n = 0, \pm1, \pm2, \ldots$$

erhalten. Mit x_n bezeichnen wir die – nach Theorem 3.2 – eindeutig existierende Lösung dieser Proportionengleichung zum Exponenten n; demnach gilt

$$(x_n - a)/(b - x_n) = q^n$$

mit $a < x_n < b$. Auf diese Weise erhalten wir die zweiseitige **Contra-Medietätenfolge**

$$\ldots x_{-3}, x_{-2}, x_{-1}, x_0, x_1, x_2, x_3, \ldots,$$

deren Magnituden sich alle im offenen reellen Intervall $]a, b[$ verteilen, der Monotonie der beiden Funktionen

$$y = f(x) = (x-a)/(b-x) \text{ und } x = g(y) = \frac{y}{1+y}(b-a)$$

gehorchend – siehe Theorem 3.1. Darüber hinaus lässt sich auch für – im Prinzip beliebige – reelle Exponenten n eine zugehörige eindeutige Medietät x_n finden, welche die Lösung der Gleichung

$$(x_n - a)/(b - x_n) = q^n$$

ist; so wäre für $n = -1/2$ die Medietät $x_{-1/2} = z_{\text{geom}}(a, b)$.

Weil die Folge q^n bezüglich der diskreten Variablen n eine **Exponentialfolge** ist, könnten wir hierzu auch **„exponentielle Proportionenfamilie"** sagen. Allerdings legt uns das mathematische Grundlagentheorem 3.1, das die Symmetrie zwischen den Medietäten und ihren Teilungsparametern q^n beschreibt, nahe, die Lageverwandtschaft, welche zu den Contra-Begrifflichkeiten führt, in der Notation zu bevorzugen. Schließlich haben wir im Abschn. 3.5 die symmetrische Positionierung zum geometrischen Mittel in Abhängigkeit vom exponentiellen Parameter n genauer studiert.

Wir kennen – wie erwähnt – bereits einige Vertreter dieser Familie:

Beispiel 4.1

Musikalische Medietäten in der Contra-Medietätenfolge

Die als „musikalische Medietäten" angesehenen vier Mittelwerte des diatonischen Kanons (arithmetisch, harmonisch, contra-arithmetisch und contra-harmonisch) sind Mitglieder der Contra-Medietätenfolge:

n	q^n	Mittelwerteformel	Alternative Formel	Proportionenkette
$n = 0$	1	$x_0 = \frac{a+b}{a^0+b^0}$	$x_0 = \frac{1}{2}(a+b)$	Arithmetisch
$n = -1$	a/b	$x_{-1} = \frac{a^0+b^0}{a^{-1}+b^{-1}}$	$x_{-1} = \frac{2ab}{a+b}$	Harmonisch
$n = 1$	b/a	$x_1 = \frac{a^2+b^2}{a+b}$	$x_1 = \frac{a^2+b^2}{a+b}$	Contra-harmonisch
$n = -2$	a^2/b^2	$x_{-2} = \frac{a^{-1}+b^{-1}}{a^{-2}+b^{-2}}$	$x_{-2} = ab\frac{a+b}{a^2+b^2}$	Contra-arithmetisch

Das folgende Theorem beschreibt nun nicht nur die Formeln zur Berechnung der Mittelwerte x_n, welche ja gemäß der einfach zu lösenden Bestimmungsgleichung

$$f(x_n) = \frac{(x_n - a)}{(b - x_n)} = q^n \Leftrightarrow x_n = g(q^n) = a + \frac{q^n}{1+q^n}(b-a)$$

sofort gewonnen wären, sondern es gibt insbesondere auch Auskunft über ihre Lage zueinander, ihre Verteilung im reellen Intervall $[a, b]$ und über einige bemerkenswerte Symmetrien untereinander – mit dem Ergebnis, dass es in diesem Sammelsurium an Mittelwerten doch eine steuernde Ordnung gibt, die sich darin äußert, dass wir drei geordnete Familien mit unendlich vielen geometrischen, unendlich vielen arithmetischen und unendlich vielen harmonischen Teilproportionenketten vorfinden. Dabei sind

- alle geometrischen zentriert um das geometrische Mittel $\mathrm{z}_{\mathrm{geom}} = \sqrt{ab}$,
- alle arithmetischen zentriert um das arithmetische Mittel $\mathrm{x}_{\mathrm{arith}} = (a + b)/2$,
- alle harmonischen zentriert um das harmonische Mittel $y_{\mathrm{harm}} = 2ab/(a + b)$.

Diese Ordnung untermauert auch unsere Notation der Folge als Contra-Medietätenfolge – denn dies ist sie demzufolge ja dann gleich in dreierlei Hinsicht. Diese Ordnung stellt außerdem eine markante Verbindung der Analysis mit historischen Medietätenproportionen und ihren musikalischen Interpretationen dar.

Theorem 4.2 (Analysis der Contra-Medietätenfolge)
Die exponentielle Proportionenfamilie der Contra-Medietäten

$$(x - a):(b - x) \cong b^n:a^n$$

definiert eine beidseitige Folge von Mittelwerten

$$\ldots x_{-3}, x_{-2}, x_{-1}, x_0, x_1, x_2, x_3, \ldots = (x_n)_{n \in \mathbb{Z}},$$

für welche wir folgende Mittelwerteformeln, Lagebeziehungen und Symmetrien angeben können:

1. **Mittelwerteformeln:** Es sei $n = 0 \pm 1, \pm 2, \ldots$ ein beliebiger positiver oder negativer Proportionenparameter, und es sei noch aus notationstechnischen Gründen $m = -n$ gesetzt. Dann sind gleichwertig:

   a) $(x_n - a)/(b - x_n) = q^n = b^n/a^n$,

   b) $x_n = a\frac{1+q^{n+1}}{1+q^n} = b\frac{1+q^{m-1}}{1+q^m}$.

   Drücken wir die **Mittelwerteformeln** in b), die ja den Frequenzfaktor q besitzen, wieder durch die Daten a und b aus, so ergeben sich noch die beiden interessanten Varianten:

   $$x_n = \frac{a^{n+1} + b^{n+1}}{a^n + b^n} \text{ und } x_n = ab\frac{a^{m-1} + b^{m-1}}{a^m + b^m}.$$

   Die erstere hiervon heißt die **„arithmetische“** und die zweite die **„harmonische“** Form. Die harmonische Form wird insbesondere dann bevorzugt, wenn $n < 0$ ist und somit zwangsläufig $n = -m$ mit einem positiven m geschrieben wird.

2. **Lagebeziehungen:** Zunächst gilt die Ordnung

$$n < m \Leftrightarrow a < x_n < x_m < b \quad \text{für jegliche ganzzahligen Indizes } n, m;$$

darüber hinaus haben wir die monotone Konvergenz

$$x_n \nearrow b \quad \text{für } n \to +\infty \text{ und } x_n \searrow a \text{ für } n \to -\infty.$$

3. **Symmetrieformeln:** Für alle Exponenten $n \in \mathbb{Z}$ gelten die Gleichungen

   a) $x_n * x_{-(n+1)} = ab = z_{\text{geom}}^2$,
   b) $x_n - x_0 = x_0 - x_{-n}$,
   c) $(x_{-1} - x_{-1-n})/(x_{-1+n} - x_{-1}) = x_{-1-n}/x_{-1+n}$.

4. **Proportionen der Mittelwerte:** Aus den Symmetrieformeln ergibt sich, dass folgende aufsteigenden, 2-stufigen, babylonischen Proportionenketten entstehen: Für alle positiven n sind die Proportionenketten

   a) $G_n = x_{-(n+1)}{:}x_{-(1/2)}{:}x_n$ geometrisch,
   b) $A_n = x_{-n}{:}x_0{:}x_n$ arithmetisch,
   c) $H_n = x_{-1-n}{:}x_{-1}{:}x_{-1+n}$ harmonisch.

   Hierbei sind die Magnituden

$$x_{-(1/2)} = z_{\text{geom}} = \sqrt{ab} \text{ das geometrische Mittel,}$$

$$x_0 = x_{\text{arith}} = \frac{1}{2}(a + b) \text{ das arithmetische Mittel,}$$

$$x_{-1} = y_{\text{harm}} = \frac{2ab}{a + b} \text{ das harmonische Mittel}$$

   zu den festen Daten a und b, und sie sind offenbar **universelle Symmetriezentren** aller entsprechenden Teilketten G_n, A_n und H_n.

Das Schema der Abb. 4.1 zeigt die babylonischen Symmetriezentren der zweiseitigen Contra-Medietätenfolgen.

Kommentar: Die harmonische Form der Mittelwerteformeln wird deshalb benutzt, damit für negative Parameter n in den Brüchen keine negativen Potenzen auftreten, ansonsten entstünden ja in diesen Fällen Doppelbrüche, ein Beispiel:

Für $n = -2$ und somit für $m = 2$ lesen wir die beiden Darstellungen für das „contra-arithmetische" Mittel ab:

$$x_{-2} = \frac{a^{-1} + b^{-1}}{a^{-2} + b^{-2}} = \frac{\frac{1}{a} + \frac{1}{b}}{\frac{1}{a^2} + \frac{1}{b^2}} \text{(arithmetische Form),}$$

$$x_{-2} = ab\frac{a^1 + b^1}{a^2 + b^2} = ab\frac{a + b}{a^2 + b^2} \text{(harmonische Form),}$$

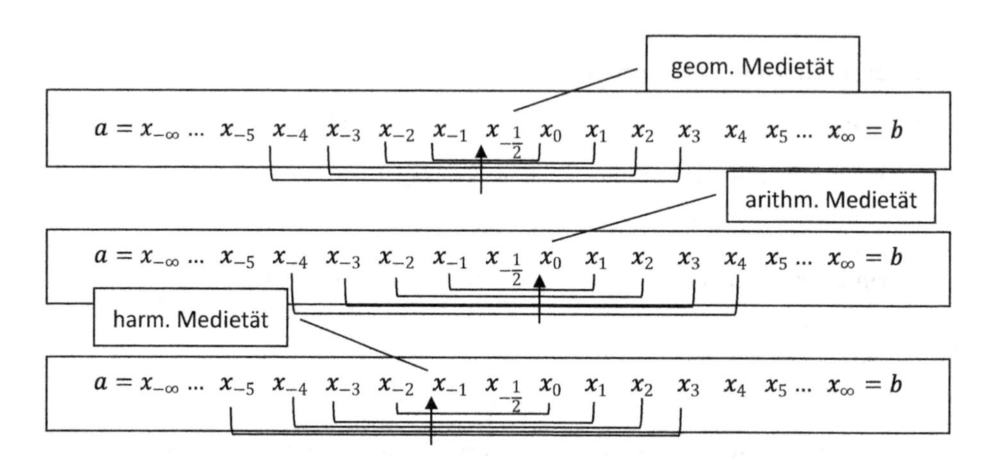

Abb. 4.1 Schema der Contra-Medietätenfolgen

und wir sehen sehr schnell, dass die arithmetische Form ein Ausdruck ist, mit dem man nicht wirklich rechnen möchte. Dagegen ist hier die alternative harmonische Form wegen ihrer positiven a- und b-Potenzen sicher angenehmer. Beide Formen sind natürlich – via Erweiterung des Doppelbruches mit $(ab)^2$ – gleichwertig.

Beweis: Die erste Aussage 1) gewinnen wir unmittelbar aus der Mittelwerteformel des Theorems 3.1. Hierbei ergibt sich die erste der beiden (Frequenzfaktor-) Formen der Mittelwerteformel, nämlich

$$x_n = a\frac{1+q^{n+1}}{1+q^n}.$$

Die „Alternativformel" gewinnt man einfach durch Substitution von $m = -n$ und Erweiterung des Bruches mit dem Faktor q^m, und dann entsteht die Gleichungssequenz

$$a\frac{1+q^{n+1}}{1+q^n} = a\frac{1+q^{1-m}}{1+q^{-m}} = a\frac{1+q^{1-m}}{1+q^{-m}} * \frac{q^m}{q^m} = a\frac{q^m+q}{q^m+1} = aq\frac{q^{m-1}+1}{q^m+1} = b\frac{q^{m-1}+1}{q^m+1}.$$

Die beiden Mittelwerteformeln in den a-, b-Daten ergeben sich durch Einsetzen von $q = b/a$ in den jeweiligen Frequenzfaktor-Formen mit anschließender Erweiterung der entstehenden Brüche mit a^n beziehungsweise mit a^m.

Aus der arithmetischen folgt die harmonische Form aber auch auf direktem Wege: Setzen wir $n = -m$, so erhalten wir unmittelbar und nach Erweiterung des Bruches mit $(ab)^m$

$$\begin{aligned} x_n &= \frac{a^{n+1}+b^{n+1}}{a^n+b^n} = \frac{a^{1-m}+b^{1-m}}{a^{-m}+b^{-m}} = \frac{a^{1-m}+b^{1-m}}{a^{-m}+b^{-m}}\frac{(ab)^m}{(ab)^m} \\ &= \frac{ab^m+ba^m}{b^m+a^m} = \frac{abb^{m-1}+aba^{m-1}}{b^m+a^m} = ab\frac{b^{m-1}+a^{m-1}}{b^m+a^m} = ab\frac{a^{m-1}+b^{m-1}}{a^m+b^m}. \end{aligned}$$

Für die Aussage 2) beobachten wir, dass für die positive Exponentialfolge q^n die bekannten Monotonie- und Grenzwert-Betrachtungen gültig sind: Weil $q > 1$ ist, ergeben sich die Muster

$$q^n < q^m \quad \text{für } n < m$$
$$q^n \nearrow \infty \quad \text{für } n \to +\infty \text{ und } q^n \searrow 0 \quad \text{für } n \to -\infty.$$

(Die Pfeile $\nearrow$ beziehungsweise $\searrow$ drücken hierbei ein streng monoton wachsendes beziehungsweise streng monoton fallendes Strebeverhalten aus.) Nun folgt die Aussage 2) direkt aus der Mittelwertemonotonie des Theorems 3.1.

Die Aussagen 3) prüfen wir durch bloßes Nachrechnen:
Zu a): Hier ist es zunächst interessant, dass die Beziehung

$$x_n * x_{-(n+1)} = ab$$

eigentlich genau aus der Funktionalgleichung der Proportionenfunktion des Theorems 3.1 folgen muss: Es sind nämlich x_n und $x_{-(n+1)}$ jeweils Lösungen der Gleichung

$$f(x_n) = q^n \text{ und} f\big(x_{-(n+1)}\big) = q^{-(n+1)} = 1/(q * q^n).$$

Die Teilungsparameter erfüllen demnach die Bedingung

$$f(x_n) * f\big(x_{-(n+1)}\big) = 1/q = a/b,$$

so dass wir nach der Funktionalgleichung aus Theorem 3.1 – aber auch mit der „Zauberformel" des Theorems 3.7 – schließen können, dass

$$x_n * x_{-(n+1)} = ab$$

sein muss. Zur Kontrolle (ob nämlich alle unsere Formeln stimmen) können wir jedoch die behauptete Beziehung auch „nachrechnen":

$$\begin{aligned} x_n * x_{-(n+1)} &= a\frac{1+q^{n+1}}{1+q^n} * a\frac{1+q^{-n}}{1+q^{-(n+1)}} = a^2\frac{1+q^{n+1}}{1+q^n} * \frac{1+q^{-n}}{1+q^{-(n+1)}} * \frac{q^n}{q^n} \\ &= a^2\frac{1+q^{n+1}}{1+q^n} * \frac{q^n+1}{q^n+q^{-1}} = a^2\frac{1+q^{n+1}}{\big(1+q^{n+1}\big)q^{-1}} = a^2 q = ab. \end{aligned}$$

Das ist die Formel a) – wobei wir bemerken, dass bei Nutzung beider Formelvarianten (arithmetischer und harmonischer) die Behauptung sogar abgelesen werden kann – ohne Rechnung. Die Formel b) sehen wir so:

$$\begin{aligned} x_0 - x_{-n} &= a\frac{1+q}{1+q^0} - a\frac{1+q^{-n+1}}{1+q^{-n}} = a\frac{1+q}{2} - a\frac{1+q^{-n+1}}{1+q^{-n}} * \frac{q^n}{q^n} \\ &= a\frac{1+q}{2} - a\frac{1+q^{-n+1}}{1+q^{-n}} * \frac{q^n}{q^n} = a\frac{1+q}{2} - a\frac{q^n+q}{q^n+1} = a\frac{1-q^n-q+q^{n+1}}{2(1+q^n)} \\ x_n - x_0 &= \frac{1+q^{n+1}}{1+q^n} - a\frac{1+q}{2} = a\frac{2+2q^{n+1}-(1+q)(1+q^n)}{2(1+q^n)} = a\frac{1+q^{n+1}-q-q^n}{2(1+q^n)} \end{aligned}$$

und beide Ausdrücke stimmen überein.

Wenn auch „elementar“ gestrickt, so bedarf die dritte Formel c) leider doch einer aufwendigeren Rechnung: Multiplikation über Kreuz liefert zunächst die zur Formel äquivalente Gleichung

$$(x_{-1} - x_{-1-n})/x_{-1-n} = (x_{-1+n} - x_{-1})/x_{-1+n},$$

die durch Kürzen und Zusammenfassen in die zu beweisende Gleichung

$$x_{-1}\left(\frac{1}{x_{-1-n}} + \frac{1}{x_{-1+n}}\right) = 2$$

übergeht. Jetzt setzen wir die Mittelwerteformeln in der Frequenzfaktorform ein und beachten, dass sich der Faktor a ohnehin herauskürzt, so dass noch übrig bleibt:

$$\frac{1+1}{1+q^{-1}}\left(\frac{1+q^{-1-n}}{1+q^{-n}} + \frac{1+q^{-1+n}}{1+q^{n}}\right) = 2 \Leftrightarrow \frac{2q}{1+q}\left(\frac{1+q^{-1-n}}{1+q^{-n}} * \frac{q^{n+1}}{q^{n}q} + \frac{1+q^{-1+n}}{1+q^{n}}\right) = 2 \Leftrightarrow$$
$$\frac{2q}{1+q}\left(\frac{1+q^{1+n}}{1+q^{n}} * \frac{1}{q} + \frac{1+q^{-1+n}}{1+q^{n}}\right) = 2 \Leftrightarrow \frac{2q}{q(1+q)(1+q^{n})}\left(1+q^{1+n}+q\left(1+q^{-1+n}\right)\right) = 2$$
$$\Leftrightarrow \frac{2}{(1+q)(1+q^{n})}\left(1+q^{1+n}+q+q^{n}\right) = \frac{2}{(1+q)(1+q^{n})}((1+q)+q^{n}(1+q)) = 2.$$

Den letzten Schritt haben wir durch zielgesteuertes Ausklammern gefunden, so dass sich der ganze Nenner wegkürzt und die Behauptung 3) bewiesen ist.

Auf die Proportionenkette der Contra-Medietäten und auf ihre eigene Harmonia perfecta kommen wir im Abschn. 4.5 zu sprechen.

4.3 Einseitige Iterationen babylonischer Medietäten

Wir beschreiben jetzt einen Prozess, welcher aus einer iterativen Konstruktion permanenter Neugewinnungen von babylonischen Mittelwerten $x_{\text{arith}}, y_{\text{harm}}, z_{\text{geom}}$ besteht und welcher „nach innen hin“ geschachtelt verläuft.

Dabei gehen wir wie so oft von zwei Ausgangsdaten $a < b$ aus, welche vorzugsweise wie stets für ein musikalisches Intervall $[a, b]$ mit dem Frequenzfaktor $q = b/a$ stehen. Wir erinnern nochmal daran, dass die babylonischen Mittelwerte zu vorgegebenen Daten a und b in der bekannten Anordnung

$$a < y_{\text{harm}}(a,b)\left(< z_{\text{geom}}(a,b)\right) < x_{\text{arith}}(a,b) < b$$

geordnet sind – und – das ist jetzt wichtig – dass auch die innere Proportionenkette

$$y_{\text{harm}}(a,b){:}z_{\text{geom}}(a,b){:}x_{\text{arith}}(a,b)$$

selber wieder geometrisch ist – ein Resultat der Harmonia perfecta maxima babylonica beziehungsweise des Iamblichos/Nicomachus-Theorems. Das bedeutet nichts anderes, als dass dann $z_{\text{geom}}(a,b)$ ebenfalls das geometrische Mittel von $a_1 := y_{\text{harm}}(a,b)$ und $b_1 := x_{\text{arith}}(a,b)$ ist. Folglich ist mit $a_0 = a, b_0 = b$ die Magnitudenfolge

$$a_0 < a_1 < z_{\text{geom}}(a,b) < b_1 < b_0$$

in dieser Weise geordnet, und $z_{\text{geom}}(a,b)$ ist das Symmetriezentrum der 3-stufigen Proportionenkette

$$a_0 : a_1 : b_1 : b_0,$$

welche deshalb – nach dem Symmetrieprinzip der Hyperbel des Archytas gemäß Theorem 3.6 – dann auch eine geometrische Proportionenkette ist. Nehmen wir – als zweiten Schritt beziehungsweise als zweite Iteration – nun diese beiden Werte a_1 und b_1 als **neue Ausgangsdaten,** zu denen wir wieder die babylonischen Medietäten „harmonisch" (a_2) und „arithmetisch" (b_2) bilden, so ergibt sich insgesamt die Medietätenanordnung

$$(a{=}:)\, a_0 < a_1 < a_2 < z_{\text{geom}}(a,b) < b_2 < b_1 < b_0\, ({:=}b),$$

denn die geometrische Medietät z_{geom} ist ja unverändert geblieben, und sie ist jetzt simultan das geometrische Mittel aller drei Datenpaare (a_0,b_0), (a_1,b_1) und (a_2,b_2). Nun wählen wir als nächste Iteration a_2, b_2 als neue Ausgangsdaten, erhalten deren harmonisches und arithmetisches Mittel a_3, b_3 und wieder ist z_{geom} das gemeinsame geometrische Mittel von a_2, b_2 und a_3, b_3, so dass nun die solcherart geschachtelte Folge

$$a_0 < a_1 < a_2 < a_3 < z_{\text{geom}} < b_3 < b_2 < b_1 < b_0$$

entstanden ist. Nun ist sofort klar, wie dieser iterative Prozess weitergeht. Nur am Rande sei bemerkt, dass aufgrund der Tatsache, dass alle Ungleichungen streng sind, auch alle diese neuen Daten paarweise verschieden voneinander sind, so dass wir auf diese Weise zwei streng monotone Medietätenfolgen

$$a = a_0 < a_1 < a_2 < a_3 < \cdots < z_{\text{geom}} \text{ (Folge der iterierten harmonischen Mittel)},$$
$$z_{\text{geom}} < \cdots < b_3 < b_2 < b_1 < b_0 = b \text{ (Folge der iterierten arithmetischen Mittel)}$$

erhalten. Von diesen Folgen können wir unmittelbar erkennen:

1. Die Folge $(a_n)_{n\in\mathbb{N}}$ der iterierten harmonischen Medietäten ist monoton wachsend und durch das geometrische Mittel z_{geom} nach oben beschränkt – somit nach dem Vollständigkeitstheorem der reellen Zahlen auch konvergent.
2. Die Folge der iterierten arithmetischen Medietäten $(b_n)_{n\in\mathbb{N}}$ ist monoton fallend und diesmal durch das geometrische Mittel z_{geom} nach unten beschränkt – somit ebenfalls konvergent.
3. Nach den Symmetrieprinzipien aus Theorem 3.6 – aber auch bereits nach dem Theorem von Iamblichos/Nicomachus – ist das geometrische Mittel z_{geom} von a und b simultan das geometrische Mittel **für alle iterierten Datenpaare** (a_n, b_n). Es gelten also für alle $n \in \mathbb{N}$ die Mittelwertegleichungen

$$a_n * b_n = \left(z_{\text{geom}}\right)^2 = ab,$$

und alle Datenpaare (a_n, b_n) liegen auf der Hyperbel des Archytas $y = ab/x$.

Deswegen besteht dann zwischen den beiden Folgen der einfache Zusammenhang

$$a_n = ab/b_n \text{ beziehungsweise } b_n = ab/a_n,$$

so dass sie im Grunde reziprok zueinander sind. Kennt man gewisse Eigenschaften der einen Folge, so kann man entsprechende Aussagen sofort für die andere schlussfolgern.

Wir entwickeln nun zunächst eine kleine Formelwelt dieser Iterationen und fassen diese Überlegungen mit einer Reihe anderer in einem Theorem zusammen:

Theorem 4.3 (Analysis der inneren babylonischen Medietätenfolge)

1. **Das rekursive System der Medietätenfolge**
Gegeben ist ein Intervall $a < b$. Die Folge der iterierten babylonischen Medietäten besteht aus den beiden Teilfolgen

$$(a_n)_{n \in \mathbb{N}} \text{ (iterierte harmonische Medietäten)},$$
$$(b_n)_{n \in \mathbb{N}} \text{ (iterierte arithmetische Medietäten)},$$

welche nach unserer voranstehenden Konstruktion folgendem rekursivem Gleichungssystem genügen: Mit der Anfangswertverankerung

$$a_0 = a, b_0 = b$$

berechnen sich die Folgen $(a_n)_{n \in \mathbb{N}}$ und $(b_n)_{n \in \mathbb{N}}$ rekursiv auf diese Weise:

A) **Gekoppeltes Rekursionssystem:** Ein erster Zusmmenhang liefert das System

$$a_{n+1} = \frac{2a_n b_n}{a_n + b_n} \text{ und } b_{n+1} = \frac{1}{2}(a_n + b_n),\ n = 0, 1, 2 \ldots,$$

wobei dann a_{n+1} das harmonische beziehungsweise b_{n+1} das arithmetische Mittel der Vordaten a_n, b_n ist. Diese Gleichungen sind ein System zweier miteinander gekoppelter Rekursionsformeln. Weil das geometrische Mittel z_{geom} von a und b auch geometrisches Mittel aller Datenpaare (a_n, b_n) ist, gilt für alle n die **Mittelwertegleichung**

$$a_n * b_n = \left(z_{\text{geom}}\right)^2 = ab.$$

Alle Datenpaare (a_n, b_n) liegen auf der Hyperbel des Archytas.
Durch diese Mittelwertegleichungen vereinfacht sich das System (A) und bekommt zunächst die Form

B) **Vereinfachtes Rekursionssystem:**

$$a_{n+1} = \frac{2ab}{a_n + b_n} \text{ und } b_{n+1} = \frac{1}{2}(a_n + b_n) \text{ mit der Verankerung } a_0 = a, b_0 = b$$

und lässt sich wegen $a_n = ab/b_n$ sogar vollständig entkoppeln zu dem neuen System

C) **Entkoppeltes Rekursionssystem:**

$$a_{n+1} = \frac{2ab}{a_n^2 + ab} a_n \text{ und } b_{n+1} = \frac{1}{2}\left(b_n + \frac{ab}{b_n}\right),$$

und das entkoppelte System (C) ist äquivalent zum gekoppelten Ausgangssystem (A).

2. **Die Konvergenz der arithmetisch-harmonischen inneren Medietätenfolge**
Die beiden Folgen (a_n, b_n) der iterierten arithmetisch-harmonischen Medietäten sind monotone, beschränkte – somit konvergente – Folgen,

$$a = a_0 < a_1 < a_2 < a_3 < \cdots < z_{\text{geom}} < \cdots < b_3 < b_2 < b_1 < b_0 = b.$$

Die iterierte harmonische Medietätenfolge (a_n) ist hierbei streng monoton wachsend und nach oben beschränkt, und die iterierte arithmetische Medietätenfolge (b_n) ist streng monoton fallend und nach unten beschränkt. Für die Grenzwerte gilt nun das erwartete Verhalten der monotonen Konvergenz zum geometrischen Mittel z_{geom},

$$a_n \nearrow z_{\text{geom}} \text{ und } b_n \searrow z_{\text{geom}} \quad \text{für } n \to \infty.$$

Musikalische Interpretation: Die iterierten Intervalle $[a_n, b_n]$ werden mit wachsendem Folgenindex n immer kleiner, so dass – in der musikalischen Bedeutung – der Frequenzfaktor $b_n/a_n \to 1$ strebt, was wiederum bedeutet, ***„dass die Tonintervalle*** $[a_n, b_n]$ ***zur Prim hin konvergieren"***.

Beweis zu 1): Das Rekursionssystem (A) entspricht zunächst genau dem vorgesehenen konstruktiven Verfahren der iterierten Medietätengewinnung. Indem wir dann das Theorem von Nicomachus rekursiv („Schritt für Schritt") anwenden, erhalten wir auch sofort die alles vereinfachende Beziehung

$$a_n * b_n = ab$$

für alle Indices n, aus welcher sich die vereinfachte Form (B) der gekoppelten Gleichungen sofort ergibt. Hier kann man nun die expliziten Formen $a_n = ab/b_n$ beziehungsweise $b_n = ab/a_n$ wechselweise einsetzen, und dann erhält man die total entkoppelten Rekursionen (C). Was die monotone Lage und die Gesamtanordnung betrifft, so folgt auch dies aus dem Theorem 3.3 über die Anordnung der babylonischen Medietäten zu gegebenen Daten zusammen mit der stets wichtigen Beobachtung, dass das geometrische Mittel für alle Datenpaare a_n, b_n stets konstant die Medietät z_{geom} ist.

Beweis zu 2): Wir stellen jetzt einmal einen sehr schönen eleganten Beweis zu der Behauptung vor, dass beide monotone Medietätenfolgen auch das geometrische Mittel als gemeinsamen Grenzwert haben – und nicht nur als Schranke.

Betrachten wir die Folge $(b_n)_{n \in \mathbb{N}}$ der iterierten arithmetischen Medietäten. Aufgrund der Monotonie und der Beschränktheit dieser Folge folgt ja, dass sie konvergiert. Das nämlich ist eine der fundamentalen Aussagen der gesamten Analysis, gleichbedeutend nämlich zur Vollständigkeit der reellen Zahlenmenge $\mathbb{R}$. Somit gilt, dass es eine Zahl b^* gibt, so dass

$$b_n \searrow b^* \quad \text{für } n \to \infty \text{ oder auch } b^* = \lim_{n \to \infty} b_n$$

gilt. Warum ist nun $b^* = z_{\text{geom}}$? Nun, das sehen wir mit folgendem Trick: Wir haben offenbar folgende Kette von Ungleichungen:

$$z_{\text{geom}} < b_{n+1} = \frac{1}{2}(a_n + b_n) < \frac{1}{2}\left(z_{\text{geom}} + b_n\right) \Leftrightarrow 2z_{\text{geom}} < 2b_{n+1} < z_{\text{geom}} + b_n.$$

Wenn nun diese Ungleichung für alle Folgenglieder gilt, so auch für den Grenzwert, wobei allenfalls der Gleichheitsfall eintreten kann. Somit haben wir die schwache Ungleichung

$$2z_{\text{geom}} \leq 2b^* \leq z_{\text{geom}} + b^*.$$

Aus der vorderen Ungleichung folgt sofort die Ungleichung

$$z_{\text{geom}} \leq b^*$$

und aus der hinteren die Umkehrung

$$b^* \leq z_{\text{geom}},$$

woraus insgesamt dann die Gleichheit

$$b^* = z_{\text{geom}}$$

folgt, wie gewünscht. Für den ebenfalls existierenden Grenzwert a^* der monoton wachsenden und durch das geometrische Mittel z_{geom} nach oben beschränkten Folge $(a_n)_{n \in \mathbb{N}}$ der iterierten harmonischen Medietäten gilt dann aufgrund des Zusammenhangs

$$a_n * b_n = ab$$

auch für deren Grenzwerte a^* und b^* diese Gleichung

$$a^* * b^* = ab.$$

Und jetzt setzen wir den Wert für b^* ein, beachten die Quadrat-Rechteck-Formel für z_{geom}, und dann folgt sofort das angestrebte Ergebnis

$$a^* = ab/b^* = \frac{{z_{\text{geom}}}^2}{z_{\text{geom}}} = z_{\text{geom}}.$$

Somit konvergieren beide Folgen zur universellen geometrischen Medietät $z_{\text{geom}}(a, b)$.

***Mühe und Trost:** Insgesamt haben wir doch schon ein respektables mathematisches Pensum vorgeführt wie auch absolviert; nicht alles verläuft halt nur auf der Ebene der „Verhältnisrechnung", dem Bruchkalkül. Wir werden jedoch in dem letzten Abschn. 4.5 dieses Kapitels die Früchte dieser Rechenmühen – aber auch ihrer analytischen Mathematik – ernten, indem wir die doppelt-unendliche Proportionenkette*

$$B_{\text{mus}} = a_0{:}a_1{:}a_2{:}\ \ldots\ {:}a_m{:}\ldots{:}\big(z_{\text{geom}}\big)\ \ldots\ {:}b_n{:}\ldots{:}b_2{:}b_1{:}b_0$$

hinsichtlich ihrer inneren Symmetrien untersuchen und dabei der Harmonia perfecta maxima auf Schritt und Tritt begegnen.

Bemerkung: das normierte logistische Rekursionssystem

Es gibt übrigens auch sehr interessante Zusammenhänge des Rekursionssystems (A) zur Logistik: Das Rekursionssystem lässt sich dazu auf eine prägnante Normalform bringen: Mit dem universellen konstanten Faktor $1/z_{\text{geom}} = 1/\sqrt{ab}$ definiert man die neuen Größen

$$y_n{:} = \frac{1}{z_{\text{geom}}} a_n \text{ und } x_n{:} = \frac{1}{z_{\text{geom}}} b_n.$$

Diese „Normierung" entspricht der Standardsituation, dass $a * b = 1$ ist. Denn dann ist das gekoppelte System (A) für a_n und b_n (wobei stets $n = 0, 1, 2, \ldots$ gilt) äquivalent zum neuen System

D) **normiertes Rekursionssystem**

$$y_{n+1} = \frac{2y_n x_n}{y_n + \frac{1}{y_n}} \text{ und } x_{n+1} = \frac{1}{2}\left(x_n + \frac{1}{x_n}\right),$$

und das vereinfachte Rekursionssystem (B) für a_n und b_n ist äquivalent zum System

E) **logistisches Rekursionssystem**

$$y_{n+1} = \frac{2}{y_n + \frac{1}{y_n}} \text{ und } x_{n+1} = \frac{1}{2}\left(x_n + \frac{1}{x_n}\right)$$

mit der Verankerung $y_0 = \sqrt{a/b}$ und $x_0 = \sqrt{b/a}$, also $x_0 * y_0 = 1$, und dann ist dieses logistische System wiederum äquivalent zum System

F) **normiertes logistisches Rekursionssystem**

$$x_{n+1} = \frac{1}{2}\left(x_n + \frac{1}{x_n}\right) \text{ mit } x_0 = \sqrt{b/a} \text{ und } y_n * x_n = 1 \quad \text{für alle } n \geq 0.$$

Weiter gilt nun insgesamt, dass dieses normierte logistische System (F) zum gekoppelten Ausgangssystem (A) äquivalent ist, und das zeigen wir in einem kurzen Ausflug in die Welt des Rechnens: Zunächst ist die Äquivalenz der beiden Formelsysteme

$$\left(a_{n+1} = \frac{2a_n b_n}{a_n + b_n},\ b_{n+1} = \frac{1}{2}(a_n + b_n)\right)$$
$$\left(y_{n+1} = \frac{2y_n x_n}{y_n + (1/y_n)},\ x_{n+1} = \frac{1}{2}\left(x_n + \frac{1}{x_n}\right)\right)$$

klar. Weniger klar aber ist nun die Äquivalenz der Normalform (F) mit den vorstehenden Systemformeln (A), da ja die Rekursionsformel für die Folge y_n entfällt zugunsten der Bedingung, dass $y_n * x_n = 1$ mit der Startbedingung $x_0 = \sqrt{b/a}$ ist. Genauer ist also zu belegen, dass die Systeme

a) $$\left(y_{n+1} = \frac{2}{y_n + (1/y_n)},\ x_{n+1} = \frac{1}{2}\left(x_n + \frac{1}{x_n}\right) \text{ mit } y_0 = \sqrt{a/b} \text{ und } x_0 = \sqrt{b/a}\right)$$

b) $$\left(y_n * x_n = 1,\ x_{n+1} = \frac{1}{2}\left(x_n + \frac{1}{x_n}\right) \text{ mit } x_0 = \sqrt{b/a}\right)$$

äquivalent sind. Das jedoch bedeutet, dass dann, wenn $x_{n+1} = \frac{1}{2}\left(x_n + \frac{1}{x_n}\right)$ mit $x_0 = \sqrt{b/a}$ erfüllt wäre, auch die Äquivalenz

$$\left(y_{n+1} = \frac{2}{y_n + (1/y_n)} \text{ mit } y_0 = \sqrt{a/b}\right) \Leftrightarrow (y_n * x_n = 1)$$

bestünde. Dieser Nachweis wird nun mit vollständiger Induktion geführt:

„$\Rightarrow$“: Offenbar ist nach Voraussetzung $y_0 * x_0 = 1$. Wir nehmen nun an, dass für einen natürlichen Parameter n die Gleichung $y_n * x_n = 1$ richtig ist und zeigen dann, dass dies dann auch für den Folgeparameter $n+1$ gilt – das ist nämlich das Wesentliche des „Induktionsprinzips“. Es ist dann nach dieser Induktionsannahme $y_n = 1/x_n$ und somit auch wegen $x_n = 1/y_n$ rasch zu sehen, dass auch

$$y_{n+1} * x_{n+1} = \frac{2}{y_n + \left(\frac{1}{y_n}\right)} * \frac{1}{2}\left(x_n + \frac{1}{x_n}\right) = \frac{x_n + y_n}{x_n + y_n} = 1$$

gilt. Da nun die Bedingung $y_0 * x_0 = 1$ gilt, gilt sie nach diesem rekursiven Argument zunächst für $n = 1$, dann für $n = 2$ usw., also stets.

„$\Leftarrow$“: Weil jetzt $y_n * x_n = 1$ für alle Parameter $n \geq 0$ ist, gilt $y_{n+1} = 1/x_{n+1}$ sowie simultan $x_n = 1/y_n$. Dann folgt durch Einsetzen der Rekursionsformel für die Folge x_n sofort die Gleichung

$$y_{n+1} = \frac{1}{\frac{1}{2}\left(x_n + \frac{1}{x_n}\right)} = \frac{2}{x_n + \frac{1}{x_n}} = \frac{2}{\frac{1}{y_n} + y_n},$$

wie gewünscht. Daher können wir letztlich in der vereinfachten Form des Systems für a_n und b_n den Zähler 2 durch $2a_nb_n$ ersetzen und erreichen dadurch die völlige Gleichwertigkeit.

Schließlich bemerken wir noch zur System-Äquivalenz, dass wir unter Umgehung der vereinfachenden Normierung beider Folgen vermöge der einheitlichen Multiplikation mit dem reziproken geometrischen Mittel ebenfalls festhalten können:

Das gekoppelte Rekursionssystem

$$a_{n+1} = \frac{2a_n b_n}{a_n + b_n} \text{ und } b_{n+1} = \frac{1}{2}(a_n + b_n) \text{ mit der Verankerung } a_0 = a, b_0 = b$$

und das vermöge der universell gültigen Mittelwertegleichung gewonnene (ebenfalls logistisch genannte) vereinfachte System

$$b_{n+1} = \frac{1}{2}\left(b_n + \frac{ab}{b_n}\right) \text{ mit } b_0 = b \text{ und } a_n * b_n = ab \quad \text{für alle } n \geq 0$$

sind gleichwertig: Sie lassen sich ineinander überführen und definieren folglich die gleichen Iteriertenfolgen (a_n) und (b_n).

Anwendungen des logistischen Rekursionssystems Das auf normierte Form gebrachte System der iterierten Medietäten

$$\left(x_n * y_n = 1, y_{n+1} = \frac{1}{2}\left(y_n + \frac{1}{y_n}\right) \text{ mit } y_0 = \sqrt{b/a}\right)$$

gibt Anlass, auch einen anderen Zusammenhang ins Spiel zu bringen. Die verbleibende Rekursionsformel für die Folge y_n der iterierten arithmetischen Medietäten besteht nämlich in der fortwährenden diskreten Iteration der sogenannten „logistischen Funktion“

$$\varphi(y) = \frac{1}{2}\left(y + \frac{1}{y}\right),$$

welche sinnvollerweise für positive Variable $y > 0$ erklärt ist. Sie spielt auch in der **mathematischen Wirtschaftstheorie** eine bedeutende Rolle – dort nennt man sie den Prototyp einer **„Lagerkostenfunktion“**. Die Iteration

$$y_{n+1} = \frac{1}{2}\left(y_n + \frac{1}{y_n}\right)$$

ist nun genau die Folge der fortgesetzten Anwendungen dieser Funktion auf die Vorwerte:

$$y_0 = \sqrt{b/a}, y_1 = \varphi(y_0), y_2 = \varphi(y_1) = \varphi(\varphi(y_0)) = \varphi^{(2)}(y_0), \ldots,$$
$$y_{n+1} = \varphi(y_n) = \varphi\varphi^{(n)}(y_0) = \varphi^{(n+1)}(y_0).$$

Diese Iterationen wurden in der diskreten Dynamik hinreichend studiert; sie führen in das Gebiet der **Chaostheorie,** ein neues Gebiet im Sektor der **dynamischen Systeme.**

Im vorliegenden Fall ist der Startwert $y_0 = \sqrt{b/a} > 1$; deshalb ist die monoton fallende Konvergenz der Iterationsfolge gegeben, und sie konvergiert gegen den **Fixpunkt** $y = 1$

der logistischen Funktion – denn es ist offenbar $\varphi(1) = 1$ und deshalb auch $\varphi^{(n)}(1) = 1$, im Einklang mit den im Theorem 4.3 gezeigten Grenzwerteigenschaften.

1. **Anwendung bei der Approximation des geometrischen Mittels**

Wir haben gesehen, dass die beiden Folgen $(a_n)_{n\in\mathbb{N}}$ und $(b_n)_{n\in\mathbb{N}}$ der iterierten babylonischen Mittelwerte sich von unten und von oben dem geometrischen Mittel $z_{\text{geom}} = \sqrt{ab}$ nähern, sie schließen es also approximativ ein, wie das auch die Ungleichungskette

$$a = a_0 < a_1 < a_2 < a_3 < \cdots < z_{\text{geom}} < \cdots < b_3 < b_2 < b_1 < b_0 = b$$

noch einmal verdeutlicht. Diese Einschließung führt in der Regel sehr rasch zu einer Näherung des geometrischen Mittels, welches ja „in der Regel" eine irrationale Wurzel darstellt.

Wir wollen dies am **Beispiel der Oktave** im pythagoräischen Kanon

$$6(= a = a_0) - 8(= a_1) - 9(= b_1) - 12(= b_0 = b)$$

demonstrieren: Hierbei ist der TR-Wert von $\sqrt{ab} = \sqrt{72} = 6\sqrt{2} \cong 8{,}485281374$.

Zunächst haben wir also schon die erste Näherung

$$a_1 = 8 < z_{\text{geom}} < 9 = b_1.$$

Nun gilt für die nächsten Iterierten

$$a_2 = \frac{2*72}{8+9} = \frac{144}{17} \cong 8{,}470588235 \text{ und } b_2 = \frac{1}{2}(8+9) = \frac{17}{2} = 8{,}5,$$

so dass die Ungleichung $a_2 < z_{\text{geom}} < b_2$ nur noch den Fehler von höchstens $\pm 3/100$ aufweist. Im nächsten Schritt wäre bereits

$$a_3 = \frac{144}{\frac{144}{17} + \frac{17}{2}} = \frac{144*34}{288+289} \cong 8{,}485268631 \text{ und } b_3 = \frac{1}{2}\left(\frac{144}{17} + \frac{17}{2}\right) \cong 8{,}485294118,$$

so dass wir hier schon eine Genauigkeit bis zur 4. – ja beinahe sogar bis zur 5. -Nachkommastelle haben, wie die Anordnung

$$a_3 \cong 8{,}485268631 < z_{geom}(\cong 8{,}485281374) < 8{,}485294118 \cong b_3$$

zeigt. Dieses unterstreicht eindrucksvoll die geschachtelte schnelle Konvergenz der beiden Medietätenfolgen. (Die Genauigkeit der Daten von a_3 und b_3 ist hierbei bis zur 8. Nachkommastelle gegeben!) Ein weiterer Schritt ergäbe sogar die vermeintliche Gleichheit

$$a_4 = b_4 \cong 8{,}485281374\,(=)\,z_{\text{geom}},$$

wobei natürlich die echte Ungleichung $a_4 < z_{\text{geom}} < b_4$ dennoch gilt; sie verbirgt sich nur schon hinter der 9. Nachkommastelle, also noch unterhalb des Milliardstelbereichs.

2. **Anwendung bei der Wurzelberechnung**

Mithilfe der babylonischen Medietäteniteration können also **Wurzeln** sehr schnell „iterativ“ berechnet werden; wir zeigen dies noch an einem zweiten Beispiel für $\sqrt{5}$ (der TR-Wert für diese Wurzel ist $\sqrt{5} = 2{,}236067978$), und wir starten mit dieser geschickten Produktstruktur:

$$\sqrt{5} = \sqrt{1 * 5}.$$

Wir wählen $a = a_0 = 1$ und $b = b_0 = 5$ als Startdaten. Dann sind

$$a_1 = 10/6 = 1.\bar{6} \text{ und } b_1 = 3$$

$$a_2 = \frac{10}{\frac{10}{6} + 3} = \frac{60}{28} \approx 2{,}142857143 \text{ und } b_2 = \frac{1}{2}\left(3 + \frac{10}{6}\right) = \frac{28}{12} = 2{,}\bar{3}$$

$$a_3 = \frac{10}{\frac{60}{28} + \frac{28}{12}} = \frac{3360}{1504} \approx 2{,}234042553 \text{ und } b_3 = \frac{1}{2}\left(\frac{60}{28} + \frac{28}{12}\right) = 2{,}\overline{238095}.$$

Hier ist die Konvergenz aufgrund der Spreizung von $a = 1$ und $b = 5$ zwar „langsamer“ als im Beispiel der Oktave bei $a = 6$ und $b = 12$ – also der Bestimmung von $\sqrt{72}$ –, aber immer noch gut erkennbar: Schließlich differieren die Werte bereits im 3. Schritt nur um rund 1/1000.

Fazit: Diese Bemerkungen sollten insgesamt auch zeigen, wo überall die „musikalische“ Medietätenfolge gute Dienste leisten kann – also auch außerhalb der Musik.

4.4 Zweiseitige Iterationen babylonischer Medietäten

Bei dem – als **„innere“** Iteration anzusehenden – konstruktiv-iterativen Prozess ineinander verschachtelter babylonischer Proportionenketten haben wir uns erfolgreich durch einen beachtlichen Formelapparat gekämpft, mit dem Ziel, an späterer Stelle zu den ordnenden Symmetrieaussagen zu kommen, die uns dann unter dem Bonmot „Harmonia perfecta infinita“ eine wohltuende Übersicht wie auch ein Verstehen über die unendliche Vielfalt an Tönen, Intervallen und Beziehungen (hoffentlich) geben werden.

Nun wenden wir uns einer **„äußeren“** Iteration zu; sie ist gewissermaßen der rückwärtige Prozess der im vorigen Abschnitt diskutierten fortgesetzten Generierung neuer babylonischer Medietäten aus den zuvor gewonnenen Daten. Eine Grundaufgabe, die sich stellt und die einen guten Eindruck einer „rückwärtigen“ Iteration vermittelt, wäre etwa diese:

Aufgabe: Gegeben sind zwei Daten – sagen wir $a_0 < b_0$. Finde dann Magnituden – die wir dann vorausschauend mit a_{-1} und b_{-1} notieren –, so dass die gegebenen Daten a_0 und

b_0 harmonisches beziehungsweise arithmetisches Mittel von a_{-1} und b_{-1} sind. Folglich haben wir auf jeden Fall schon mal die Anordnung

$$a_{-1} < a_0 < b_0 < b_{-1}.$$

Die aufstiegende Proportionenkette

$$A_{\text{mus}} = a_{-1}{:}a_0{:}b_0{:}b_{-1}$$

wäre dann eine typische babylonische musikalische Proportionenkette, wie wir sie in der Harmonia perfecta maxima babylonica studiert haben.

Ganz gewiss ist dies keine allzu schwere Aufgabe, und sie sei an dieser Stelle dem forschenden Geist unserer Leser einmal anvertraut. Man ahnt aber – eingedenk der Mühen bei der als einfacher erscheinenden umgekehrten Aufgabe des letzten Abschnitts –, dass ein sich fortsetzender iterativer Prozess dieser

Folgeaufgabe: *Suche zu diesen neuen Daten a_{-1} und b_{-1} noch neuere (a_{-2} und b_{-2}), so dass a_{-1} und b_{-1} harmonisches und arithmetisches Mittel dieser neueren sind*

uns gemeinsam in eine höchstwahrscheinlich mutlos machende Formelwelt entführen würde; die Lust, mögliche Ergebnisse zu gewinnen, schwindet zusehends – zumal man ja gar nicht sicher sein kann, ob es überhaupt „Ergebnisse" gibt. Oder doch?

Wir gehen also auf die Prozesse der **zweiseitigen** Iterationen babylonischer Medietäten ein und stellen eine mathematische Beschreibung – quasi „aus der höheren Warte" – vor. Sicher müssen wir uns zwangsläufig ein wenig mehr des mathematischen Alphabets (das ist die generalisierende Mengensprache und ihre Grundlagenmathematik) bedienen, als wir es bis dato vermeiden konnten. *„Weniger versierte Leser bitten wir um Nachsicht – aber es hat noch nie geschadet, mal über den Zaun zu blicken".*

Dabei wollen wir eine Lanze brechen für den Nutzen genau derjenigen Mathematik, die mancher Zeitgeist als abstrakt, theoretisch oder als „staubtrocken" abtut. Und wir werden die gestellte Aufgabe beidseitiger Iterationen simultan und ohne rechentechnische Klimmzüge lösen, frei nach dem Motto:

> *„… dass die Mathematik nicht nur zum Rechnen da ist – sondern vielmehr dem Verstehen, dem Ordnen und Strukturieren und Begründen ihre Schatztruhen öffnet – wie sie auch einer generalisierenden Sicht dienen möchte."*

Die Iteration der babylonischen Medietätenfolge

Wie gesehen besteht die Iteration aus der fortgesetzten Generierung eines harmonischen und eines arithmetischen Mittels zu den Vordaten – oder darin, diejenigen Daten zu finden, zu denen die gegebenen Daten die harmonischen beziehungsweise die arithmetischen Medietäten sind. In den jetzt folgenden Beschreibungen verwenden wir – im Hinblick auf eine günstige Anpassung an unsere bisherige Notationssymbolik – die Grundmengen:

$$\mathbb{R}_+^2 = \mathbb{R}_+ \times \mathbb{R}_+ = \{(x,\, y) \mid x \geq 0 \text{ und } y \geq 0\}$$

– das ist der 1. Quadrant der Zahlenebene der positiven Koordinaten (einschließlich der Halbachsen), und es ist der Variablenraum, in welchem wir arbeiten. Hierin betrachten wir die beiden komplementären oberen und unteren Sektoren,

$$S_o = \{(x, y) \in \mathbb{R}_+^2 \mid x < y\} \text{ und } S_u = \left\{(x, y) \in \mathbb{R}_+^2 \mid x > y\right\},$$

die durch die Winkelhalbierende (die Diagonale $x = y$)

$$D = \{(x, x) \mid x \geq 0\}$$

getrennt sind. Die Skizze (Abb. 4.2) verdeutlicht uns die Lagebeziehungen.

Die folgende Funktion ist an unsere Iteration angepasst; sie weist einem Datenpaar $(a, b) \in \mathbb{R}_+^2$ seine beiden Medietäten „harmonisches Mittel" und „arithmetisches Mittel" – früher mit y_{harm} und x_{arith} bezeichnet – zu. Das geschieht bei geringfügiger Modifikation dieser Notationssymbole in der

Definition 4.2 (Der Operator der harmonisch-arithmetischen Medietäten)
Die Abbildung $\varphi{:}\mathbb{R}_+^2 \to \mathbb{R}_+^2$, welche durch die Vorschrift

$$\varphi(a, b) = (u(a, b), v(a, b)) = (u_{\text{harm}}(a, b), v_{\text{arith}}(a, b)) = \left(\frac{2ab}{a+b}, \frac{a+b}{2}\right)$$

definiert ist, ordnet jedem Paar (a, b) positiver Daten seine beiden Medietäten „harmonisches Mittel" und „arithmetisches Mittel"

$$u_{\text{harm}}(a, b) \text{ und } v_{\text{arith}}(a, b)$$

zu. Wir nennen diese Abbildung kurzerhand den **„babylonischen Operator"**.

▶ Wir haben die Absicht, diesen Operator zu „iterieren", das bedeutet, dass wir ihn zunächst auf zwei gegebene Daten (a, b) loslassen, dann das Ergebnispaar der neuen Daten wieder als neue Ausgangsdaten ansehen und darauf den Operator erneut anwenden und so fort. Genau dies entspricht dem Prozess, den wir als „einseitige (innere) Iteration babylonischer Medietäten" in Abschn. 4.3 durchgeführt haben.

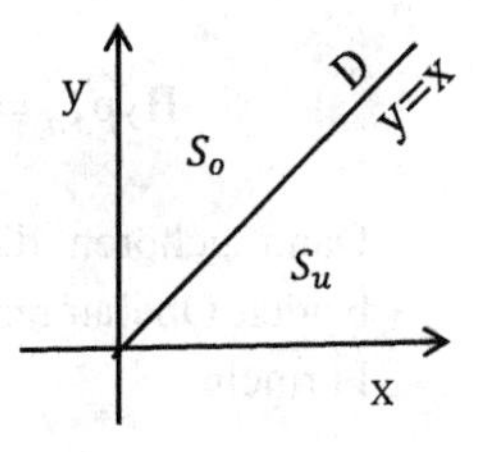

Abb. 4.2 Die sektorielle Zerlegung des 1. Quadranten der Zahlenebene

Im nun folgenden Theorem – dem vielleicht „mathematischsten" Satz unserer Lektüre – listen wir alle für unser Vorhaben signifikanten Merkmale des babylonischen Operators auf. Dabei ordnen wir dieses Paket an Aussagen so, dass wir am Ende die Iterationsmenge gewonnen haben werden.

Theorem 4.4 (Analysis und Funktionalanalysis des babylonischen Operators)
Der babylonische Operator φ hat diese Eigenschaften:

1. **Regularität:** Als Paar zweier Funktionen zweier Variabler ist φ im ganzen Definitionsgebiet stetig, überall beliebig oft differenzierbar und analytisch.
2. **Symmetrie:** In $\mathbb{R}^2_+$ gilt die Symmetrie $\varphi(a,b) = \varphi(b,a)$.
3. **Urbild-Bild-Bereich:**

$$\varphi(S_o) \subseteq S_o, \varphi(D) \subseteq D \text{ und } \varphi(S_u) \subseteq S_o\text{– also } \varphi\left(\mathbb{R}^2_+\right) \subseteq S_o \cup D.$$

   Bei Anwendung des Operators φ auf irgendwelche Daten $a \neq b$ sind deren Bilder $(u,v) = \varphi(a,b)$ dennoch geordnet; stets gilt die Lagebeziehung $u < v$.
4. **Fixpunktmenge:** $\varphi(a,b) = (a,b) \Leftrightarrow a = b$,
   und diese Aussage bedeutet, dass genau die ganze Diagonale D Fixpunktmenge ist: $\varphi_{|D} = \mathrm{Id}$ – das heißt $\varphi(a,a) = (a,a)$ für alle $a > 0$.
5. **Invertierbarkeit:** Der Operator φ ist als Abbildung $\varphi{:}S_o \to S_o$ bijektiv, und er hat somit einen inversen Operator

$$\psi = \varphi^{-1}{:}S_o \to S_o.$$

   Dieser Operator kann in einer konkreten Formel angegeben werden, und wir haben die Inversenrelation:

$$\varphi(a,b) = \left(\frac{2ab}{a+b}, \frac{a+b}{2}\right) = (u,v)$$
$$\Leftrightarrow \psi(u,v) = \left(v - \sqrt{v^2 - uv}, v + \sqrt{v^2 - uv}\right) = (a,b).$$

   Dieser **zu φ inverse Operator** ψ berechnet also zu zwei gegebenen Daten $u < v$ genau die beiden Daten $a < b$, zu welchen u das harmonische und v das arithmetische Mittel ist! Daher haben wir auch die Anordnung $a < u < v < b$
6. **Hyperbelinvarianz:** Sei $(a,b) \in S_o$ gegeben, so sei $\mathrm{Hyp}_{a,b}$ die Hyperbel des Archytas innerhalb des oberen Sektors S_o durch den Punkt (a,b), also

$$\mathrm{Hyp}_{a,b} = \left\{(x,y)|y = h(x) = \frac{ab}{x}, 0 < x < z_{\mathrm{geom}} = \sqrt{ab}\right\}.$$

   Dann gehören die Bildpunkte von Punkten dieses Hyperbelteils unter den beiden Operatoren φ und ψ wieder zu diesem Hyperbelteil und umgekehrt, in Formeln:

$$(x, y) \in \mathrm{Hyp}_{a,b} \Leftrightarrow \varphi(x, y) \in \mathrm{Hyp}_{a,b}$$
$$\text{und } (u, v) \in \mathrm{Hyp}_{a,b} \Leftrightarrow \psi(u, v) \in \mathrm{Hyp}_{a,b},$$
$$\text{kurz: } \varphi\left(\mathrm{Hyp}_{a,b}\right) = \mathrm{Hyp}_{a,b} \text{ und } \psi\left(\mathrm{Hyp}_{a,b}\right) = \mathrm{Hyp}_{a,b}.$$

In Klartext: Sind x und y zwei Magnituden, deren Produkt $a * b$ ist, die also das gleiche geometrische Mittel wie a und b haben, so gilt dies auch für die Magnituden $(u, v) = \varphi(x, y)$, welche ja ihrerseits wieder per definitionem harmonisches und arithmetisches Mittel von x und y sind. Und alles das gilt auch umgekehrt.

7. **Die Iteration:** Sei $(a, b) \in S_o$ gegeben, dann definieren wir für (zunächst) positive Iterationsparameter $n = 0, 1, 2, \ldots$ und mit dem Iterationsstart $(a_0, b_0) = (a, b)$ die Folge sukzessiver babylonischer Medietäten

$$(a_0, b_0) \to (a_1, b_1) = \varphi(a_0, b_0) \to (a_2, b_2) = \varphi(a_1, b_1) = \varphi^{(2)}(a_0, b_0) \to \ldots,$$

das ist die allgemeine Rekursion

$$(a_{n+1}, b_{n+1}) = \varphi(a_n, b_n),$$

welche direkt als die Folge

$$(a_n, b_n) = \varphi^{(n)}(a_0, b_0), n = 0, 1, 2, 3, \ldots$$

geschrieben werden kann; hierbei setzt man $\varphi^{(0)} = Id$ (die identische Abbildung). Für diese Iterationsfolge können wir nun sagen:

a) Alle Daten (a_n, b_n) liegen in S_o auf der Hyperbel des Archytas $\mathrm{Hyp}_{a,b}$.

b) Die Datenfolge (a_n, b_n) wandert auf der Hyperbel $\mathrm{Hyp}_{a,b}$ monoton von (a_0, b_0) in Richtung $\left(z_{\text{geom}}, z_{\text{geom}}\right) \in D$, welcher Punkt auch ihr Grenzwert ist:

$$\lim_{n \to \infty}(a_n, b_n) = \left(z_{\text{geom}}(a, b), z_{\text{geom}}(a, b)\right).$$

8. **Rückwärtige Iteration:** Setzen wir im Falle negativer Iterationsparameter $n = -m$ mit positivem m, so kann eine Iteration auch „rückwärts erfolgen", indem man

$$\varphi^{(n)} = \varphi^{(-m)} = \left(\varphi^{-1}\right)^{(m)} = \psi^{(m)}$$

setzt. Deshalb entspricht der rückwärtigen Iterationsfolge $\varphi^{(-m)}$, $(m = 0, 1, 2, \ldots)$ die Vorwärtsiteration von ψ. Für die Folge der Iterationspunkte

$$(a_{-m}, b_{-m}) = \psi^{(m)}(a_0, b_0), (m = 0, 1, 2, 3, \ldots)$$

gelten nun ebenfalls zwei charakteristische Aussagen:

a) Alle Daten (a_{-m}, b_{-m}) liegen in S_o auf der Hyperbel des Archytas $\text{Hyp}_{a,b}$.
b) Die Datenfolge (a_{-m}, b_{-m}) wandert auf der Hyperbel $\text{Hyp}_{a,b}$ monoton von (a_0, b_0) in nordwärtige Richtung zur Polstelle (dem „Nordpol" $(0, \infty)$), somit also entgegengesetzt zu den Iterationspunkten der Vorwärtsiteration des Operators φ. Für den Grenzwertprozess gilt nun:

$$\lim_{m \to \infty} (a_{-m}, b_{-m}) = (0, \infty).$$

9. **Zweiseitige Iterationsfolge:** Die zweiseitige Folge

$$(a_n, b_n) = \varphi^{(n)}(a, b)(n = 0, \pm 1, \pm 2 \ldots)$$

liegt auf der Hyperbel des Archytas zu den Startwerten (a, b). Der Verlauf der Magnituden der Folgen (a_n) und (b_n) geschieht wie folgt:
a) Die Folge $(a_n)_{n \in \mathbb{Z}}$ wächst monoton mit linksseitigem Grenzwert 0 und rechtsseitigem Grenzwert $z_{\text{geom}}(a, b)$.
b) Die Folge $(b_n)_{n \in \mathbb{Z}}$ fällt monoton mit linksseitigem Grenzwert ∞ und rechtseitigem Grenzwert $z_{\text{geom}}(a, b)$.
Fazit: Es ist folgende Magnitudenfolge entstanden, die – mit positiven Indizes (n) versehen – folgendermaßen angeordnet ist:

$$0 < \cdots a_{-n} < \cdots < a_0 < \cdots < a_n < \ldots z_{\text{geom}} \ldots < b_n < \cdots < b_0 < \cdots < b_{-n} \ldots < \infty$$

Die Gesamtfolge strebt innen von rechts und links gegen z_{geom} und nach außen gegen 0 beziehungsweise wächst unbeschränkt. Alle gleich indizierten Magnitudenpaare (a_n, b_n) haben das zentrale geometrische Mittel z_{geom} als geometrisches Zentrum.

Der Beweis besteht eigentlich „nur" in einer resümierenden Beobachtung früherer Ergebnisse. Den Punkt 1) übergehen wir, da er zum analytischen Allgemeingut gehört. Auch dass man die Variablen a und b vertauschen kann, ist sonnenklar, weil an den Formeln sofort ablesbar. Zur Aussage 3) verhilft die Ungleichung der Medietäten: Das harmonische Mittel ist – bei verschiedenen Daten a und b – stets kleiner als das arithmetische –, also gehören alle Wertemengen sowohl für Daten aus S_o als auch für Daten aus S_u zu S_o. Auf der Diagonalen D sind a und b gleich und identisch mit allen ihren Mittelwerten – was gleichzeitig mit der Aussage 4) korreliert.

Die Invertierbarkeit 5) ist offenbar nur im oberen Sektor (inklusive der Diagonalen) möglich; dort aber besteht der Nachweis einfach darin, dass wir sehen, dass wir die Gleichung

(A) $2ab/(a + b) = u$ und $(a + b)/2 = v$

zu gegebenen Daten u, v des oberen Sektors S_o eindeutig durch Daten a und b – ebenfalls aus dem oberen Sektor S_o – lösen können. Dies geschieht durch geschicktes Hantieren. Weil dann nämlich mittels einfachem Umkehren der zweiten Gleichung auch $2/(a+b) = 1/v$ ist, ist das System (A) äquivalent zum System

(B) $uv = ab$ und $a + b = 2v$,

aus welchem man übrigens auch erkennt, dass die Lösungen (a, b) auf der gleichen Hyperbel wie (u, v) liegen, denn ihr Produkt ist gleich dem Produkt von u und v. Nun setzen wir in (B) aus der zweiten Gleichung den Term $a = 2v - b$ in die erste Gleichung ein und erhalten eine quadratische Gleichung für b, so dass das System (B) äquivalent zum System

(C) $b^2 - 2vb = -uv$ und $a = 2v - b$

ist. Die beiden Lösungen lauten

$$b = v \pm \sqrt{v^2 - uv},$$

und demnach finden wir sofort die Werte

$$a = v \mp \sqrt{v^2 - uv}.$$

Diese beiden Lösungspaare sind die an der Diagonalen D gespiegelten Lösungen aus S_u und S_o, und die eindeutige Lösung aus dem oberen Sektor S_o, für den ja $a < b$ sein muss, ist schließlich das Datenpaar

$$a = v - \sqrt{v^2 - uv}, \quad b = v + \sqrt{v^2 - uv}.$$

Nun kommen wir zur Aussage 6), die wir soeben im Grunde für die Umkehrfunktion ψ gezeigt haben, indem wir nämlich die Gleichheit der Produkte uv und ab feststellten. Hierzu dient ein *einfaches mengenmathematisches Prinzip:*

> ***Prinzip:*** *„Ist die Hyperbel unter dem Operator ψ invariant, so auch unter dessen Umkehrfunktion φ“.*

Im Übrigen wäre hierzu auch der Satz von Iamblichos/Nicomachus zitierbar, nach dem harmonisches und arithmetisches Mittel die gleiche geometrische Medietät besitzen – einer der markanten Fakten der Harmonia perfecta maxima.

Nun sind beide Aussagen a) von 7) und 8) eine unmittelbare Konsequenz aus den Informationen 6), die wir bei jedem Iterationsschritt zur Anwendung bringen, und die Monotonie ergibt sich stets aus der grundsätzlichen Anordnung der beiden Medietäten zu ihren Magnituden $x < y$,

$$x < \text{harmonisches Mittel von}(x, y) < \text{arithmetisches Mittel von } (x, y) < y.$$

Wie sieht es mit den Grenzwerten aus? Es fehlt uns offenbar eine konkrete – also vom Folgenparameter n abhängende – Formel der beiden Magnitudenfolgen. Sie wäre wohl sehr kompliziert, und der Erfolg wäre zweifelhaft.

In Einklang mit der klugen Erkenntnis, wonach ***die Stärke der Mathematik aber ihre Theorie*** ist, von der schon seit Aristoteles bekannt ist, jene sei ***die höchste Form der Praxis***, wollen wir genau dies beherzigen und ein kleines Kabinettstückchen kniffliger Analysis vorführen, das uns trickreich und ohne Rechnung zu den gewünschten Ergebnissen führt:

Zunächst einmal reicht es zu zeigen, dass die linksseitige (monoton fallende) Folge der Magnituden a_{-n} gegen 0 konvergiert und dass die rechtsseitige (monoton fallende) Folge der Magnituden b_n gegen die geometrische Medietät z_{geom} konvergiert – weil ja über die Produktgleichung

$$a_n b_n = ab = z_{\text{geom}}{}^2$$

alle Aussagen für die eine auf die andere Folge entsprechend übertragen werden können.

Da beide positive Folgen monoton fallend sind, haben sie nach dem berühmten **Vollständigkeitsprinzip von Bolzano-Weierstraß** jeweils einen Grenzwert – sagen wir

$$a_{-n} \to \alpha \geq 0 \text{ und } b_n \to \beta \geq z_{\text{geom}} \quad \text{für } n \to \infty.$$

Nehmen wir doch einmal $\alpha > 0$ an – also das Gegenteil dessen, was wir als richtig zeigen wollen, nämlich dass $\alpha = 0$ ist. Dann konvergiert aber auch b_{-n} gegen ab/α. Nun haben wir die Iteration

$$P_n := (a_{-n}, b_{-n}) = \psi(a_{-n+1}, b_{-n+1}) =: \psi(P_{n-1}).$$

Nach Annahme konvergiert die Punktfolge P_n auf der Hyperbel gegen den endlichen Grenzpunkt $P_\infty = (\alpha, ab/\alpha)$ – und jetzt kommt das **trickreiche entscheidende Argument:**

Stetige Funktionen übertragen konvergente Folgen in konvergente Folgen: Die Bildfolge einer konvergenten Folge ist konvergent, sofern der Operator stetig ist!

Daher beobachten wir die Konvergenz

$$P_\infty \leftarrow P_n := (a_{-n}, b_{-n}) = \psi(a_{-n+1}, b_{-n+1}) =: \psi(P_{n-1}) \to \psi(P_\infty).$$

Mithin ist P_∞ ein Fixpunkt von ψ. Wie wir aber wissen, liegen alle Fixpunkte von φ und deshalb auch diejenigen der Inversen ψ auf der Diagonalen D. Dann müsste aber

$$\alpha = ab/\alpha = z_{\text{geom}}$$

sein – ein eklatanter Widerspruch dazu, dass sich die Folge der Daten a_{-n} ja monoton fallend von z_{geom} weg in Richtung des Nullpunkts bewegt. Also ist unsere Annahme falsch, und es ist $\alpha = 0$.

Für die Folge b_n mit positiven Indizes argumentieren wir völlig analog: Die Annahme, dass diese Folge nicht gegen z_{geom} konvergiert, ergäbe aufgrund der Monotonie einen Grenzwert β, der größer als z_{geom} wäre. Dann haben wir aber wieder eine konvergente Punktfolge Q_n auf der Hyperbel, welche diesmal der Rekursion

$$Q_n := \varphi(Q_{n-1})$$

genügt. Die Stetigkeit von φ führt diesen Prozess ebenfalls in eine Fixpunktgleichung über, so dass der Grenzpunkt Q_∞ ein Fixpunkt von φ wäre – ist er aber nicht, da er zwar auf der Hyberbel, aber eben nicht auf der Diagonalen liegen kann – das erfüllt nur der Punkt $(z_{\text{geom}}, z_{\text{geom}})$ des geometrischen Mittels.

Schließlich ist der letzte Punkt (9) eine Zusammenfassung der vorausgehenden Folgendarstellungen, womit dieses (lange) Theorem bewiesen ist.

Zitat meiner Mathe-Lehrerin aus ferner gymnasialer Zeit:
„Denken × Rechnen = constant".

Jetzt wollen wir zu der am Anfang dieses Abschnitts gestellten Frage zurückkommen, wie wir nämlich zu zwei gegebenen Daten u und v mit $u < v$ zu den Magnituden a und b mit $a < b$ kommen, zu denen die gegebenen Daten (u) das harmonische und (v) das arithmetische Mittel sind. Anders formuliert lautet also die

Aufgabe: *Finde zu einer gegebenen Proportion u:v diejenigen Magnituden a und b, so dass die Kette a:u:v:b eine babylonische (musikalische) Proportionenkette ist.*

Die allgemeine **Antwort** liefert unsere Formel in Teil 5) des Theorems: Indem wir die Inverse des babylonischen Operators auf die gegebenen Daten (u, v) anwenden, verwenden wir die Formeln

$$(a,b) = \psi(u,v) = \left(v - \sqrt{v^2 - uv}, v + \sqrt{v^2 - uv}\right).$$

Diese Formeln können mithilfe des **reziproken Frequenzmaßes** $p = u/v$ der gegebenen Proportion u:v auch so geschrieben werden

$$(a,b) = \psi(u,v) = \left(v - v\sqrt{1-p}, v + v\sqrt{1-p}\right);$$

sie stellen also die gewünschte Beantwortung der Aufgabe dar.

Speziell ergibt sich hieraus in dem besonders interessanten Fall sogenannter **„einfach superpartikularer"** Intervalle – das sind Intervalle, welche den besonderen Proportionen der Form $(m-1)$:m entsprechen (wie Oktave 1:2, Quinte 2:3 und so fort) – die bemerkenswerte Formel

$$(a,b) = \psi(u,v) = \left(v - \sqrt{v}, v + \sqrt{v}\right) = \left(m - \sqrt{m}, m + \sqrt{m}\right).$$

Diese Formel führt dann blitzschnell (und auch per Kopfrechnen) zu den gesuchten Magnituden a und b – wobei gleichzeitig klar ist, dass dies genau im Falle von Quadratzahlen (m) zu einem rationalen (und gleichzeitig ganzzahligen) Ergebnis führt.

Im abschließenden Beispielblock wollen wir einige Fälle systematisch angeben:

Beispiel 4.2

Der rückwärtige Iterationsprozess

Für die Fälle, in denen in der Proportion $u{:}v \cong (m-1){:}m$ die Zahl m eine Quadratzahl ist, lauten die errechneten babylonischen Proportionenketten a:u:v:b wie folgt:

u:v	Intervall	*a:u:v:b*	*a:b*	Intervall
3:4	Quarte	2:3:4:6	1:3	Duodezime
8:9	Großer Ganzton	6:8:9:12	1:2	Oktave
15:16	Diatonischer Halbton	12:15:16:20	3:5	Große Sexte
24:25	Kleines Chroma	20:24:25:30	2:3	*Quinte*
35:36	–	30:35:36:42	5:7	*Ekmelische Terz*
48:49	–	42:48:49:56	3:4	*Quarte*
80:81	Syntonisches Komma	72:80:81:90	4:5	Große Terz

Man muss also nur von *v* (Beispiel: 81) die Wurzel (9) subtrahieren (72) und addieren (90) – und schon entsteht die fertige babylonische Proportionenkette.

Aus diesen vorstehenden Beispielen können wir sogar eine zweifache rückwärtige Iterierung entnehmen: Dazu bilden wir zu den äußeren Magnituden der ersten Iterierung der Proportion 48:49 – also von $42{:}56 \cong 3{:}4$ – deren Iterierte

$$2{:}3{:}4{:}6 \cong 28{:}42{:}56{:}84$$

und fügen dann noch die Innenproportion 48:49 ein, und dann ergibt sich die Abfolge

48:49 →	42:48:49:56 →	28:42:48:49:56:84

eines iterativen Prozesses.

Ein weiterer Schritt würde uns jedoch aus der Rationalität der Zahlen hinausführen, denn man rechnet hierzu einfach mit der Ausgangsformel wegen $28{:}84 = 1{:}3$

$$(a,b) = \psi(1,3) = \left(3-3\sqrt{2/3}, 3+3\sqrt{2/3}\right) \approx (0{,}55, 5{,}45)$$

und erhält diese gerundeten Werte der Irrationalitäten.

Diese Beispiele führen also – rückwärts – zu einigen der von uns früher als babylonische Ketten errechneten Modelle.

4.5 Die Harmonia perfecta infinita – die unendliche Harmonie

Wir haben nun in verschiedenen rekursiven Verfahren Magnitudenfolgen entstehen lassen, die zu „unendlich-stufigen" Proportionenketten adjungierbar sind. Dabei sind diese Magnituden ineinander verschachtelte Konstrukte babylonischer Medietäten – vorrangig der arithmetisch-harmonischen Gattung.

Wenn schon die simple Kette des pythagoräischen Kanons 6:8:9:12 wie auch diejenige des erweiterten diatonischen Kanons 6:7,2:8:9:10:12 durch ihre inneren Symmetrien – sprich proportionellen Verhältnisse – die antike Welt zum Staunen gebracht hatte und sie veranlasste, diese kleinen Zahlenwunder als eine **Harmonia perfecta maxima** zu verewigen: Um wie viel mehr hätte der Glaube an mathematisch-musikalische Wunder zugenommen, wenn sich herausgestellt hätte, dass diese Harmonia perfecta maxima in tausendfältiger Weise in den **unendlich vielen Teilketten dieser unbeschränkten Proportionenketten** zuhause ist und für eine – man hätte früher gesagt: *göttliche* – Ordnung im System musikalischer Proportionen und ihrer Intervalle sorgt: Die Harmonia perfecta maxima wird auf so zur ***Harmonia perfecta infinita.***

A. Die Contra-Medietätenfolge

Als Erstes betrachten wir die Contra-Medietätenfolge (x_n) aus dem Abschn. 4.2. Hierbei sind die Magnituden x_n genau die Medietäten zum Teilungsparameter $q^n = (b/a)^n$. Es ist somit die Proportionenfolge

$$(x_n - a):(b - x_n) \cong b^n:a^n \quad \text{für } n = 0, \pm 1, \pm 2, \ldots$$

durch die Daten x_n realisiert, und diese liegen monoton geordnet im Intervall $[a, b]$, was man so darstellen kann:

$$a < \cdots x_{-n}: \ldots :x_{-2}:x_{-1}:x_0:x_1:x_2: \ldots :x_n: \ldots < b \quad (n = 0, 1, 2, \ldots).$$

Daraus haben wir auch die konkreten Magnitudenformeln

$$x_n = \frac{a^{n+1} + b^{n+1}}{a^n + b^n} = ab\frac{a^{-(n+1)} + b^{-(n+1)}}{a^{-n} + b^{-n}} \quad \text{mit } n = 0, \pm 1, \pm 2, \ldots$$

gewonnen. Jetzt fragen wir uns:

Frage: *Welche Symmetrien mag dieses – zu seinen Rändern a und b hin monoton konvergierende – unendliche Proportionenungeheuer besitzen?*

Die **Antwort** gibt uns das folgende Theorem:

Theorem 4.5 (Harmonia perfecta infinita contra-babylonica)
Die Contra-Medietätenfolge $(x_n)_{n\in\mathbb{Z}}$ definiert eine beidseitig unbeschränkt fortgesetzte Proportionenkette C^{∞}_{mus}, die wir mit positiven Indizes (n) so hinschreiben:

$$C^{\infty}_{\text{mus}} = \ldots x_{-n-1} : x_{-n} : \ \ldots \ : x_{-2} : x_{-1} : x_0 : x_1 : x_2 : \ \ldots \ : x_n : x_{n+1} : \ \ldots$$

Die Magnituden x_n liegen alle im reellen Intervall $[a, b]$, und nach dem Theorem 4.2 konvergieren die Magnituden von innen monoton zu den Rändern a und b der Ausgangsproportion $a{:}b$. Folgende Gesetzmäßigkeiten lassen sich zeigen:

1. **Globale Symmetrie und Zentrumseigenschaft**
   C^{∞}_{mus} ist **global symmetrisch,** das heißt, dass C^{∞}_{mus} ähnlich zu seiner Reziproken ist,

$$C^{\infty}_{\text{mus}} \cong \left(C^{\infty}_{\text{mus}}\right)^{\text{rez}}.$$

   Hierbei ist das geometrische Mittel

$$z_{\text{geom}} = z_{\text{geom}}(a, b) = x_{-(1/2)}$$

   das Symmetriezentrum der gesamten Kette C^{∞}_{mus}, bezüglich dessen die globale Symmetrie auch gemessen wird: Die Magnituden x_n und $x_{-(n+1)}$ sind sowohl bezüglich des Zentrums z_{geom} als auch bezüglich der Proportion $a{:}b$ gespiegelt – mithin ist

$$x_n^* = x_{-(n+1)} \quad \text{für alle } n = 0, \pm 1, \pm 2, \ldots;$$

   und wir haben die Proportionen/Gleichungen

$$x_n{:}b \cong a{:}x_{-(n+1)} \Leftrightarrow x_n x_{-(n+1)} = ab = z^2_{\text{geom}}, \quad (n = 0, \pm 1, \pm 2, \ldots).$$

   Speziell sind die Magnituden

$$x_0 = x_{\text{arith}}(a, b) \text{ und } x_{-1} = y_{\text{harm}}(a, b),$$
$$x_1 = y_{\text{co - harm}}(a, b) \text{ und } x_{-2} = x_{\text{co - arith}}(a, b)$$

   gespiegelt – so wie in der Harmonia perfecta maxima diatonica.
2. **Das System babylonischer Teilproportionenketten**
   Es gibt folgende geordnete Systeme babylonischer Teilproportionenketten der Proportionenkette C^{∞}_{mus}:
   (A) Jede 2-stufige Teilproportionenkette der Form

$$G_n = x_{-(n+1)}{:}x_{-(1/2)}{:}x_n \text{ (mit } n = 0, 1, 2, \ldots)$$

   ist **geometrisch;** alle Ketten G_n haben das gleiche geometrische Zentrum

$$x_{-(1/2)} = z_{\text{geom}}(a, b).$$

(B) Jede 2-stufige Teilproportionenkette der Form

$$A_n = x_{-n}{:}x_0{:}x_n \text{ (mit } n = 0, 1, 2, \ldots)$$

ist **arithmetisch;** alle Ketten A_n haben das gleiche arithmetische Mittel

$$x_0 = x_{\text{arith}}(a, b).$$

(C) Jede 2-stufige Teilproportionenkette der Form

$$H_n = x_{-1-n}{:}x_{-1}{:}x_{-1+n} \text{ (mit } n = 0, 1, 2, \ldots)$$

ist **harmonisch;** alle Ketten H_n haben das gleiche harmonische Mittel

$$x_{-1} = y_{\text{harm}}(a, b).$$

3. **Reziprozitätssymmetrien**
Für jeden ganzzahligen Proportionenindex n ist die **arithmetische Kette A_n reziprok zu der harmonischen Kette H_n** – in Formeln:

$$H_n = A_n^{\text{rez}} \text{ und } A_n = H_n^{\text{rez}} \quad \text{für alle } n \in \mathbb{Z}.$$

Spezialfall: Im Falle des Oktavkanons $a{:}b \cong 6{:}12$ ist die um die äußeren Magnituden a und b ergänzte 5-stufigeTeilproportionenkette $D_{\text{mus}}(6, 12)$ von C_{mus}^{∞},

$$D_{\text{mus}}(6, 12) = a{:}x_{-2}{:}x_{-1}{:}x_0{:}x_1{:}b = 6{:}7{,}2{:}8{:}9{:}10{:}12,$$

genau die Proportionenkette des vollständigen musikalischen **Kanons der reinen Diatonik,** wie wir ihn in Abschn. 3.6 diskutiert haben. Sie besteht ausschließlich aus gespiegelten Magnitudenpaaren (a und b, x_{-2} und x_1, x_{-1}. und x_0).

Beweis: Nach unserem Theorem 4.2 in Abschn. 4.2, in welchem wir eine Formelwelt der Medietätenfolge (x_n) entwickelt haben, sind – aufgrund der dortigen Symmetrieformeln 3) – die angegebenen Teilproportionenketten G_n geometrisch, A_n arithmetisch und H_n harmonisch.

Weil alle geometrischen Ketten G_n stets das gleiche geometrische Mittel $z_{\text{geom}}(a, b)$ als eigenes geometrisches Mittel haben, ist dieses auch das Zentrum der ganzen Kette C_{mus}^{∞}. Und indem wir – wie schon des Öfteren – die Symmetrieprinzipien aus dem Theorems 3.6 und 3.7 anwenden, folgt daraus sofort die globale Symmetrie der gesamten unendlichen Proportionenkette C_{mus}^{∞}. Die Spiegelungseigenschaft der Magnituden x_n und $x_{-(n+1)}$ folgt als weiterer Spezialfall aus der Zentrumseigenschaft des gemeinsamen Zentrums aller Ketten G_n – das ist ja gerade die konkrete Fassung der globalen Symmetrie der ganzen Kette C_{mus}^{∞}. Somit sind die Aussagen 1) und 2) klar. Was bleibt, ist der Nachweis der Reziprozitätsbeziehung 3):

Zu 3): Wir prüfen die Proportionenäquivalenzen

$$x_0{:}x_n \cong x_{-(1+n)}{:}x_{-1} \quad \text{und} \quad x_{-n}{:}x_0 \cong x_{-1}{:}x_{-1+n}.$$

Wenn wir jetzt auf den vielleicht naheliegenden Gedanken kämen, für diese Magnituden x_k die gewonnenen konkreten Magnitudenformeln zu verwenden, sähen wir uns jedoch einer umfänglichen Rechnung gegenüber mit fraglichem Erfolg. Trotzdem ist alles einfach, sehr einfach: Kreuzweises Multiplizieren führt die Proportionen in die Gleichungen

$$x_0 * x_{-1} = x_{-(1+n)} * x_n \text{ und } x_{-n} * x_{-1+n} = x_{-1} * x_0$$

über. Alle vier Produkte sind jedoch gleich – nämlich $a * b$ –, denn die Faktoren sind jeweils gespiegelte Magnituden, so lesen wir dies ja gerade im Theorem 4.2 3) ab (beim Produkt $x_{-n} * x_{-1+n}$ setzt man in den dortigen Spiegelungsgleichungen 3) für den Index n den Index $(-n)$.

Eine Zwischenbemerkung: Wir hätten aber ebenso mit der Kreuzregel und der Austauschregel zum Ziel kommen können, schließlich gilt ja

$$x_0{:}1 \cong ab{:}x_{-1},$$

womit man aus den zu prüfenden Proportionen ebenso zu den Spiegelungen

$$x_n{:}b \cong a{:}x_{-(1+n)} \text{ und } a{:}x_{-n} \cong x_{-1+n}{:}b$$

gekommen wäre.

Damit ist auch das Theorem 4.5 über die Harmonia perfecta infinita für diesen Fall der Contra-Medietätenfolge bewiesen.

B. Die arithmetisch-harmonische Medietätenfolge

Als Nächstes betrachten wir die zweiseitige Folge $(a_n, b_n)_{n\in\mathbb{Z}}$ aller iterierten arithmetisch-harmonischen Medietäten einer gegebenen Startproportion $a_0{:}b_0 = a{:}b$, die wir im Abschn. 4.4 mittels des **babylonischen Operators** φ zusammengestellt haben.

Mithilfe dieses Operators kann demnach eine doppelt-zweiseitige – nach innen und nach außen verlaufende – Magnitudenfolge iterierter arithmetischer und harmonischer Medietäten

$$0 < \cdots a_{-n} < \cdots < a_0 < \cdots < a_n < \cdots z_{\text{geom}} \ldots < b_n < \cdots < b_0 < \cdots < b_{-n} \ldots < \infty$$

konstruiert werden, die zu einer einzigen (gewaltigen) Proportionenkette zusammenfügbar ist und welche letztlich an vier Enden den Charakter unbeschränkt fortschreitender Proportionenfolgen besitzt:

Nach innen streben beide Folgen monoton gegen das geometrische Zentrum,

$$\lim_{n\to\infty}(a_n) = z_{\text{geom}}(a, b) \text{ und } \lim_{n\to\infty}(b_n) = z_{\text{geom}}(a, b),$$

und nach außen hin strebt die eine gegen 0, die andere gegen ∞,

$$\lim_{m\to\infty}(a_{-m}) = 0 \text{ und } \lim_{m\to\infty}(b_{-m}) = +\infty.$$

So entsteht die vierfach unendlich weiterlaufende Proportionenkette, die wir auch mit einer einzigen positiven Indizierung als riesige musikalische Proportionenkette

$$B_{\text{mus}}^{\infty} = \cdots a_{-n}\colon \ldots \colon a_0\colon \ldots \colon a_n\colon \ldots \colon (z_{geom})\colon \ldots\; b_n\colon \ldots \colon b_0\colon \ldots \colon b_{-n}\colon \ldots\; (n = 0, 1, 2\ldots)$$

notieren können.

Diese zweiseitige Proportionenkette enthält offenbar auch die einseitige, die wir im früheren Abschn. 4.3 betrachtet haben, als „Teilproportionenkette"; sie verläuft von den Anfangsmagnituden (a, b) nach innen hin, weshalb wir auch das gleiche Symbol benutzen. Dann ist aber die vereinheitlichende Schreibweise zur geschlossenen Darstellung hilfreich:

$$B_{mus}^{\infty} = \ldots a_n\colon a_{n+1}\colon \ldots \colon b_{n+1}\colon b_n \ldots \colon \text{mit } n \in \mathbb{Z} \text{ (also } n = 0, \pm 1, \pm 2, \pm \ldots).$$

Für eine Nutzung, die nur die Vorwärtsiteration benötigt, werden einfach alle negativen Indizes unterdrückt; den großen Indexbereich $\mathbb{Z}$ ersetzt man durch $\mathbb{N}_0 = 0, 1, 2, \ldots$.

Frage: *„Welche geordneten Strukturen besitzt nun diese vierfach unbeschränkt fortgesetzte Proportionenkette? – Und: Kann es sowas überhaupt geben?"*

Die positive **Antwort** gibt uns das folgende Theorem:

Theorem 4.6 (Die Harmonia perfecta infinita der babylonischen Medietätenfolge)

1. **Globale Symmetrie und Zentrumseigenschaft**
   Die musikalische Proportionenkette B_{mus}^{∞} ist global symmetrisch – das heißt

   $$\left(B_{\text{mus}}^{\infty}\right)^{rez} = B_{\text{mus}}^{\infty},$$

   und sie hat das geometrische Mittel $z_{\text{geom}}(a, b)$ als ihr Symmetriezentrum.
   Sie besteht aus einer unendlichen Folge **konzentrisch angeordneter,** geschachtelter, 2-stufiger geometrischer Proportionenketten G_n mit gemeinsamem Zentrum $z_{\text{geom}}(a, b)$,

   $$G_n = a_n\colon z_{\text{geom}}\colon b_n (n \in \mathbb{Z}).$$

   Diese 2-stufigen Ketten sind aus der babylonischen Medietätentrinität in der Struktur „harmonisch – geometrisch – arithmetisch" aufgebaut.
2. **Die Spiegelungsproportionen und -gleichungen**
   Gleich-indizierte Magnituden a_n und b_n sind bezüglich des Zentrums $z_{\text{geom}}(a, b)$ sowie bezüglich jeder anderen Wahl eines Magnitudenpaars (a_m, b_m) zueinander gespiegelt: Für alle Indizes n ist

   $$b_n = a_n^* \text{ beziehungsweise } a_n = b_n^*.$$

Für alle Indizes $n, m \in \mathbb{Z}$ haben wir die Proportionen

$$a_m{:}b_n \cong a_n{:}b_m \text{ und } a_m{:}a_n \cong b_n{:}b_m,$$

und speziell sind die Proportionen zu den Referenzdaten (a, b) gespiegelt:

$$a{:}a_n \cong b_n{:}b \text{ und } a{:}b_n \cong a_n{:}b \quad \text{für alle } n = 0, \pm 1, \pm 2, \ldots$$

3. **Systeme babylonischer Teilproportionenketten**
   Jede 3-stufige, konzentrisch angeordnete Teilproportionenkette P_n von B^{∞}_{mus} der Form

$$P_n = a_n{:}a_{n+1}{:}b_{n+1}{:}b_n = a_n{:}y_{\text{harm}}(a_n, b_n){:}x_{\text{arith}}(a_n, b_n){:}b_n$$

ist wieder eine babylonische beziehungsweise pythagoräische Proportionenkette vom Typ der in Theorem 3.2 gezeigten Harmonia perfecta maxima und genügt daher den beiden Theoremen von Nicomachus und Iamblichos. Für die vordere Teilproportionenkette H_n und die hintere Teilproportionenkette A_n von P_n

$$H_n = a_n{:}a_{n+1}{:}b_{n+1} \text{ und } A_n = a_{n+1}{:}b_{n+1}{:}b_n$$

gilt dann konsequenterweise
1. H_n ist harmonisch, und A_n ist arithmetisch,
2. H_n und A_n sind reziprok zueinander,

$$H_n = A_n^{rez} \text{ und } A_n = H_n^{\text{rez}},$$

woraus sich letztendlich ein weit ausuferndes Geflecht von **unendlich vielen internen Proportionensymmetrien** ergibt – denn dies gilt ja für alle $n = 0, \pm 1, \pm 2, \ldots$

Spezialfall: Wir bemerken, dass die Kette des babylonischen (pythagoräischen) Oktavkanons im Falle vorgegebener Magnituden $a = a_0 = 6$ und $b = b_0 = 12$ die Teilkette

$$P_0 = a_0{:}a_1{:}b_1{:}b_0 = 6{:}8{:}9{:}12$$

von B^{∞}_{mus} und somit Bestandteil und Ausgangspunkt des Iterationsprozesses ist.

Der Beweis besteht zum einen in der direkten Anwendung des Zentrumsprinzips für die geometrische Medietät aus dem Theorem 3.6, und zum anderen ist ja jede Teilkette

$$P_n = a_n{:}a_{n+1}{:}b_{n+1}{:}b_n$$

gerade so konstruiert, dass das Prinzip der Harmonia perfecta maxima in der einfachen babylonischen Variante – das ist das Theorem 3.2 von Nicomachus für die 3-stufige harmonisch-arithmetische (sprich: babylonische) Medietätenkette

$$P_{\text{mus}} = a{:}y_{\text{harm}}{:}x_{\text{arith}}{:}b$$

– zur Anwendung kommt. Und alle Aussagen dieser Grundsituation führen zusammen mit den detaillierten Schilderungen des Theorems 4.4 zu allen wesentlichen Kernaussagen des Theorems.

Schlussbemerkung

An dieser Stelle müssen wir den Leserinnen und Lesern etwas beichten: Wir haben uns ein wenig verführen lassen von den Versuchungen, denen wir Mathematiker immer wieder aufs Neue unterliegen:

Freud und Leid: *Liegt eine Frage auf dem Tisch, so gibt es keine Ruhe, bis sie – wenn sie es denn zulässt – bis in ihre verästelten Details ausgelotet, zerlegt und wieder zusammengesetzt, aufs neue durchdacht – und am Ende dann verstanden ist.*

Leider aber: Es soll ja von Goethe das Bonmot geben, dass ein Problem, welches man einem Mathematiker zur Lösung anvertrauen würde, hernach – und mit Stolz in Gänze gelöst – als ein völlig unbekanntes Wesen wieder zurückkehrt…

Keine Sorge: Wir wissen schon, dass zum Beispiel eine babylonische Proportionenkette

$$P_n = a_n{:}a_{n+1}{:}b_{n+1}{:}b_n,$$

welche bei den Startdaten 20:30 einer reinen Quinte begonnen hat, zunächst mit der wohlklingenden Kette

$$a_0{:}a_1{:}b_1{:}b_0 \cong 20{:}24{:}25{:}30$$

aufwartet – schließlich enthält sie ja den schönen Dur–Akkord 20:25:30 und den nicht minder schönen Moll-Akkord 20:24:30. Bei der nächsten Iteration aber wird bereits das *Viertelton-Intervall* ***„kleines Chroma“*** **24:25** *arithmetisch und harmonisch geteilt, und Mikrotöne entstehen.*

Und schon nach nur einer Handvoll iterierter Mittelungen sind alle Töne der Teilkette P_n so nahe zusammengerückt, dass ihre Frequenzen sich erst in entlegenen Nachkommabereichen unterscheiden. Von Akkorden kann keine Rede sein, und mögliche Schwebungen haben Frequenzen von vielleicht mehreren Jahrzehnten, man könnte es leicht ausrechnen.

Nein, wir haben wir uns versuchen lassen, dem Wunsch nachzugehen, eine universale Harmonia bis zu ihrem Ende hin zu durchforsten. In diesem Wunsch erfüllen wir aber eine ungeheuerliche Doktrin des großen mathematischen Gelehrten Carl-Gustav-Jacob **Jacobi** (1804–1851 in Potsdam),

> *„…die Mathematik sey erst dann eine solche zu nennen, wenn sie bar jeder Anwendung sey…“,*

und halten selbige dem Zeitgeist standhaft entgegen.

5 Die Musik der Proportionen

...Nur der ist wahrhaft ein Musiker, der sein Wissen über das Musizieren in abwägender Begründung und nicht aus praktischer Erfahrung, sondern aus dem Zwang zum Denken gewinnt...
Anitius Manlius Severinus Boethius
(Aus [5], S. 126)

In diesem Kapitel wollen wir uns nun den musikalischen Dingen explizit zuwenden und die aus der antik-mathematisch motivierten Proportionenlehre stammenden Konzepte in den sie betreffenden Bereichen der Musiktheorie zur Anwendung bringen. Wir geben zunächst eine erste Übersicht:

Im **ersten** Abschn. 5.1 stellen wir noch einmal deutlich den Zusammenhang zwischen Tönen und Intervallen einerseits und Proportionen andererseits insbesondere dadurch vor, dass wir das Konzept des **Monochords** benutzen, um *„**nicht-messbare** Proportionen (musikalische Intervalle) durch **„messbare“** Proportionen (geometrische Längen)“* zu verbinden und um das Gebäude der musikalischen Tonhöhen-, Intervall- und Skalenstrukturen mit diesem wirksamen Werkzeug beschreiben zu können. Daneben stellen wir die wichtigsten Methoden vor, wie mit den Möglichkeiten der Mathematik der Proportionen eine **Systematik** zur Generierung musikalischer Intervall- und Tonsysteme gewonnen werden kann.

Im **zweiten** Abschn. 5.2 werden wir konkrete Fälle behandeln: Drei Systeme und ihre wichtigsten Intervallstrukturen – inklusive ihrer **Semitonia und Kommata** – werden sehr ausführlich vorgestellt: Das sind im Einzelnen

- das pythagoräische,
- das rein diatonische
- und ein ekmelisches System.

K. Schüffler, *Proportionen und ihre Musik*, https://doi.org/10.1007/978-3-662-59805-4_5

Der **dritte** Abschn. 5.3 bietet einen Einblick in das Spiel mit **Akkorden** und ihren Proportionenketten: Die **Fragen**

- *Wie werden Dur und Moll im Zahlenreich sichtbar?*
- *Welche Symmetrien ihrer Proportionen sind charakteristisch?*

sind sicher nur ein Anfang diesbezüglicher Analysen.

Im **vierten** Abschn. 5.4 verbinden wir die geometrischen Proportionenketten mit Strukturen **mikrotonaler Intervalle** und gewinnen dadurch einen methodisch geleiteten Überblick über einige Zusammenhänge wie zum Beispiel die Diskussion der **Fragen:**

- *Wie hängen die Semitonia der reinen Diatonik untereinander zusammen?*
- *Gibt es Parallelen zu Medietäteneigenschaften?*

Der **fünfte** Abschn. 5.5 führt uns in die Welt **antiker griechischer Tetrachorde.** Wir stellen deren Klassifizierung nach Geschlecht und Familie vor, und dann folgen proportionentheoretisch gestützte Berechnungen

- ***dorischer, phrygischer*** *und* ***lydischer*** *Tetrachorde*
- *in den* ***diatonischen, chromatischen*** *oder* ***enharmonischen*** *Geschlechtern.*

Aber auch das Tetrachord zur **„musikalischen Proportion des Iamblichos"** wird mit seinen eigenartigen Stufungen für Überraschungen sorgen. Und die Fragen, wie sich denn die teils bizarren Intervallverhältnisse (wie zum Beispiel eine Intervallproportion 48:49) der griechischen Tetrachordik erklären lassen, könnten durchaus unter diesen neuen Gesichtspunkten diskutiert werden.

Im **sechsten** Abschn. 5.6 schließt sich ein kurzer Ausflug zu den **kirchentonalen** und **gregorianischen Modi** an. Ausgehend von dem bekannten griechisch-antiken Universaltonsystem, dem **„systema teleion"**, entwickeln wir die sogenannten **Oktochordstrukturen** dieser Modi – manchmal auch **„Oktoechos"** genannt – wobei wir hierzu drei Methoden entwickeln und vorstellen:

- die Kombinationsmethode,
- die Oktochordmethode,
- die Stufenmethode.

Im **letzten** Abschn. 5.7 nehmen wir dann die **Proportionenmathematik der Orgel** unter die Lupe.

▶ Bei keinem anderen Instrument nämlich als bei der Orgel hat sich der Bezug zu den Proportionen so ausgeprägt erhalten. Das Verständnis für die Klanghöhengesetze der Registerdispositionen als auch das klangphysikalische

Zusammenspiel einzelner Orgelregister gehorcht – letztendlich – den Gesetzen der Proportionenlehre.

Die Regeln der Monochordik und der Proportionenlehre sind also auch hier ständige Begleiter unserer Lektüre. Erläutert werden sodann mehrere Beispiele aus der Orgelpraxis über meist aus diversen **Aliquoten** zusammengesetzten **Registergruppen** (wie Mixturen und Cornette), die ja schließlich mathematisch unseren **Proportionenketten** entsprechen.

5.1 Vom Monochordium zur Theorie: musikalische Intervalle und ihr Proportionenkalkül

Wenn wir den Weg verfolgen, den die Theorie der musikalischen Begriffe von der Antike her beschritten hat, so sehen wir, dass diese auf Schritt und Tritt durch Modelle – seien sie abstrakter oder konkreter Natur – begleitet wurden. In Bezug auf die Tonsysteme, ihre Intervalle, ihren Aufbau zu Skalen und Akkorden, ist vor allen anderen das Monochord dieses Modell:

Monochord-Modell: *„Man hat eine gespannte Saite und studiert die Töne, die bei Teilungen der Saite in verschiedenster Weise entstehen“.*

Prinzipiell artgleich – wohl aber deutlich unpraktikabel – könnte hierzu auch ein klingendes Rohr (Flöte) genutzt werden; der Aufbau der Orgel aus geometrisch mensurierten und bemaßten Pfeifen mag diesen Aspekt untermauern. Im letzten Abschn. 5.7 dieses Kapitels kommen wir ausführlicher hierauf zurück.

Musikalische Intervalle werden durch Proportionen beschrieben, und in diesem Abschnitt denken wir uns dort, wo es möglich erscheint, ein begleitendes und diese Proportionen realisierendes Modell durch ein Monochord – wenn nötig auch durch mehrfache hiervon – in Töne und Musik umgesetzt.

In diesem Abschnitt werden wir also auf

- die Gesetzmäßigkeiten zwischen Intervallen und Proportionen am Monochord
- und auf die fünf traditionellen Prinzipien zur Architektur von Tonsystemen

eingehen. Zunächst aber – Verzeihung – müssen wir doch noch etwas theoretisch bleiben und in aller Kürze die grundsätzliche Verbindung zwischen Musik und Mathematik – hier: zwischen musikalischen Intervallen und mathematischen Proportionen – vielleicht zum wiederholten Male – noch einmal schildern und dabei den wichtigsten Parameter – das Frequenz- und das Proportionenmaß – in ihrem signifikanten musikalischen Umgang klar herausstellen. Im Übrigen verweisen wir im Rahmen dieser Diskussion an die eingangs ausgebreitete Handhabung der Proportionenangaben für die sie repräsentierenden Intervalle (Stichwort: „Oktave 1:2 statt 2:1“).

Definition 5.1 (Musikalische Intervalle und ihre Maße)
Sind a und b zwei positive (natürliche – aber auch beliebige reelle –) Zahlen, so definiert man das musikalische Intervall $[a, b]$ in mathematischer Sprache durch

$$[a, b] = \text{Menge aller geordneten Tonpaare}\left(\tilde{a}, \tilde{b}\right), \text{für welche } \tilde{b}\big/\tilde{a} = b\big/a \text{ ist.}$$

Damit entspricht $[a, b]$ der Gesamtheit aller zur Proportion $A = a{:}b$ ähnlichen Proportionen $\tilde{a}{:}\tilde{b}$, und wir können auch sagen

$$[a, b] \equiv \text{Klasse aller Proportionen } \tilde{A} = \tilde{a}{:}\tilde{b} \text{ mit } \tilde{a}{:}\tilde{b} \cong a{:}b.$$

Für Intervalle $I = [a, b]$ kennt man in der Musiktheorie in der Hauptsache drei Maße:

1. Das **Frequenzmaß von I** ist der Quotient $|I| = b\big/a$.

Dieser Quotient ist per definitionem unabhängig von dem gewählten Vertreter der gesamten Klasse $[a, b]$. Somit gilt die mathematisch geschriebene Charakterisierung

$$[a, b] = [c, d] \Leftrightarrow b\big/a = d\big/c \Leftrightarrow A = a{:}b \cong C = c{:}d.$$

Zwei Intervalle sind also genau dann gleich, wenn sie das gleiche Frequenzmaß haben – beziehungsweise, wenn ihre beschreibenden Proportionen ähnlich sind.

2. Das **Proportionenmaß** ist – im Grunde – die Beschreibung eines Intervalls als Proportion $a{:}b$, wobei man sich um eine möglichst gekürzte und wenn möglich ganzzahlige Form der Magnituden bemüht.

Das Proportionenmaß übersetzt nämlich – in der Regel – verbale Intervallangaben in die Sprache der Proportionen; über das Frequenz- beziehungsweise über das Centmaß erfolgt dann bei Bedarf eine numerische Beschreibung mitsamt deren Nutzung.

3. Das **Centmaß** ist die an die Oktave angepasste logarithmische Form

$$\text{ct}(I) = 1200 \log_2 (|A|) = 1200 \log_2 \left(\frac{b}{a}\right) = 1200 \frac{\ln |A|}{\ln 2}$$

des Frequenzmaßes, ct (Oktave 1:2) = 1200 ct (lies „Cent").

Die **Bedeutung des Centmaßes** liegt vor allem in seiner metrischen Eigenschaft:
Das Centmaß der **Summe** (Schichtung) zweier Intervalle ist auch die **Summe** der Maße; beim Frequenzmaß ist dies das Produkt – was sich bei Skalen und vielfachen Intervallanfügungen signifikant als wenig brauchbar niederschlägt.

So ist das Proportionenmaß einer reinen Quinte die bloße Proportionenangabe 2:3, das Frequenzmaß ist der Bruch $3/2$ – oder sein numerischer Wert 1,5; das Centmaß ct(Quinte) ist irrational und hat den gerundeten Wert 701,95 ct.

Wenn wir ein konkretes Tonpaar $\left(\tilde{a}, \tilde{b}\right)$ einer Intervallklasse $[a, b]$ haben, so sind diese konkreten Zahlen $\left(\tilde{a}, \tilde{b}\right)$ als vordere beziehungsweise hintere Proportionalen simultan auch als Grundfrequenzen zu verstehen, wodurch sie als physikalische Töne deutbar sind. Diese konkrete Frequenzbedeutung geht natürlich in der gesamten Klasse verloren: Ein Intervall ist also nicht an den realen Tonhöhenwert seiner beiden Töne gebunden, sondern ausschließlich an deren numerische Proportion.

So ist etwa $[1, 2]$ das Intervall einer Oktave – ganz gleich, welche realisierenden Töne hierzu gewählt sind. Weil ja die realisierenden Magnituden a, b frei sind – solange die Quotienten b/a stets den gleichen Wert erbringen –, sind alle Objekte

$$[1, 2], [2, 4], [311, 622], [440, 880]$$

stets „die Oktave"; und ebenso wären die Ganztonschritte $[8, 9]$ und $[16, 18]$ das gleiche Intervall (nämlich ein großer pythagoräischer Ganzton [Tonos]).

So wie wir mehrere Proportionen zu einer neuen Proportion fusioniert (= multipliziert $\odot$) haben, so werden auch mehrere Intervalle zu einem neuen Intervall geschichtet (= adjungiert $\oplus$), und dann entsprechen sich diese Vorgänge $\oplus$ und $\odot$ eins zu eins; die mathematischen Festlegungen sind nämlich diese:

Für zwei Intervalle $I_1 = [a_1, b_1]$ und $I_2 = [a_2, b_2]$ ist das Konstrukt

$$I_1 \oplus I_2 = [a_1, b_1] \oplus [a_2, b_2] = [a_1a_2, b_1b_2]$$

das Intervall der **Adjunktion** (Summe, Verheftung, Schichtung, Anfügung usw.), und seine Proportionenklasse entspricht genau der **Fusion** aus den Proportionen $A_1 = a_1{:}b_1$ und $A_2 = a_2{:}b_2$, welche ja durch

$$A_1 \odot A_2 = (a_1{:}b_1) \odot (a_2{:}b_2) \cong (a_1a_2{:}b_1b_2)$$

festgelegt war und als deren „Produkt" anzusehen ist, siehe den Abschn. 1.4.

Trotz dieser Entsprechung gibt es plausible Gründe, zu dem einen „Summe" und zu dem anderen „Produkt" zu sagen. Die Entsprechungen sehen wir beispielsweise in den beiden Gegenüberstellungen

$$[1, 2] \oplus [1, 2] = [1, 4] \rightleftarrows (1{:}2) \odot (1{:}2) \cong 1{:}4,$$

$$[8, 9] \oplus [5, 6] \oplus [9, 10] = [2, 3] \rightleftarrows (8{:}9) \odot (5{:}6) \odot (9{:}10) \cong 2{:}3.$$

Zu erwähnen wäre ebenso, dass das Umkehren einer Proportion $A \cong a{:}b$ zur Proportion $A^{\text{inv}} \cong b{:}a$ – also das Umkehren der Zahlenverhältnisse – dem Abwärtsanfügen (**„Subjunktion"** $\ominus$) von Intervallen entspricht, in Formeln:

$$[c, d] \ominus [a, b] = [c, d] \oplus [b, a] \rightleftarrows (c{:}d) \odot (b{:}a).$$

Schließlich: Im Zusammenhang mit der Identifizierung von Proportionen mit Intervallen haben wir es auch häufig mit dem Begriff der **„Differenz"** zu tun, der wir der Klarheit wegen eine eigene mathematische Definition widmen:

Definition 5.2 (Differenz musikalischer Intervalle)
Sind $I_1 = [a_1, b_1]$, $I_2 = [a_2, b_2]$ und $I_3 = [a_3, b_3]$ drei **musikalische Intervalle,** so dass die Aneinanderfügung der ersten beiden das dritte ergibt,

$$I_1 \oplus I_2 = I_3 \text{ beziehungsweise } I_2 = I_3 \ominus I_1,$$

so heißt I_2 das **Komplementärintervall** von I_1 in I_3 oder auch **Differenz von I_1 zum** (oder **im**) **Intervall I_3** – oder auch kurz: „die Differenz von I_3 und I_1".

Diese Festlegung enthält auch den Fall, dass I_2 selber ein Abwärtsintervall ist und dass I_1 im anschaulichen Sinne „größer" als I_3 ist.

In der Sprache der **Proportionen** entspricht diese Konstruktion dem Fusionsmodell:

Sind $A \cong a_1{:}a_2$ und $B \cong b_1{:}b_2$ gegebene Proportionen und ist $X \cong x_1{:}x_2$ eine Lösung der Proportionengleichung

$$X \odot A \cong B \text{ also } X \cong B \odot A^{\text{inv}},$$

so ist das musikalische Intervall $[x_1, x_2]$ die Differenz des Intervalls $[a_1, a_2]$ zum Intervall $[b_1, b_2]$.

Und diese Interpretation verläuft auch umgekehrt.

Fazit: Die Schreibweisen $[a, b]$ und $a{:}b$ sind eingedenk ihrer jeweiligen Identifizierungen innerhalb ihrer Ähnlichkeitsklassen nur symbolisch unterschiedlich. Gleichwohl kann jedoch manchmal der argumentative beziehungsweise rechentechnische Umgang hiervon berührt sein.

Das Monochord

Der beinahe alleinige Zweck des Experimentierens mit einer einzelnen fest eingespannten Saite („Monochord") ist die Beschreibung der Abhängigkeit der Tonhöhen von der Wahl eines Zwischenpunktes. Teilen wir nämlich vermöge eines solchen Zwischenpunktes die gegebene Saite (der Länge L_1) in zwei komplementäre Teile (Längen L_x und L_{1-x}), so ist gefragt, wie sich der Ton über der Teilsaite L_x zum Grundton der leeren Saite oder zum Ton über der komplementären Saite verhält. Die Abb. 5.1 zeigt uns dieses Modell.

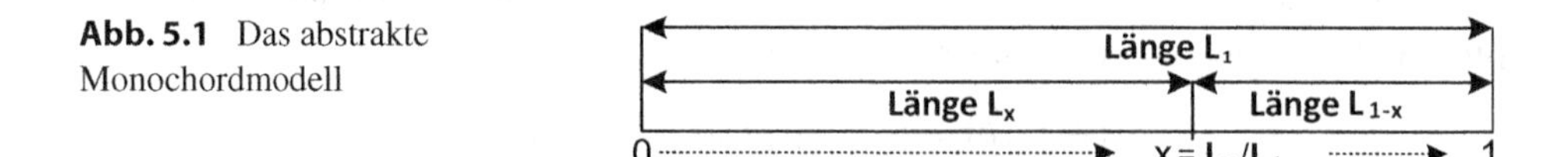

Abb. 5.1 Das abstrakte Monochordmodell

Diese Abhängigkeit ist nun durch ein denkbar plausibles wie einfaches – wie auch modern-physikalisch erklärbares – Erfahrungsgesetz beschreibbar:

Satz 5.1 (Monochordgesetze)
Hat eine gespannte leere Saite L_1 die Grundfrequenz f_1, und haben wir die Teilung der Saite in die beiden Teile L_x und L_{1-x} gemäß der Skizze, so gilt für die Frequenz f_x der Teilsaite der Länge L_x die Formel:

$$L_x \cdot f_x = L_1 \cdot f_1 = \text{const.}\ \textbf{Monochordfrequenzformel}$$

Folgerung: Es gelten die Proportionengesetze

$$f_1{:}f_x \cong L_x{:}L_1 \cong x{:}1 \text{ und } f_{1-x}{:}f_x \cong L_x{:}L_{1-x} \cong x{:}(1-x).$$

Sie beschreiben die Verhältnisse zwischen Tonhöhen und Saitenlängen; diese stehen in einem umgekehrt proportionalen Verhältnis zueinander. Für Intervalle folgt die

$$[f_{1-x}, f_x] = [f_1, f_x] \ominus [f_1, f_{1-x}].\ \textbf{Monochordintervallformel}$$

Wir wollen einmal die Monochordfrequenzformel als Erfahrungsgesetz so stehen lassen, sie wäre ansonsten mittels physikalischer Regeln – wie zum Beispiel dem Mersenne'schen Frequenzgesetz – unschwer herleitbar. Da die Formel der Konstanz des Produktes aus Tonhöhe und Saitenlänge mit gleichem Recht auch für die Restsaite L_{1-x} mit ihrer Tonhöhe f_{1-x} gilt, erhalten wir alles Gesagte aus der Gleichung

$$L_x \cdot f_x = L_{1-x} \cdot f_{1-x}.$$

Die Intervallbilanz kann man auch sehr schnell aus der Proportionenidentität

$$(f_1{:}f_x) \odot (f_{1-x}{:}f_1) \odot (f_x{:}f_{1-x}) \cong (1{:}1)$$

gewinnen, deren Übersetzung in die Sprache der Intervalle genau zu dieser Bilanz führt, wenn man diese Proportionengleichung nach der Proportion $(f_{1-x}{:}f_x)$, die ja die Inverse der Proportion $(f_x{:}f_{1-x})$ ist, umstellt.

▶ Man mache sich klar, dass dieser beinahe trivial erscheinende Zusammenhang dennoch ein ganz wesentlicher ist: Das Monochord verbindet **nicht-messbare** musikalische Proportionen mit **messbaren** geometrischen Proportionen.

Halbiert man also die Saite, so haben beide Teile die doppelte Frequenz: Die Oktave ist realisiert. Sicher hat man in antiken Zeiten bei Teilungen der Monochordsaite in allererster Linie an solche gedacht, die einer ganzzahligen Teilung entsprechen; somit hat man für den Parameter x die harmonische Folge (1/2, 1/3…) zu wählen. Die Tab. 5.1

Tab. 5.1 Harmonische Teilungen des Monochords

$[f_1 : f_x]$	ct-Wert	Intervallname	$[f_1 : f_{1-x}]$	ct-Wert	Intervallname
1:1	0	Prim (leere Saite)	–	–	–
1:2	1200	Oktave	1:2	1200	Oktave
1:3	1902	Quinte über Oktave	2:3	702	Quinte
1:4	2400	Doppeloktave	3:4	498	Quarte
1:5	2786	Terz über zwei Oktaven	4:5	386	Reine Terz
1:7	3369	Natur-Septime über zwei Oktaven	6:7	267	Natur-Septime $\ominus$ Quinte
1:8	3600	Dreifache Oktave	7:8	231	Ekmelischer Ganzton

beschreibt für solche $x = 1/n$ einige markante Intervalle, die ganz sicher auf diese Art gewonnen wurden.

Um ein wenig Routine in dieser Art intervallischen Rechnens zu bekommen, kann man die Größe der Teile untereinander hieraus sowohl bestimmen als auch durch eine separate Rechnung bestätigen. Dazu machen wir ein Beispiel.

Beispiel 5.1

Intervalle des pythagoräischen Tonsystems – die Primzahlen 2 und 3

1. Für $n = 8$ – also für den Teilungsparameter $x = 1/8$ – ist

$$[f_{1-x}, f_x] = [f_1, f_x] \ominus [f_1, f_{1-x}] = [1, 8] \ominus [7, 8] = [1, 8] \oplus [8, 7] = [1, 7].$$

Tatsächlich wird dies durch die (gerundete) Centbilanz bestätigt:

$$3369 = 3600 - 231.$$

2. Für $n = 9$ finden wir den pythagoräischen Ganzton 8:9 als Intervall $[f_1, f_{1-x}]$ über dem größeren Saitenabschnitt; und die Darstellung des Intervalls

$$[1, 9] = [1, 8] \oplus \ [8, 9]$$

erklärt sehr geschickt dessen Lage als Ganzton über drei Oktaven und bestätigt gleichzeitig die monochordische Intervallformel.

Der Umgang mit dem Monochord – einem „einfachen, unscheinbaren Instrument“ – kann bei raffinierter Handhabung den Spieltrieb forschenden Entdeckens schon sehr tief in die Szenerie musiktheoretischer Probleme treiben und begleiten; dazu möge das nächste Beispiel dienen.

Beispiel 5.2

Iterierte Anwendungen des monochordischen Spiels

1. Die **kleine Diësis** ist die „Differenz dreier großer reiner Terzen gegenüber der Oktave"; sie hat die Proportion 125:128. (Das werden wir im kommenden Abschn. 5.2 sehen.)

Kann man dieses Intervall am Monochord hörbar machen?

Wir stellen uns im Augenblick das Monochord mit einer zweiten Grundsaite gleicher Tonhöhe versehen vor – haben also ein **„Duochord".** Wir wissen, dass wir zur kleinen Diësis über die Potenzierung der Proportion 4:5 kommen:

$$(4{:}5) \odot (4{:}5) \odot (4{:}5) \cong 4^3{:}5^3 = 64{:}125.$$

Wir starten mit der $n = 5$-Teilung von L_1; dann hat die größere Seite $L_{4/5}$ die große reine Terz über der Grundsaite L_1.

Jetzt kommt der Trick. Wir fixieren diesen Teilpunkt und erklären diese Teilsaite $L_{4/5}$ zur „neuen" Grundsaite. Und dann teilen wir auch diese Saite in der $n = 5$-Teilung; das neue, größere Stück besitzt wieder den Terzton über dem neuen Grundton – insgesamt haben wir dann über L_1 zwei geschichtete Terzen gewonnen. Und wenn wir diesen Prozess erneut durchführen; haben wir mit der dann erreichten Teilung die dritte reine Terz über der Saite L_1 erzielt.

Wie lang ist die Teilsaite nach dieser dritten Iteration? Klar, es ist

$$L_{4/5*4/5*4/5} = L_{64/125}.$$

Nun bilden wir andererseits auf der Referenzsaite die Oktave zur Grundfrequenz mittels Halbierung, und das ist dann die Teilsaite $L_{1/2} = L_{64/128}$, und wir haben das Ergebnis: Die Differenz beider Töne bildet die Proportion

$$(64{:}128) \odot (125{:}64) \cong (125{:}128) \text{ – die kleine Diësis.}$$

2. Ähnlich raffiniert könnte man verfahren, um auch das winzige **syntonische Komma** messbar und konkret konstruierbar zu machen:

Zunächst – und auch dies wird noch im Folgeabschnitt 5.2 besprochen – ist dieses Komma die Differenz von vier reinen Quinten 2:3 gegenüber der reinen großen Terz 4:5 über zwei Oktaven und hat daher die Proportion 80:81.

Die Quinte zur Grundfrequenz gewinnen wir als Ton über der 2/3 – Saite $L_{2/3}$. Und bei vierfach iterierter Vorgehensweise – so wie im Beispiel zuvor – haben wir die Teilsaite $L_{16/81}$ gewonnen. Dann müssen wir nur noch auf der Referenzgrundsaite die FünfTeilung einrichten, und dann erklingt über der kleineren $L_{1/5}$-Saite nach der Monochordformel genau die große reine Terz über zwei Oktaven. Die Differenz beider Schritte liefert das syntonische Komma,

$$(16{:}81) \odot (5{:}1) \cong (80{:}81) = \text{syntonisches Komma.}$$

Das letzte Beispiel zeigt deutlich, dass der spielerische Umgang mit dem Monochord den Weg in die Theorie der Tonsysteme durchaus sinnvoll begleiten kann – eben dank einer die Theorie überwachenden Praxis. So ist das auch für andere als „grundsätzlich“ angesehene Methoden zur Einrichtung von Ton- oder Intervallsystemen der Fall. Einige davon wollen wir im Folgenden vorstellen:

Methoden der Generierung von Intervallsystemen
Von den Methoden, Intervalle zu finden, mit denen musikalische Konstrukte wie Skalen und Akkorde errichtet werden, sind vor allem die systematischen interessant; sie besitzen den höheren Grad einer Einordnung in allgemeinere **Prinzipien.** Wir zählen auf:

1. **Das Prinzip der Iteration (oder auch Progression)**

Intervalle – beziehungsweise deren Proportionen – werden gebildet durch die Schichtung (Addition, Adjunktion...) von zwei oder mehreren vorgegebenen erzeugenden **Grundintervallen** beziehungsweise durch das Produkt (Fusion) gegebener Proportionen und ihrer Inversen.

a) Im pythagoräischen Fall ist dies das Konglomerat aller Kettengebilde aus Quinten 2:3 und Oktaven 1:2 – oder alternativ aus Quinten und Quarten 3:4 – dem Oktavkomplement der Quinte.
b) Im Falle der reinen (diatonischen) Temperierung sind die Erzeuger Oktave 1:2, Quinte 2:3 (oder alternativ Quarte 3:4) und Terz 4:5.

So werden die beiden Proportionenfamilien

$$\mathbb{P}_{\text{pyth}} = \{A|A \cong (\odot\,\text{Quinte})^m \odot (\odot\,\text{Oktave})^n \text{ mit } n, m \in \mathbb{Z}\}$$
$$\mathbb{P}_{\text{diat}} = \{A|A \cong (\odot\,\text{Terz})^k \odot (\odot\,\text{Quinte})^m \odot (\odot\,\text{Oktave})^n \text{ mit } k, n, m \in \mathbb{Z}\}$$

als ganzzahlige Iterationen ihrer zwei beziehungsweise drei Erzeugerproportionen beschrieben (zur Symbolik siehe wieder den Abschn. 1.4).

2. **Das Prinzip der äquidistanten Zerlegung**

Man teilt die Saite (oder ein Klangrohr) in n gleiche (= gleich lange) Teile und gewinnt mittels der Monochordformel n Stufenintervalle, die sich als Differenz benachbarter Abschnitte ergeben. Für den klassischen Fall einer durch fortwährende Halbierung erreichte Achtelung der Grundsaite L_1 haben wir dann die Differenzenfolge der Abschnittslängen, die sich offenbar als eine **arithmetische Kette der Saitenteilung**

$$1:2:3:4:5:6:7:8$$

schreiben lässt. Und nach der Monochordformel entspricht die hierzu reziproke Kette genau der umgekehrten Reihung der Tonstufen, und nach unserer Theorie (Theorem 3.5) ist diese reziproke Kette

$$(7:8) \oplus (6:7) \oplus (5:6) \oplus (4:5) \oplus (3:4) \oplus (2:3) \oplus (1:2)$$

eine **harmonische** Kette mit einer Intervallfolge, deren erste beiden Stufen **ekmelisch** sind – zusammen aber eine Quart 6:8 ergeben; die weiteren Stufen sind traditionell rein diatonisch, so dass wir bei Tonika C die Tonfolge

$$c_0 - d_0^* - f_0 - as_0 - c_1 - f_1 - c_2 - c_3$$

erhalten; das Intervall $[c_0, d_0^*]$ ist dabei mit ≈231 ct deutlich größer als ein übliches Ganztonintervall mit 200 ct. Die Aufgabe, die harmonische Kette als verbundene Zahlenkette zu schreiben, ist aufgrund der Zahlenverhältnisse recht sportiv – man erhält:

$$(1:2:3:4:5:6:7:8)^{\mathrm{rez}} \cong 105:120:140:168:210:280:420:840.$$

Auch hier kann man sich überzeugen – sollte man der Theorie nicht trauen –, dass jede konsekutiv zusammenhängende 3-stufige Kette harmonisch ist, weshalb die ganze Kette eine harmonische Proportionenkette darstellt.

3. **Das Prinzip der proportionalen Teilung**

Hierunter versteht man, die klingende Saite nicht „äquidistant", sondern „proportional" nach dem Gesetz der harmonischen Folge zu teilen: Für eine heptatonische Skala würden wir in unserem Monochordmodell so verfahren:

Wir wählen für den Teilungsparameter x die Wertefolge

$$0 - \frac{1}{8} - \frac{1}{7} - \ldots - \frac{1}{2},$$

dann ergibt sich eine Proportionenfolge der Restlängen L_{1-x} zu L_1 in der Form

$$(7:8) - (6:7) - (5:6) - (4:5) - (3:4) - (2:3) - (1:2).$$

Diese heften wir diesmal nicht aneinander (zu einer dann harmonischen Kette), sondern wir verfolgen die Tonfolge, indem jedes Intervall von der Tonika C aus wirkt: So gewinnen wir zusammen mit der Tonika ($x = 0$) die aufsteigende Tonfolge einer Oktavskala, die wir zusammen mit den (gerundeten) Centangaben der von der Tonika aus angetragenen Intervalle mitanführen:

$$c - d^* - \mathrm{dis}^* - es - e - f - g - c \mid 231 - 266 - 315 - 386 - 498 - 702 - 1200.$$

Die Stufenproportionen dieser Skala berechnen sich als die Differenzen benachbarter Intervalle – somit erhalten wir – ab der 2. Stufe – die von Tonika C aus aufsteigende Stufenfolge als bemerkenswerte Proportionenkette der Stufenfolge

$$\left((n^2 - 1):n^2\right), n = 7, 6, \ldots, 2,$$

was dann konkret zu der Adjunktionskette

$$(7:8) \oplus (48:49) \oplus (35:36) \oplus (24:25) \oplus (15:16) \oplus (8:9) \oplus (3:4)$$

führt. Und bei Erhöhung der Teilungszahl ins Beliebige ergäbe sich in der Tat eine gegen die Prim 1:1 strebende Stufenfolge, wenn man die Skala abwärts verfolgt – also ihre Reziproke

$$(3{:}4), (8{:}9), (15{:}16), \ldots, \left((n^2 - 1){:}n^2\right), \ldots \to (1{:}1) \text{ für } n \to \infty$$

im Blick hat. Übrigens würden die Intervalle der Tonfolge über den Teilstrecken

$$L_{1/8}, L_{1/7}, \ldots, L_{1/2}, L_1$$

zum Grundton der leeren Saite wieder eine arithmetische Proportionenkette bilden – in der Tat ist ja die Beziehung

$$A = {}^1\!/_8{:}{}^1\!/_7{:}\ldots{:}{}^1\!/_2{:}{}^1\!/_1 \Rightarrow A^{\text{rez}} \cong 1{:}2{:}3{:}4{:}5{:}6{:}7{:}8$$

unmittelbar ersichtlich.

Historisches: Realisiert wurde dieses System übrigens in der **chinesischen Zither;** diese besitzt tatsächlich diese merkwürdige Stufenfolge. Eine andere Beobachtung ist auch die, dass manche Intervalle der griechisch-antiken Tetrachordik recht exotische Stufen besaßen. So sind hier die Intervalle (48:49) wie auch (35:36) nicht fremd. Es mag gut sein, dass die Monochordkonstruktion harmonischer Saitenabschnitte ehedem zu diesen Proportionen geführt hat. Denkbar wäre es.

4. **Das Prinzip der konsonanten Teilung**

Der Begriff der **Konsonanz** ist stark mit dem Begriff der sogenannten **„einfach-superpartikulären“ Proportionen** $(n{:}n + 1)$ beziehungsweise der entsprechenden Intervalle $[n, n + 1]$ verbunden. Man trifft gelegentlich auf diese Definition (vgl. [16]):

Ein Intervall $[n, m]$ mit den ganzzahligen Magnituden n, m ist **konsonant geteilt,** wenn es als Summe einfach-superpartikulärer Intervalle zusammengesetzt wird.

Vorweg sei allerdings vermerkt, dass man durch einen Trick jedes Intervall $[n, m = n + k]$ einfach-superpartikular teilen kann; man zerlegt es einfach in dieser Form:

$$[n, m = n + k] = [n, n + 1] \oplus [n + 1, n + 2] \oplus \ldots \oplus [m - 1, m].$$

Für die Proportionen bedeutet dies die einfach-superpartikuläre Zerlegung in die Produkte

$$(n{:}m) = (n{:}n + 1) \odot (n + 1{:}n + 2) \odot \ldots \odot (m - 1{:}m).$$

Interessant ist nun, dass auch einfach-superpartikulare Proportionen selber wieder als eine Proportionenkette aus **beliebig vielen einfach-superpartikularen Stufen** geschrieben werden können – und dies ist denkbar einfach, und es genügt uns, dies einmal für eine Zerlegung in zwei Anteile zu zeigen: Es gilt nämlich die Bilanz

$$(n{:}n+1) \cong (2n{:}2n+2) \cong (2n{:}2n+1) \odot (2n+1{:}2n+2).$$

Und dann ist die entsprechende Proportionenkette $2n{:}(2n+1){:}(2n+2)$ die einfach-superpartikulare Zerlegung der Proportion $(n{:}n+1)$. Mit den neuen beiden Teilproportionen kann man nun diesen Vorgang wiederholen und auf diese Weise eine **konsonante Teilung** einer einfach-superpartikularen Proportion in beliebig viele konsonante Teile erreichen.

Historisches: In der Antike bis zum Mittelalter gab es eine unüberschaubare Fülle solcher Teilungen; so hat Boethius (Anicius Manlius Severinus Boethius ($\approx$480 – 525)) den Tonos (8:9) in die Teile (16:17) und (17:18) zerlegt. Da er aber erkannte, dass beide Teile verschieden waren (wir würden sagen: nicht-ähnlich), begründete er hiermit die „Unteilbarkeit" des Tonos (in zwei gleiche Hälften) und stützte damit – leider aber mit einem fehlerhaften Argument – die Thesen der pythagoräischen Lehre, dass nämlich der „Tonos" unteilbar sei.

5. **Das Prinzip der Medietätenteilung**

Wie das Beispiel der arithmetischen Proportionenkette $2n{:}(2n+1){:}(2n+2)$ aus der voangehenden Betrachtung unmittelbar zeigt, ist hier im Grunde eine simple Einbringung des arithmetischen Mittels erfolgt. Ohne Zweifel gibt es weit darüber hinaus noch weitere zahlreiche Möglichkeiten, dieses Modell auf alle möglichen Mittelungen auszudehnen – sei es durch Einbringung von inneren Medietäten (zu den Magnituden n und m) oder durch Berechnung diverser äußerer Proportionalen – nach den Modellen unseres Abschn. 3.4. Auch diesen Konstruktionen begegnet man – wenn man nur sucht.

5.2 Musikalische Tonsysteme: die Proportionengleichung als Weg zur Harmonie

In diesem Abschnitt wenden wir uns konkreten und historisch relevanten Tonsystemen zu, vor allem denjenigen, die durch Bausteine und deren iterative Adjunktion und Subjunktion entstehen. Gleichzeitig dient er der Beschreibung der Intervalle durch ihre Proportionen. Diese gewinnen wir nun vor allem aus dem Kalkül der Fusionsgleichungen des Abschn. 1.4. In drei größeren Beispielblocks stellen wir die wichtigsten Intervalle

- des pythagoräischen Quintsystems $\mathbb{P}_{\text{pyth}}$,
- des rein diatonischen Quint-Terz-Systems $\mathbb{P}_{\text{diat}}$,
- eines ekmelischen Intervallsystems, welches die Primzahlen 7 und 11 benötigt,

vor. Die beiden ersteren finden vor allem in der vertrauten Skalentheorie und in der Theorie der musikalischen Kommata reiche Vorkommnis, während die entlegeneren „ekmelischen" Intervalle sogar für manche Überraschungen gut sind: Wir beschreiben

- *sowohl einen **illustren Zusammenhang zur Kreiszahl π,***
- *als auch Zusammenhänge zur **antiken Tetrachordik.***

Letztere war ja bekanntlich überaus reich an ungewöhnlichen Proportionenstrukturen.

Im ersten Beispielblock entwickeln wir die Architektur des **pythagoräischen Systems,** welches bekanntlich ausschließlich aus Quinten (2:3) und Oktavierungen aufgebaut ist, wenn wir die Sprache der Intervalle verwenden. In der Sprache der Proportionen heißt das also, dass alle zu gewinnenden Proportionen (n:m) nur aus den

- **arithmetischen Bausteinen** Prim (1:1), Oktave (1:2) und oktavierte Quinte (Duodezime) (1:3) und deren Umkehrungen, den
- **harmonischen Bausteinen** Prim (1:1), Abwärtsoktave (2:1) und Abwärtsduodezime (3:1)

mittels Anfügen (Produkt, Fusion) konstruiert werden. Die übliche Quinte (2:3) ist dabei selbst eine Konstruktion,

$$\text{Quinte}\,(2{:}3) = \text{Duodezime}\,(1{:}3)\text{ minus Oktave}\,(1{:}2) = (1{:}3) \odot (2{:}1).$$

Sie gilt aber gleichwohl als der Grundbaustein beinahe aller reinen Systeme schlechthin.

Beispiel 5.3

Intervalle des pythagoräischen Tonsystems – die Primzahlen 2 und 3

Erzeugende Intervalle aller übrigen Intervalle aus $\mathbb{P}_{\text{pyth}}$ sind die reine Quinte 2:3 und die Oktave 1:2.

1. **Tonos (großer Ganzton):** Wie wir bereits im Abschn. 1.4, Beispiel 1.2, gesehen haben, sind die Proportionen des pythagoräischen Ganztons (Tonos T) als Schichtung zweier Quinten (abzüglich einer Oktave) und der großen pythagoräischen Terz **(Ditonos)** als Schichtung zweier Ganztöne T diese:

   $$\text{Tonos} \cong 8{:}9 \text{ und Ditonos} = 2T = (8{:}9) \odot (8{:}9) \cong 64{:}81.$$

   Der Tonos hat das gerundete logarithmische Maß von $\approx$204 ct.
2. **Limma:** Wie groß ist die Proportion des Intervalls, welches sich als Differenz einer großen pythagoräischen Terz zur Quarte ergibt?
   Die reine Quarte hat die Proportion 3:4, denn sie bildet zusammen mit der Quinte 2:3 eine Oktave 1:2 – was ja durch

   $$(2{:}3) \odot (3{:}4) \cong 6{:}12 \cong 1{:}2$$

bestätigt wird. Demnach haben wir für das gesuchte Intervall X die Gleichung

$$X \odot (64{:}81) \cong 3{:}4 \Leftrightarrow X \cong (3{:}4) \odot (81{:}64) \cong 243{:}256 = 3^5{:}2^8.$$

Dieses Intervall zur Proportion 243:256 heißt **pythagoräisches Limma (L).** Und wir haben die Intervallbilanz

$$\boldsymbol{L} = (\boldsymbol{O} \ominus \boldsymbol{Q}) \ominus \boldsymbol{2T}.$$

Weil ein Tonos die Proportion $8{:}9 \cong 243{:}273\frac{3}{8}$ besitzt, ist das Limma nur beinahe halb so groß wie der Tonos; einfacher sehen wir das am Centmaß: Das Limma hat das gerundete logarithmische Maß von $\approx$90 ct.

3. **Apotome:** Wie groß ist der Partner des Limma im Tonos?
   Die entsprechende Gleichung lautet:

$$\begin{aligned} &X \odot (3^5{:}2^8) \cong 8{:}9 \\ &\Leftrightarrow X \cong \left(2^3{:}3^2\right) \odot (2^8{:}3^5) \cong (2^{11}{:}3^7) = 2048{:}2187. \end{aligned}$$

   Dieses Intervall heißt **pythagoräische Apotome (A);** wir haben demnach die Zerlegung des Ganztons Tonos in zwei (unterschiedlich große) Semitonia,

$$\boldsymbol{T} = \boldsymbol{L} \oplus \boldsymbol{A} \rightleftarrows (8{:}9) \cong (243{:}256) \odot (2048{:}2187).$$

   Die Apotome hat das gerundete logarithmische Maß von $\approx$104 ct. Die Apotome ist also die größere und das Limma die kleinere Hälfte des Tonos.

4. **Pythagoräisches Komma:** Wie groß ist schließlich der Unterschied dieser beiden Semitonia A und L? Auch hier gewinnen wir das Ergebnis schnell anhand der dazu nötigen Proportionengleichung:

$$\begin{aligned} X \odot (3^5{:}2^8) \cong (2^{11}{:}3^7) &\Leftrightarrow X \cong (2^{11}{:}3^7) \odot (2^8{:}3^5) = (2^{19}{:}3^{12}) \\ &\Leftrightarrow X \cong 524.288{:}531.441 \rightleftarrows \boldsymbol{X} = \boldsymbol{A} \ominus \boldsymbol{L}, \end{aligned}$$

   und das ist das **pythagoräische Komma,** welches uns bereits im Beispielblock des Abschn. 1.4 begegnet war. Seine logarithmische Größe ist $\approx$23,5 ct.

5. **Die pythagoräische heptatonische Skala:** Schichten wir von einem Startton (Tonika) fünf Aufwärtsquinten und separat eine Abwärtsquinte und bringen wir die erreichten Töne mittels passender Oktavierung in den Oktavraum über der Tonika, so entsteht eine 7-stufige (heptatonische) Oktavskala, welche notwendigerweise folgende aufsteigende Intervallstufenfolge aus Ganztönen T und Semitonia L des bekannten Musters einer Dur-Skala

$$T - T - L - T - T - T - L - \text{kurz: } 1 - 1 - \frac{1}{2} - 1 - 1 - 1 - \frac{1}{2}$$

   besitzt. Die Apotome kommt hierin nicht vor, sie ist nicht **„leitereigen“** – wohl aber ist sie Stufenintervall in der 12-stufigen chromatischen Skala. Die gemäß diesem heptatonischen Aufbau als multiple Adjunktion der Stufenproportionen aus Tonos 8:9 und Limma 243:256 konstruierte Proportionenkette lautet dann

$$384:432:486:512:576:648:729:768.$$

Dieses ist die Proportionenkette der **pythagoräischen Heptatonik** kleinstmöglicher ganzzahliger Magnituden. Wir sehen – quasi als Bestätigung der Rechnung – die Oktavbilanz der äußeren Magnituden $384:768 \cong 1:2$.

Um dem Leser ein paar trickreiche Hilfen bei der Erstellung dieser langen Kette zu geben, führen wir einige Schritte hierzu aus: Es soll also die Adjunktion der sieben Proportionen

$$(8:9) \oplus (8:9) \oplus (243:256) \oplus (8:9) \oplus (8:9) \oplus (8:9) \oplus (243:256)$$

in genau dieser Reihung als 7-stufige Proportionenkette berechnet werden. Wir sehen hierbei zum einen den symmetrischen Aufbau aus zwei gleichen – durch einen Ganztonschritt verbundenen – Tetrachorden

$$[(8:9) \oplus (8:9) \oplus (243:256)] \oplus (8:9) \oplus [(8:9) \oplus (8:9) \oplus (243:256)];$$

zum anderen werden wir unter Beachtung der Primfaktorstruktur der Magnituden an den Verbindungsstellen zweier anzufügender Teilketten mit dem kleinsten gemeinsamen Vielfachen (kgV) arbeiten. Wir starten mit der Kette des Tetrachords:

$$(8:9) \oplus (8:9) \cong (64:72) \oplus (72:81) \cong 64:72:81 = 2^6:2^3 3^2:3^4$$

Dann fügen wir das Limma ($243:256 = 3^5:2^8$) an – hier reicht offenbar die Verdreifachung der vorderen Kette –, und dann ergibt sich für das Tetrachord die Bilanz

$$(2^6 3^1:2^3 3^3:3^5) \oplus (3^5:2^8) \cong 2^6 3^1:2^3 3^3:3^5:2^8.$$

Zum nun folgenden Anfügen des Tonos $2^3:3^2$ an dieses Tetrachord wird dieser mit 2^5 zur ähnlichen Proportion $2^8:2^5 3^2$ erweitert, dann erhalten wir das **Pentachord**

$$(2^6 3^1:2^3 3^3:3^5:2^8) \oplus 2^8:2^5 3^2 \cong 2^6 3^1:2^3 3^3:3^5:2^8:2^5 3^2.$$

Jetzt wird dieses Pentachord noch mit 2^1 und das Tetrachord mit 3^1 erweitert, und dann sind die Anschluss-Magnituden wieder identisch, und wir erhalten mit

$$\begin{aligned}&(2^7 3^1:2^4 3^3:2^1 3^5:2^9:2^6 3^2) \oplus (2^6 3^1:2^3 3^4:3^6:2^8 3^1)\\ &\cong (2^7 3^1:2^4 3^3:2^1 3^5:2^9:2^6 3^2:2^3 3^4:3^6:2^8 3^1)\end{aligned}$$

die geforderte Reihe 384:432:486:512:576:648:729:768.

Zwei interessante **Bemerkungen** mögen an dieser Stelle genannt sein:

1. Das bekannte Muster der Dur-Tonleiter

$$1 - 1 - \frac{1}{2} - 1 - 1 - 1 - \frac{1}{2}$$

   ist nicht nur das vertraute **Muster der Ganz- und Halbtonabfolge** unserer üblichen Tonskala, sondern es ist das Muster jeder beliebigen heptatonischen (Dur-) Skala, welche durch Quintiterationen einer fest gewählten und beliebigen Quinte erzeugt ist. Nähme man beispielsweise die mitteltönige Quinte (der irrationalen Proportion $1{:}\sqrt[4]{5} \approx 1,4953.. \approx 696{,}58\,\text{ct}$), so entstünde die mitteltönige Temperierung von **Michael Praetorius** und **Arnold Schlick,** welche die gleiche Abfolge von Ganz- und Halbtönen (jedoch anderer Größen) besäße.
2. Es stellt sich die **Frage:** Ist es ein Zufall, dass die Halbtondifferenz des Tonos dasselbe Intervall des pythagoräischen Kommas darstellt wie die Differenz von sechs Ganztonschritten zur Oktave?
   Die **Antwort** ist: Nein, beide sind die Differenz von 12 reinen Quinten zu 7 Oktaven!
   Warum? Setzen wir nämlich für alle Intervalle (T, L, A) ihre Darstellungen als Schichtungen von Quinten und Oktaven ein, so entsteht jedes Mal die gleiche Bilanz. (Bitte ausprobieren!) Eine ausführliche Erörterung dieses Zweigs der Musiktheorie und ihrer mathematischen Beschreibungen erfährt man in [16].

Das nächste Beispielpaket handelt von der **reinen diatonischen Intervallfamilie** $\mathbb{P}_{\text{diat}}$; das sind (nach mehrheitlichem Verständnis) alle Intervalle, deren Frequenzmaße durch die drei Primzahlen 2, 3 und 5 ausdrückbar sind. Musikalisch und gleichwertig hierzu bedeutet dies, dass zu den zwei erzeugenden Intervallen Oktave 1:2 und Quinte 2:3 des pythagoräischen Systems $\mathbb{P}_{\text{pyth}}$ die **reine** Terz 4:5 hinzukommt. In der Sprache der Proportionenlehre baut sich dieses Intervall – respektive dieses Tonsystem auf aus den

- **arithmetischen** Proportionenbausteinen Prim (1:1), Oktave (1:2), Duodezime (1:3) und Doppeloktavterz (1:5) samt deren Umkehrungen,
- **harmonischen Bausteinen** (1:1), (2:1), (3:1), und (5:1), welche den abwärts angefügten Intervallen der arithmetischen Reihe entsprechen.

▶ ***Moderner Aspekt:*** *Unter stillschweigender Unterdrückung gelegentlicher Oktavierungen – die (wie weiter oben) den einzigen Zweck haben, durch Intervallschichtungen gewonnene Töne nötigenfalls (und beispielsweise) in den Oktavraum über der Tonika als Startton zu transportieren – bewegen wir uns demnach im ganzzahligen gerasterten* ***2-dimensionalen Euler-Gitter*** *aller Terz (4:5)- und Quint (2:3)-Iterationen. In diesem Gitter erreicht man mathematisch methodisch – gleichsam in Form einer* ***ganzzahligen Vektorrechnung*** *– alle Intervalle/Töne der reinen diatonischen Temperierungen, deren es wohl viele gibt.*

Es gibt in diesem System einige herausragende Intervalle, durch die das Gefüge an Ganz-, Halb-, und Vierteltönigkeiten systematisch beschrieben werden kann. Unter diesen greifen wir einige heraus:

Beispiel 5.4

Intervalle der reinen Diatonik – die Primzahlen 2, 3 und 5

1. **Kleiner (diatonischer) Ganzton:** Wie groß ist die Proportion des Intervalls, welches sich als Differenz des pythagoräischen Ganztons Tonos 8:9 in der reinen Terz 4:5 ergibt?
   Hier lautet die definierende Proportionengleichung
   $$X \odot (8{:}9) \cong 4{:}5 \Leftrightarrow X \cong (4{:}5) \odot (9{:}8) \cong 36{:}40 = 3^2{:}2^1 5^1 \cong 9{:}10.$$
   Also hat die reine Terz die Zerlegung in **zwei unterschiedlich große** Ganztöne
   $$\text{Terz}\,(4{:}5) = \text{großer Ganzton}\,(8{:}9) \oplus \text{kleiner Ganzton}\,(9{:}10);$$
   der kleine diatonische Ganzton 9:10 hat das logarithmische Maß $\approx$182,4 ct.
2. **Syntonisches Komma:** Der Unterschied dieser beiden Ganztöne heißt syntonisches (gelegentlich auch didymisches) Komma; seine Proportion ist schnell ermittelt:
   $$X \odot (9{:}10) \cong 8{:}9 \Leftrightarrow X \cong (8{:}9) \odot (10{:}9) \cong 80{:}81 = 2^4 5^1{:}3^4.$$
   Damit haben wir die beiden untereinander gleichwertigen bilanzierenden Formeln
   $$\text{Tonos}\,(8{:}9) = \text{kleiner Ganzton}\,(9{:}10) \oplus \text{synt. Komma}\,(80{:}81),$$
   $$\text{Ditonos}\,(64{:}81) = \text{reine Terz}\,(64{:}80) \oplus \text{synt. Komma}\,(80{:}81).$$
   Das syntonische Komma ist mit $\approx$21,5 ct ein wenig kleiner als das pythagoräische Komma; der Unterschied ist ein **„Schisma"** von $\approx$2 ct, siehe (4).
3. **Diatonischer Halbton** ***S:*** Wie groß ist die Differenz zwischen reiner Terz 4:5 und reiner Quarte 3:4?
   Auf einem diatonisch rein gestimmten Klavier wäre dies beispielsweise das Intervall von *e* nach *f*: Die Rechnung liefert
   $$X \odot (4{:}5) \cong 3{:}4 \Leftrightarrow X \cong (3{:}4) \odot (5{:}4) = 3^1 5^1{:}2^4 \cong 15{:}16.$$
   Dieser Halbton heißt reiner (diatonischer) Halbton; er ist um das syntonische Komma größer als das pythagoräische Limma, seine logarithmische Größe ist $\approx 111,7$ ct.
4. **Schisma:** Der Unterschied von syntonischem und pythagoräischem Komma ist
   $$X \odot (80{:}81) \cong (2^{19}{:}3^{12}) \Leftrightarrow X \cong \left(2^{19}{:}3^{12}\right) \odot (3^4{:}2^4 5^1) \cong 2^{15}{:}3^8 5^1.$$

Mithin ist $X \cong 32.768:32.805$ – und dieses winzige Intervall ist beinahe eine Prim, in der griffigeren logarithmischen Größe sind gerade mal $\approx$2 ct. In der historischen Musiklehre war das Schisma das kleinste musikalische Intervall der Diatonik.

Die Fülle an Elementarintervallen nimmt aber hier erst ihren Anfang: Der diatonische Halbton S hat im kleinen wie im großen Ganzton komplementäre Partner – **kleines** und **großes Chroma** genannt; die Differenz des kleinen Chromas im großen Ganzton (8:9) wiederum heißt **Euler-Halbton;** drei reine Terzen (4:5) haben ein Komma mit der Oktave (die **kleine Dïesis**), wie auch vier reine kleine Terzen (5:6) mit der Oktave eine Kommadifferenz bilden (die **große Dïesis**). Wir berechnen die Proportionen all dieser Intervalle und bringen hoffentlich etwas Licht in diesen Intervallzoo:

5. **Kleines** und **großes Chroma:** Gemäß der voranstehenden Beschreibung haben wir jeweils die definierenden Gleichungen

$$X \odot (15:16) \cong 9:10 \Leftrightarrow X \cong 9 * 16:15 * 10 = 24:25 \text{ (kleines Chroma)},$$
$$X \odot (15:16) \cong 8:9 \Leftrightarrow X \cong 8 * 16:9 * 15 = 128:135 \text{ (großes Chroma)}.$$

Das sind also die zum diatonischen Halbton komplementären Partner in den beiden Ganztönen; ihre logarithmischen Größen sind $\approx$70,7 ct und $\approx$92,2 ct.

6. **Euler-Halbton:** Da das kleine Chroma – wie auch das große – den Charakter eines „Halbtons" haben – denn sie sind ja die Komplemente eines „Halbtons" in einem „Ganzton" –, ist tatsächlich noch eine weitere Halbtondifferenz in einem Ganzton bildbar: Die Differenz des kleinen Chromas im großen Ganzton, und dies ergibt

$$X \odot (24:25) \cong 8:9 \Leftrightarrow X \cong 8 * 25:9 * 24 = 25:27;$$

dieser neue Halbton(schritt) heißt Euler-Halbton; er hat beachtliche $\approx$133,2 ct.

7. **Kleine Dïesis** und **große Dïesis:** Die Bilanzen ergeben hier die Proportionenwerte

$$X(\odot (4:5))^3 \cong 1:2 \Leftrightarrow X \cong 5^3:2^7 = 125:128 \text{ (kleine Dïesis)},$$
$$X \odot (1:2) \cong (\odot (5:6))^4 \Leftrightarrow X \cong 5^4:2^3 3^4 = 625:648 \text{ (große Dïesis)},$$

hierbei ist $(\odot(a{:}b))^m$ das m-fache Proportionenprodukt (s. Theorem 1.4). Die logarithmischen Maße sind $\approx$41 ct (kleine Dïesis) und $\approx$62,5 ct (große Dïesis); beide unterscheiden sich um das syntonische Komma.

8. **Die reine (diatonische) heptatonische Skala** wird aus dem Euler-Gitter der Iterationen mit Terzen (4:5) und Quinten (2:3) (und geeigneten Ab-Oktavierungen) gewonnen; eine – von vielen möglichen(!) Oktavskalen – hat den Intervallaufbau

Tonos – kl. GT – diaton. HT – Tonos – Tonos – kl. GT – diaton. HT.

Adjungieren wir die entsprechenden Proportionen zu einer Proportionenkette, so erhalten wir die Proportionenkettendarstellung

24:27:30:32:36:40:45:48;

sie ist dank kleinerer Zahlenwerte ihrer Magnituden wesentlich übersichtlicher als die Proportionenkette der pythagoräischen heptatonischen Skala.

Das folgende Beispiel führt uns auf eine Spielwiese antiker Intervallarithmetik, so wie man sie in vertiefenden älteren Literaturen gerne antrifft und wobei Überraschungen in der Regel ebenso garantiert sind wie der sichere Verlust eines Überblicks hierüber.

Wenn wir die berühmte Kreiszahl π – mit ihrer Näherung 3,14... – erwähnen, scheint eine Einbeziehung in das Reich musikalischer Formen sehr entlegen. Beschreibt sie doch das Verhältnis von Durchmesser zur Peripherie, der Kreislinie. Und schon lange ist klar, dass π kein kommensurables Verhältnis $n{:}m$ eingeht, diese Zahl ist irrational und darüber hinaus auch noch transzendent, was noch auf eine komplexere Struktur schließen lässt.

Nun waren diese Umstände ehedem völlig unbekannt; die Probleme der „Quadratur des Kreises“ und vieler vergleichbarer Dinge wurden ja erst umfassend in unserer neueren Zeit erkannt und gelöst. Wenn wir an Forderungen denken wie an diejenige des Pythagoras, alles sei irgendwie kommensurabel, so verwundert es nicht, dass auch versucht wurde, der Zahl π ein musikalisches Mäntelchen anzuziehen.

Und wir kommen so zur **„ekmelischen Terz“.** Der Ausgangspunkt ist dieser: Schon seit Urzeiten rechnete – ja identifizierte – man π mit dem Bruch 22/7. Ein Vergleich zeigt:

$$\pi = 3{,}1415 \, \text{und} \, 22/7 = 3{,}1428 \, \text{also} \, (22/7{:}\pi) = 1{,}000432 \ldots.$$

Die Fehlerdifferenz beträgt proportionell also gerade mal ein knappes halbes Tausendstel nach dem Komma. Diese bequeme antike Substitution ist für die gewöhnliche Praxis bestens prädestiniert – zumal ihre Magnituden (22 und 7) denkbar günstig liegen (falls wir allerdings den Taschenrechner einmal beiseite legen).

Ersetzen wir also π durch diese formidable Näherung, so entsteht eine **ekmelische Proportion** (7:22), welche ab-oktaviert zur Proportion (7:11) mutiert. Sie enthält also genau die beiden Primzahlen 7 und 11, welche auf die diatonischen Primzahlen 2, 3 und 5 des Senariums folgen. Und aus dieser Proportion (7:11) hat man dann folgende Töne respektive Intervalle gebastelt:

Beispiel 5.5

Die Kreiszahl π und die ekmelischen Terzen: die Primzahlen 7 und 11

Die Hinzunahme der nächsten beiden Primzahlen (7 und 11) zu den Primzahlen 2, 3 und 5 des pythagoräisch-diatonischen Systems führt zu sehr exotischen Intervallen; einige davon sind diese:

1. **Ekmelischer Ganzton:** Der Ganztonschritt 7:8 ist mit 231,2 ct bereits deutlich größer als der ohnehin schon sehr große Tonos (8:9) mit 203,9 ct.
2. **Ekmelische Sext:** Die Proportion 7:11 gehört zu einem Intervall, dessen Centmaß 782,5 ct ist. Ordnen wir es in einer gleichstufigen Skala ein, so kann dieses Intervall als eine knappe kleine Sexte (mit 800 ct) angesehen werden.
3. **Ekmelische Quart:** die Proportion 8:11 beschreibt ein Intervall mit 551,3 ct, dessen Lage die Rolle einer (recht großen) Quart annehmen kann (aber nicht muss); ihr Oktavkomplement hat dann die Proportion 11:16 und würde die dazu passende **ekmelische Quinte** (mit 648,7 ct) darstellen.
4. **Ekmelische Terzen:** Aufgrund der von den gewöhnlichen Tonstufen doch deutlich abweichenden Proportionen und ihrer Maße lassen sich gleich mehrere Varianten von ekmelischen Terzen angeben:
   a) Als Oktavkomplement zur kleinen Sexte 7:11 haben wir die Proportion der

   $$\text{Terz}_{\text{ekmelisch}}\ 11{:}14 \text{ mit } 417{,}5\,\text{ct}.$$

   b) Als Schichtung (Produkt) zweier ekmelischer Ganztöne 7:8 gewinnen wir die

   $$\text{Terz}_{\text{ekmelisch}}\ 49{:}64 \text{ mit } 462{,}4\,\text{ct}$$

   c) Auch die Differenz des ekmelischen Ganztons 7:8 in der ekmelischen Quart 8:11 wird vermittels der Proportionengleichung gewonnen:

   $$X \odot (7{:}8) \cong 8{:}11 \Leftrightarrow X \cong (8{:}11) \odot (8{:}7) \cong 64{:}77$$

   $$X = \text{kleine Terz}_{\text{ekmelisch}}\ 64{:}77 \text{ mit } 320{,}14\,\text{ct}.$$

Verblüffender Zufall: Diese kleine ekmelische Terz 64:77 stimmt erstaunlicherweise beinahe genau mit einer der in der erweiterten chromatischen pythagoräischen Skala sich befindenden kleinen Terzen überein – nämlich mit dem Intervall c – **dis** der durch reine Quinten 2:3 erzeugten Wolfsquintskala; hierin hat das Intervall (c – dis) die Proportion

$$(c - \text{dis}) = 3^9{:}2^{14} = 16.384{:}19.683 \text{ mit der Centzahl } 317{,}6\,\text{ct},$$

so dass diese kleine ekmelische Terz von vertrauten Tonsystemen nicht völlig entlegen ist; gleichwohl ist ihre Distanz zur gleichstufigen kleinen Terz (300 ct) doch wieder beachtlich.

Nur am Rande sei vermerkt, dass man sicher ahnt, welche weitere Fülle an unterschiedlichen Ganztönen, Halb- und Mikrotönen bildbar wäre, wenn man alle möglichen

Differenzen dieser Intervalle untereinander und zusammen mit den bereits bekannten diatonischen Strukturen auflisten würde. Tatsächlich sind so manche dieser exotisch erscheinenden Proportionen antikes Eigentum. So lautet beispielsweise die Proportionenfolge des **lydisch-diatonischen Tetrachords** des **Ptolemäus**

$$(7:8) - (9:10) - (20:21),$$

was der Proportionenkette 63:72:80:84 entspricht, deren äußere Proportion 63:84 ja genau eine Quart 3:4 ist. Wir kommen im übernächsten Abschn. 5.4 darauf zurück.

5.3 Akkordische Klänge in den Proportionenketten

Wir werden in diesem Abschnitt einige Beispiele von musikalischen Realisierungen von aneinandergereihten Proportionen – also Proportionenketten – vorstellen; dabei ist hier auch die Einbeziehung der einen oder anderen Medietätenstruktur höchst interessant.

Wir starten mit den zwar elementaren, jedoch tiefgreifenden Zusammenhängen arithmetischer und harmonischer Proportionenketten, die ursprünglich im Theorem über die Harmonia perfecta maxima babylonica (Abschn. 3.2) mit der Dur-Moll-Spiegelung zum Ausdruck kamen und die uns – bei Lichte besehen – durch das ganze Buch begleitet haben. Dann betrachten wir die Dur-Moll-Symmetrie im kompletten **Senarius** – dem arithmetischen Baukasten der Terz-Quint-Diatonik – und fragen, *wie weit die Akkorde durch äußere Proportionale innerhalb des Senarius erweitert werden könnten.*

Schließlich folgen noch zwei weitere Bespiele aus dem Spiel mit **Sext- und Septim-Akkorden** und ihren Proportionenketten.

Beispiel 5.6

Dur- und Moll – Dreiklänge der Diatonik und ihre Proportionenketten

1. Der **Dur-Dreiklang** der reinen diatonischen Temperierung $\mathbb{P}_{\text{diat}}$ – also zum Beispiel die Tonfolge $c - e - g$ – wird durch die 3-gliedrige Proportionenkette 4:5:6 beschrieben; sie hat die Bilanz einer Quinte (2:3) und den Stufenaufbau

   $$\text{große Terz } (4:5) \oplus \text{kleine Terz } (5:6);$$

   die Proportionenkette ist arithmetisch.
2. Der **Moll-Dreiklang** der reinen diatonischenTemperierung $\mathbb{P}_{\text{diat}}$ – also zum Beispiel die Tonfolge $c - es - g$ – hat den zum Dur-Dreiklang reziproken Aufbau

   $$\text{kleine Terz } (5:6) \oplus \text{große Terz } (4:5);$$

   die 3-gliedrige Proportionenkette ergibt sich sehr schnell nach dem in Theorem 2.4 vorgestellten Adjunktionsverfahren und lautet 10:12:15, es ist ja

   $$5:6 \cong 10:12 \text{ und } 4:5 \cong 12:15.$$

   Die Kette 10:12:15 ist eine harmonische Proportionenkette.

3. Die beiden Proportionenketten von diatonisch Dur und Moll

   4:5:6 (Dur) und 10:12:15 (Moll)

   sind also – nach Konstruktion – reziprok zueinander, was auch an den Zahlenwerten – sozusagen zur Übung – gezeigt werden kann.

4. Die Medietätenanordnung ist auch sehr gut vergleichend zu sehen, wenn wir für beide Ketten, die ja dieselbe äußere Proportion der reinen Quinte (2:3) besitzen, diese gleiche äußere Proportion verwenden; nach kurzer Überlegung ist dies 20:30; hier sind dann

   20:25:30 (Dur) und 20:24:30 (Moll),

   und hierbei ist dann 25 das arithmetische und 24 das harmonische Mittel der Magnituden 20 und 30. Das verbindendende Intervall [24, 25] ist ebenfalls schnell ausgemacht: Es ist das

   kleine Chroma 24:25,

   die Differenz von kleinem diatonischen Ganzton und diatonischem Halbton; ihm waren wir ja schon im Beispiel 5.4 begegnet – siehe auch die Tabelle des Anhangs.

Im nächsten Beispielpaket erweitern wir diese Dur- und Moll-Akkorde – und zwar soweit dies sowohl im Rahmen des Terz-Quint-Gitters $\mathbb{P}_{\text{diat}}$ als auch im Rahmen der Charakterisierung als arithmetische und harmonische Proportionenketten möglich ist.

Der **Aktionsraum** des **Senarius** ist dabei die Gesamtheit aller Proportionenketten, die man per Adjunktionen und Produkten (Fusionen) aus den Perissosproportionen

(1:1), (1:2), . . . , (1:6) und ihren Artios-Umkehrungen

(6:1), (5:1), . . . , (1:1)

erhält. Oktave, Quinte und reine Terz sind demnach die entsprechenden Intervalle, die hieraus bildbar sind – folglich gehört zum Aktionsraum des Senarius genau all jenes an Proportionen, was als Intervall aus diesen drei Bausteinen via Adjunktion und Subjunktion gewonnen werden kann.

Beispiel 5.7
Arithmetische und harmonische Proportionenketten des Senarius

1. Die 3-gliedrige Kette 4:5:6 kann innerhalb des Senarius als **arithmetische** Kette offenbar nur maximal bis zur 6-gliedrigen Kette

   $$1:2:3:4:5:6$$

   fortgesetzt werden; bezüglich der Ausgangskette 4:5:6 sind die Magnituden 3, 2 und 1 in dieser Abfolge die aufeinander folgenden äußeren (vorderen) höheren Proportionalen. Diese Proportionenkette beschreibt einen 6-tönigen Dur-Akkord in der Stufenfolge

   $$\text{Oktave}\,(1:2) \oplus \text{Quinte}\,(2:3) \oplus \text{Quarte}\,(3:4) \oplus \text{große Terz}\,(4:5) \oplus \text{kleine Terz}\,(5:6),$$

   und sie wäre beispielsweise durch den gespreizten Akkord

   $$c_0 - c_1 - g_1 - c_2 - e_2 - g_2$$

   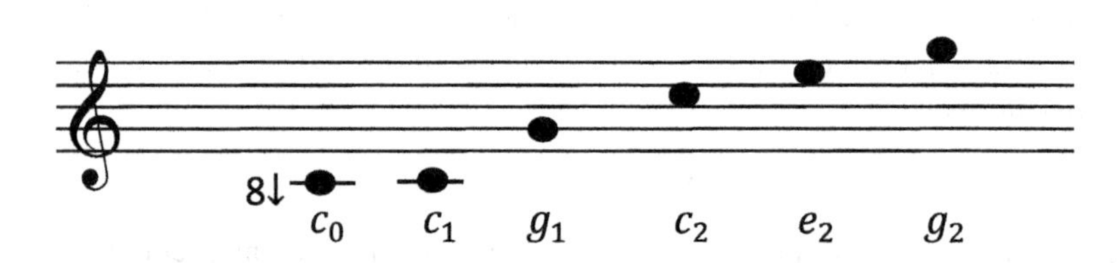

   realisiert – also durch jenen Akkord, der millionenfach in den Klaviaturen zuhause ist.
2. Konsequenterweise lässt sich die zur Dur-Proportionenkette reziproke harmonische Moll-Dreiklangkette 10:12:15 nur nach oben durch weitere äußere Proportionale als harmonische Kette fortsetzen – und zwar genau dreimal. Das ist nämlich durch das Theorem 4.1 beschrieben. Die zur arithmetischen Kette 1:2:3:4:5:6 reziproke Kette ist die **harmonische** Proportionenkette

   $$10:12:15:20:30:60.$$

   Realisiert würde sie beispielsweise auf den weißen Tasten einer Klaviatur (in reiner Temperierung) durch den Akkord

   $$e_0 - g_0 - h_0 - e_1 - h_1 - h_2.$$

   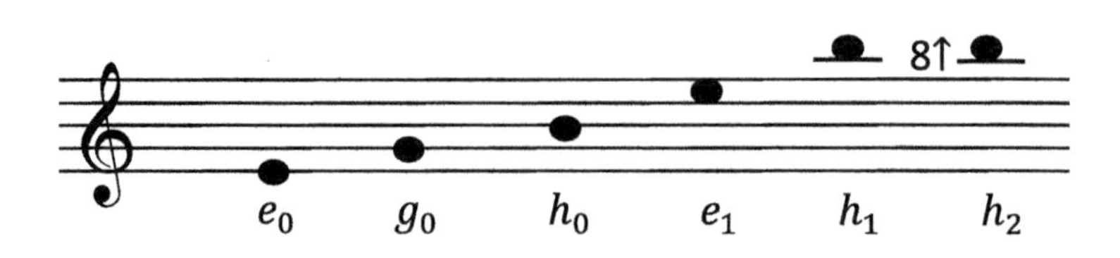

Diese Zahlenfolge können wir entweder rechnen, indem wir einerseits die arithmetische Kette invertieren und dann die Ganzzahligkeit anstreben, oder indem wir andererseits durch Anfügen höherer harmonischer Proportionalen an die Ausgangskette 10:12:15 die Werte ermitteln; dann ist nämlich $x = 20$ der passende Wert, so dass 15 das harmonische Mittel von 12:15:x ist. Oder aber wir **argumentieren musikalisch:**
Musikalische Konstruktion: Wir fügen die Intervalle der arithmetischen Kette umgekehrt zusammen: Auf die bereits vorhandene Mollkette

$$\text{kleine Terz } 5{:}6 \oplus \text{große Terz } 4{:}5 \rightleftarrows 10{:}12{:}15$$

folgt die Quarte 3:4, *die – an 15 angefügt – die Proportion* 15:20 *aufzeigt. Darauf kommt eine Quinte* (20:30)*, und darauf folgt eine Oktave* (30:60)*; so entsteht ganz einfach –* ***durch die Musik selbst*** *– das Proportionenbild.*

Wir bemerken, dass die Nichtfortsetzbarkeit der Mollkette als harmonische Kette über die Magnitude 60 hinaus auch ohne eine Argumentation mittels ihrer Reziproken schlechterdings nicht möglich ist, da das letzte Intervall eine Oktave ist. In einer harmonischen Proportionenkette $a{:}x{:}b$ kann jedoch die Proportion $a{:}x$ nicht ähnlich zu 1:2 (oder größer) sein; ansonsten ergäbe sich sehr schnell ein Widerspruch, den wir zwar schon des Öfteren erkannt haben; gleichwohl werden wir ihn an dieser Stelle nochmal „proportionell" zeigen:

Zunächst haben wir die Umformung

$$a{:}x \cong 1{:}2 \Leftrightarrow x{:}1 \cong 2a{:}1$$
$$\Rightarrow (x - a){:}(b - x) \cong (2a - a){:}(b - x) \cong a{:}(b - x).$$

Dazu haben wir nämlich die Austauschregel (Theorem 1.3) und die Vervielfältigungsregel benutzt. Wäre nun die Magnitude x das harmonische Mittel von a und b, somit die Proportion

$$(x - a){:}(b - x) \cong a{:}b,$$

erfüllt, so wäre nach dem Voranstehenden demnach auch

$$a{:}(b - x) \cong a{:}b$$

und deshalb würde mit der Kürzungsregel auch

$$(b - x){:}1 \cong b{:}1$$

folgen, ein Widerspruch. Diese einschränkende Bedingung an das harmonische Mittel hatten wir allerdings schon im Abschn. 3.3 bei der Einführung aller dieser Medietäten kennengelernt.

Wir beschreiben – zur einübenden Anwendung – noch zwei einfache Beispiele aus der Harmonielehre der Akkorde:

Beispiel 5.8

Dur und Moll: 4-gliedrige Proportionenketten und ihre Reziproken

Es seien drei musikalische Intervalle vermöge der Proportionen

$$a{:}b \cong 4{:}5, b{:}c \cong 3{:}4 \text{ sowie } c{:}d \cong 2{:}3$$

gegeben. Dann bilden wir die Proportionenkette $a{:}b{:}c{:}d$, welche einem Vierklang entspricht. Und wir stellen uns die **Aufgabe:**

a) Beschreibe den Akkord musikalisch.
b) Berechne die dazu passende Zahlenproportionenkette.
c) Konstruiere die dazu reziproke Kette und beschreibe einen Akkord, welcher dieser Reziproken entspricht.

Die Lösung (zu a) und b)): Ist der Ton C die Tonika, so beginnt das Intervall 4:5 der großen reinen Terz den Akkord, darüber kommt mit 3:4 eine Quarte und darüber mit 2:3 eine Quinte. Es entsteht der gespreizte ***a*-Moll – Akkord** (Terzlage)

$$c - e - a - e' - \text{kurz : große Terz} \oplus \text{Quarte} \oplus \text{Quinte.}$$

Wir nutzen das Anfügeverfahren, um die numerischen Proportionen zu bestimmen: Um die Proportion 3:4 an die Proportion 4:5 anzufügen, vergrößern wir erstere um den Faktor 3 und die Proportion 3:4 um den Faktor 5, erhalten mit 12:15 und 15:20 zwei Proportionen mit einem gemeinsamen Verbindungsglied, somit die Kette

$$12{:}15{:}20.$$

Um nun die Proportion 2:3 an diese Teilkette anzuschließen, müssen wir sie lediglich zur ähnlichen Proportion 20:30 erweitern. Dann erhalten wir die Proportionenkette

$$a{:}b{:}c{:}d \cong 12{:}15{:}20{:}30$$

als numerische Beschreibung des Akkords $c - e - a - e'$ in der reinen Stimmung. Sie ist eine harmonische Proportionenkette, wie wir unschwer nachprüfen: 15 ist das harmonische Mittel zu 12 und 20, und 20 ist das harmonische Mittel zu 15 und 30.

Zu Teil c): Die reziproke Zahlenproportionenkette erhalten wir mit dem Verfahren einer nennerfreien Darstellung

$$(12 * 15 * 20){:}(12 * 15 * 30){:}(12 * 20 * 30){:}(15 * 20 * 30).$$

Diese Kette rechnen wir aber beileibe so nicht aus – wir sehen nämlich die Kürzungsfaktoren (10, 5, 3, 3, 2, 2) und erhalten die dazu ähnliche, äußerst prägnante Kette

$$2{:}3{:}4{:}5,$$

die aus der Schichtung (Adjunktion) von Quinte, Quarte und Terz (in dieser Reihung) besteht, in völliger Übereinstimmung mit der Ausgangsproportionenkette, bei der die

Anordnung ja umgekehrt war. Und nun haben wir den – auf der Tonika C gebildeten – gespreizten **C-Dur Akkord**

$$c - g - c' - e' \quad \text{kurz : Quinte} \oplus \text{Quarte} \oplus \text{große Terz},$$

ein modifiziert erweiterter **Quart-Sextakkord.**

Weil die Kette 2:3:4:5 offenbar arithmetisch ist, müssen ihre Reziproken nach der Theorie harmonisch sein, was wir in b) durch direktes Nachprüfen gesehen haben.

Das nächste Beispiel verbindet den **Dominant-Septakkord** mit einem kirchentonalen **dorischen Sextakkord:**

Beispiel 5.9

Vierklänge und ihre Proportionenketten

Nun seien drei musikalische Intervalle vermöge der Proportionen

$$a{:}b \cong 8{:}9, b{:}c \cong 4{:}5 \text{ sowie } c{:}d \cong 5{:}6$$

gegeben, und es sei $a{:}b{:}c{:}d$ die zusammengefügte Proportionenkette eines Vierklangs. Wir stellen uns wieder die **Aufgabe:**

a) Beschreibe den Akkord musikalisch.
b) Berechne die dazu passende Zahlenproportionenkette.
c) Konstruiere die dazu reziproke Kette und beschreibe einen Akkord, der dieser Reziproken entspricht.

Die Lösung (zu a)): Diesmal starten wir mit dem Ton f, dem nach dem Ganztonschritt 8:9 der Ton g folgt; darauf steht mit der Teilkette (4:5) ⊕ (5:6) ein waschechter Dur-Akkord in der rein diatonischen Temperierung. Insgesamt erklingt dann eine Umkehrung des **Dominant-Septakkordes g^7**

$$f - g - h - d^1.$$

Die Proportionenkette gewinnen wir durch Adjunktion der Teilkette (4:5:6) an die Proportion (8:9), was durch Erweitern mit 9 beziehungsweise mit 4 geschieht; dann entsteht die nicht weiter kürzbare Kette

$$(32{:}36) \oplus (36{:}45{:}54) \cong 32{:}36{:}45{:}54$$

der Gesamtproportion einer Sexte 16:27 in pythagoräischer Temperierung, womit auch der Teil b) erledigt ist. Um Teil c) zu lösen, gehen wir auch diesmal „musikalisch“ vor. Wir kehren den Dominant-Septakkord um, indem wir die Proportionen reziprok anordnen; dann entsteht der Adjunktionsvorgang

$$(5:6) \oplus (4:5) \oplus (8:9) \cong (10:12:15) \oplus (8:9) \cong 80:96:120:135,$$

welcher natürlich die gleiche äußere Proportion 16:27 besitzt. Ein auf weißen Tasten eines diatonisch rein temperierten Instruments gespielter Akkord wäre (einzig) der ***d*-Moll Akkord** mit der **großen Sext („sext ajoutée – dorische Sext“)**,

$$d - f - a - h.$$

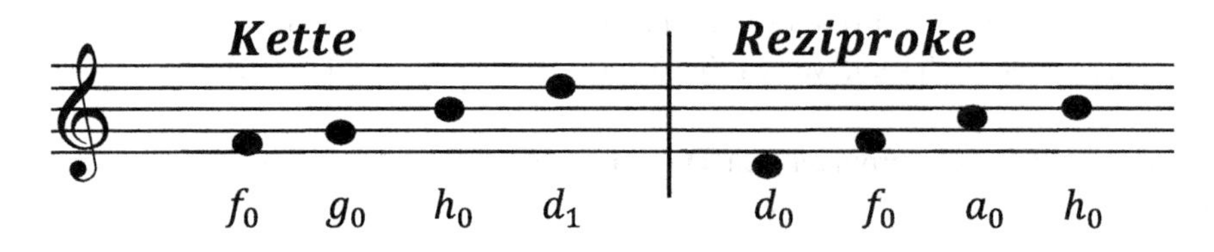

Er ist also die Umkehrung des Dominant-Septakkordes, wenn dieser auf der Septime der Dominante beginnt.

Diese Zusammenhänge lassen sich in zahlreiche weitere Aufgaben einkleiden.

5.4 Symmetrien im Intervallkosmos: geometrische Proportionenketten und die harmonischen Gleichungen

In der Musiktheorie treten unter den Medietätenketten die geometrischen wohl am deutlichsten in Erscheinung. Das liegt in erster Linie daran, dass es zwischen den Frequenzmaßproportionen und dem Aufbau **regelmäßig geschichteter** Intervallstrukturen (wie Skalen, Akkorden) einen signifikanten Zusammenhang gibt. Das nun folgende Theorem ist letztendlich eine Art Hintergrundmathematik für manche dieser Zusammenhänge, die in konkreten Situationen beschrieben werden können – die aber im Lichte dieses Hintergrundes vielleicht nachhaltiger verstanden werden können.

Theorem 5.1 (Intervalladjunktionen und die Proportionenketten ihrer Maße)
Es seien $I_1, \ldots, I_n$ Intervalle zu den Proportionen $A_1 = a_1{:}b_1, \ldots, A_n = a_n{:}b_n$. Ferner seien die Proportionen

$$X_k \cong A_{k+1} \, (\odot) \, A_k^{\text{inv}}, k = 1, \ldots, n-1$$

die Differenzen – also die bis auf Ähnlichkeit eindeutigen Lösungen der Gleichung

$$X_k \odot A_k \cong A_{k+1}, \quad k = 1, \ldots, n-1.$$

Dann sind folgende vier Aussagen äquivalent:

1. Die aus den **Frequenzmaßen** der Intervalle gebildete Proportionenkette
$$\left(\frac{b_1}{a_1}\right):\left(\frac{b_2}{a_2}\right):\ldots:\left(\frac{b_n}{a_n}\right) \text{ beziehungsweise } |I_1|:|I_2|:\ldots:|I_n|$$
ist eine geometrische Proportionenkette.
2. Die aus den **Centmaßen** der Intervalle gebildete Proportionenkette
$$\mathrm{ct}(I_1):\mathrm{ct}(I_2):\ldots:\mathrm{ct}(I_n)$$
ist eine arithmetische Proportionenkette.
3. Die Differenzen $J = I_{k+1} \ominus I_k$ benachbarter Intervalle sind für alle Stufen $k = 1, \ldots, n-1$ stets das gleiche Intervall J, und die Intervallfolge bildet eine Iteration von Adjunktionen dieses **Iterationsintervalls** J an das Startintervall I_1; im Detail:
$$I_1 = \text{Start}, I_2 = I_1 \oplus J, I_3 = I_1 \oplus 2J, \ldots, I_n = I_1 \oplus (n-1)J.$$
4. Die $(n-1)$-stufige Proportionenkette der adjungierten Differenzproportionen
$$X_1 \oplus \ldots \oplus X_{n-1}$$
ist eine geometrische Proportionenkette.

Die Begründung des Satzes geschieht in etwa so: Zunächst einmal sind die Aussagen (1.) und (2.) äquivalent, da dies eine Eigenschaft des Logarithmus ist:

Mathematischer Hintergrund: *Der Logarithmus eines Produktes ist nämlich bekanntlich die Summe der Logarithmen der einzelnen Faktoren.*

Wir zeigen die Äquivalenz (1.) ⇔ (3.): Dazu greifen wir drei Folgemagnituden der Proportionenkette aus (1.) heraus – ohne Einschränkung sei das die 3-gliedrige Kette

$$\left(\frac{b_1}{a_1}\right):\left(\frac{b_2}{a_2}\right):\left(\frac{b_3}{a_3}\right) = \alpha_1:\alpha_2:\alpha_3.$$

Sie ist per definitionem genau dann geometrisch, wenn $\alpha_2/\alpha_1 = \alpha_3/\alpha_2$ ist, und dann hat die Kette $\alpha_1:\alpha_2:\alpha_3$ mit dem Stufenparameter $\lambda = \alpha_2/\alpha_1 = \alpha_3/\alpha_2$ die Form der geometrischen Folge

$$\alpha_1:\lambda\alpha_1:\lambda^2\alpha_1.$$

Ist nun J das Intervall, dessen Frequenzmaß genau den Wert λ hat – symbolisch

$$J = [1, \lambda] = [\alpha_1, \alpha_2] = [\alpha_2, \alpha_3],$$

so ist $I_2 = I_1 \oplus J$ und $I_3 = I_1 \oplus 2J$, denn das Frequenzmaß einer Summe (Adjunktion) mehrerer Intervalle ist das Produkt aller Frequenzmaße. Die Äquivalenz (3.) ⇔ (4.) ist offensichtlich, und unser Theorem ist bewiesen.

Die folgenden vier Beispiele behandeln die Zusammenhänge in der reinen Diatonik – das heißt in den durch reine Terzen 4:5 und reine Quinten 2:3 sowie Oktaven aufgebauten Intervallsystemen $\mathbb{P}_{\text{diat}}$. Zunächst finden wir Zusammenhänge bei den

- drei leitereigenen Halbtonintervallen (Semitonia) der **Diatonik:**
  diatonischer Halbton, pythagoräisches Limma und Euler-Halbton.

Dann folgt ein interessanter Aspekt für die

- drei Semitonia der **Chromatik** – das sind solche, die nicht leitereigen sind, sondern die sich als Komplementärintervalle der diatonischen Halbtöne in Ganztönen errechnen:
  kleines und großes Chroma und pythagoräische Apotome.

Sie treten deswegen in den 12-stufigen „chromatischen“ Tonleitern leitereigen auf (siehe hierzu zum Beispiel die ausführliche Literatur in [16]). Die Differenzen unter diesen diversen Semitonia führen zu den„Viertelton“-Intervallen (mikrotonale Intervalle, Kommata), und wir erkennen Gesetzmäßigkeiten bei den

- Kommata der **„Enharmonik“:**
  Die drei Mikrointervalle **syntonisches Komma, pythagoräisches Komma** und **Diaschisma** bilden ebenso wie die drei Kommata **Diaschisma, kleine** und **große Diësis** überaschend einprägsame Proportionenketten.

▶ Bei allen vier Fällen stellen sich bemerkenswerte Ordnungen ein: Alle drei Intervalle bilden jeweils **geometrische** Proportionenketten. Diese Zusammenhänge nennt man **„harmonische Gleichungen“.**

Eine kurze Bemerkung zur Notation: Für das Frequenzmaß eines Intervalls I benutzen wir wie schon des öfteren das Symbol „|Intervallname|“.

Beispiel 5.10

Geometrische Proportionenketten in der Diatonik

Die (der Größe nach geordneten) Semitonia des reinen chromatischen Systems

pythagoräisches Limma (L) – **diatonischer Halbton**(S) – **Euler-Halbton**(E) bilden – in ihren Frequenzfaktoren – eine geometrische Proportionenkette. Die Differenz im nächstgrößeren Intervall ist jeweils ein syntonisches Komma, und wir gewinnen die „harmonischen Gleichungen“:

Harmonische Gleichungen für die Semitonia der Diatonik

1. |Limma|:|diatonischer Halbton| $\cong$ |diatonischer Halbton|:|Euler-Halbton|,
2. diatonischer Halbton = Limma $\oplus$ syntonisches Komma,
3. Euler-Halbton = diatonischer Halbton $\oplus$ syntonisches Komma.

Warum? Wir haben dank der Äquivalenzen des Theorems 5.1 gleich mehrere Möglichkeiten, dies zu zeigen:

A) Die Rechnung der Frequenzfaktoranalyse zeigt konkret die Proportionenwerte

$$^{256}/_{243}:{}^{16}/_{15} = {}^{80}/_{81} = {}^{16}/_{15}:{}^{27}/_{25},$$

wodurch eine geometrische Proportionenkette gegeben ist.

B) Intervallarithmetisch: Diese drei Halbtonschritte sind so aufgebaut:

Limma $\oplus$ syntonisches Komma = diatonischer Halbton,

diatonischer Halbton $\oplus$ syntonisches Komma = Euler-Halbton;

hierbei kann eine entsprechende Definition dieser Semitonia zugrunde gelegt werden, dem wir aber im Rahmen dieser Betrachtung nicht weiter nachgehen.

C) Die Differenzenproportionen lauten

$$X_1 = (16{:}15) \odot (243{:}256) = (16 * 243){:}(15 * 256) \cong 81{:}80;$$
$$X_2 = (27{:}25) \odot (15{:}16) = (27 * 15){:}(25 * 16) \cong 81{:}80;$$

sie sind also gleich (ähnlich), und dann ist $X_1 \oplus X_2$ eine geometrische Kette.

Fazit: „Der diatonische Halbton (S) ist musikalisch das **geometrische Mittel** von Limma (L) und Euler-Halbton (E)“ – diese drei bilden eine geometrische Proportionenkette! Die Stufenproportion ist das syntonische Komma, und wir formulieren dies in der griffigen symbolischen Verbalformel:

Symbolische Proportionengleichung der Diatonik

$$(\text{diatonischer Halbton})^2 = (\text{Limma}) * (\text{Euler-Halbton})$$

Hierbei meint „Multiplizieren“ nichts anderes als „Aneinanderfügen, Adjungieren“.

Das nächste Beispiel verbindet die „chromatischen“ Semitonia miteinander:

Beispiel 5.11

Geometrische Proportionenketten in der Chromatik

Die (der Größe nach geordneten) Semitonia des reinen chromatischen Systems

kleines Chroma(ch) – großes Chroma(CH) – pythagoräische Apotome(A)

bilden – in ihren Frequenzfaktoren – eine geometrische Proportionenkette. Die Differenz im nächstgrößeren Intervall ist jeweils ein syntonisches Komma, in Formeln:

Harmonische Gleichungen für die Semitonia der Chromatik

1. $|\text{kleines Chroma}|:|\text{großes Chroma}| \cong |\text{großes Chroma}|:|\text{Apotome}|$,
2. $\text{großes Chroma} = \text{kleines Chroma} \oplus \text{syntonisches Komma}$,
3. $\text{Apotome} = \text{großes Chroma} \oplus \text{syntonisches Komma}$.

Warum? Das machen wir uns jetzt ganz schnell klar, indem wir zeigen, dass das Quadrat des Frequenzmaßes des großen Chroma gleich dem Produkt der beiden anderen Semitonia ist – das ist ja die kürzeste nachweisende Charakterisierung für das geometrische Mittel. Durch Vergleich der Primzahlexponenten sehen wir sofort – also ohne Rechnen – die Gleichheit

$$(3^3 5^1/2^7)^2 = (5^2/2^3 3^1) * (3^7/2^{11}).$$

Die Differenz – also der Quotient CH/ch – führt dann schnell zum Frequenzmaß des syntonischen Kommas 81/80.

Fazit: „Das große Chroma ist das geometrische Mittel von kleinem Chroma und pythagoräischer Apotome" und Stufenproportion ist (erneut) das syntonische Komma – es gibt eine weitere symbolische Gleichung:

Symbolische Proportionengleichung der Chromatik

$$(\text{großes Chroma})^2 = (\text{kleines Chroma}) * (\text{Apotome}).$$

Und auch diese Beziehung könnte wieder in den numerischen Daten äquivalent rückformuliert werden.

Das dritte Beispiel führt uns in die Welt der Mikrointervalle, speziell zu den **Kommata,** die dann so genannt sind, falls sie gewisse **Bilanzdefizite** beschreiben, wie zum Beispiel

- **pythagoräisches Komma:** 12 pythagoräische Quinten gegen 7 Oktaven,
- **kleine Diësis:** 1 Oktave gegen 3 große reine Terzen,
- **große Diësis:** 4 kleine reine Terzen gegen eine Oktave,

- **syntonisches Komma:** 4 Quinten minus 2 Oktaven gegen 1 große reine Terz,
- **Diaschisma:** 3 Oktaven gegenüber der Summe von 4 Quinten und 2 Terzen,

um nur die bekanntesten und wichtigsten zu nennen. Das winzige **Schisma** schließlich ist darüber hinaus noch die Differenz von pythagoräischem und syntonischem Komma, mithin stellt es sich durch die – die Diatonik erzeugenden Intervalle – in der Bilanz

- **Schisma:** 8 Quinten minus 5 Oktaven gegenüber 1 Terz.

dar, und es hat die winzige Größe von ≈ 2 ct.

Beispiel 5.12

Geometrische Proportionenketten in der Enharmonik der Kommata

Die (der Größe nach geordneten) Kommata

Diaschisma – syntonisches Komma – pythagoräisches Komma

bilden – in ihren Frequenzfaktoren – eine geometrische Proportionenkette. Die Differenz im nächstgrößeren Intervall ist jeweil ein **Schisma,** in Formeln:

Harmonische Gleichungen für die Kommata der Enharmonik

1. $|\text{Diaschisma}| : |\text{synt.Komma}| \cong |\text{synt.Komma}| : |\text{pyth.Komma}|$,
2. syntonisches Komma $=$ Diaschisma $\oplus$ Schisma,
3. pythagoräisches Komma $=$ syntonisches Komma $\oplus$ Schisma.

Warum? Hier begnügen wir uns mit dem Nachweis, dass die beiden Differenzenproportionen ähnlich sind:

$$X_1 = (2^4 5^1 : 3^4) \odot (2^{11} : 3^4 5^2) = 2^{15} 5^1 : 3^8 5^2 \cong 2^{15} : 3^8 5^1,$$
$$X_2 = \left(2^{19} : 3^{12}\right) \odot (3^4 : 2^4 5^1) = 2^{19} 3^4 : 2^4 3^{12} 5^1 \cong 2^{15} : 3^8 5^1,$$

und beide Male entsteht die gleiche Proportion – und zwar diejenige des winzigen Mikrotons **Schisma.** Zur eigenen Übung empfehlen wir, den Nachweis einmal mittels einer Frequenzfaktor-Proportionenkette zu führen.

Fazit: Das syntonische Komma ist das geometrische Mittel aus Diaschisma und pythagoräischem Komma, die Stufenproportion ist das Schisma – wir erhalten eine weitere symbolische Gleichung:

Symbolische Kommataproportionengleichung der Enharmonik

$$(\text{syntonisches Komma})^2 = (\text{Diaschisma}) * (\text{pythagoräisches Komma}),$$

womit wir auch für diesen Fall eine geometrische Mittelwertformel gefunden haben.

Im Bereich der Mikrotöne sind vor allem auch die beiden Dïesen berühmt – messen sie doch die Abweichungen von reinen kleinen oder großen Terzen zur Oktave; und gerade aufgrund dieser Bilanzen sind sie in der **Theorie der Temperierungen** – also der Skalentheorie des Bach-Zeitalters – nicht mehr wegzudenken. Im Gegenteil: Hier geht ihre praktische Bedeutung wohl noch über diejenige der beiden Kommata der Antike (pythagoräisches und syntonisches Komma) weit hinaus.

Beispiel 5.13

Geometrische Proportionenketten in der Enharmonik der Dïesen

Die (der Größe nach geordneten) Kommata der reinen Diatonik

$$\textbf{Diaschisma} - \textbf{kleine Dïesis} - \textbf{große Dïesis}$$

bilden – in ihren Frequenzfaktoren – eine geometrische Proportionenkette. Die Differenz im nächstgrößeren Intervall ist jeweil ein **syntonisches Komma,** in Formeln:

Harmonische Gleichungen für die Dïesen der Enharmonik

1. $|\text{kleine Dïesis}| : |\text{Diaschisma}| \cong |\text{große Dïesis}| : |\text{kleine Dïesis}|$,
2. $\text{kleine Dïesis} = \text{Diaschisma} \oplus \text{syntonisches Komma}$,
3. $\text{große Dïesis} = \text{kleine Dïesis} \oplus \text{syntonisches Komma}$.

Warum? Hier wollen wir einmal die Centmaße zu Rate ziehen (s. Tabelle des Anhangs). Demnach lesen wir die Werte ab:

$$\text{ct(Diaschisma)} = 19{,}5\,\text{ct},$$
$$\text{ct}\big(\text{kleine Dïesis}\big) = 41{,}0\,\text{ct und ct}\big(\text{große Dïesis}\big) = 62{,}5\,\text{ct}.$$

Die Centzahldifferenzen betragen somit beide Male 21,5 ct – das ist das Centmaß des syntonischen Kommas. Indem wir das Theorem 5.1 anwenden, wonach diese Centmaße also eine arithmetische Folge darstellen, kommen wir so zu der vorstehenden Behauptung.

Zunächst muss aber ein kleiner Wermutstropfen beachtet werden, denn leider ist diese Rechnung nicht „streng beweisend“, da alle diese Centzahlen gerundet sind – es könnte sich ja noch in einer entfernteren Nachkommastelle eine Differenz bilden.

Tut es aber nicht, wie die (exakten) Frequenzmaßquotienten beweisen:

$$Y_1 = (2^7 5^{-3})/(2^{11} 3^{-4} 5^{-2}) = 2^{-4} 3^4 5^{-1},$$
$$Y_2 = \big(2^3 3^4 5^{-4}\big)/(2^7 5^{-3}) = 2^{-4} 3^4 5^{-1}.$$

Es entstehen beide Male die gleichen Quotienten – und diese sind offenbar das genaue Frequenzmaß des syntonischen Kommas.

Fazit: Die kleine Diësis ist das geometrische Mittel aus Diaschisma und großer Diësis, die Stufenproportion ist das syntonische Komma – wir erhalten eine weitere symbolische Gleichung:

Symbolische Diësis-Proportionengleichung der Enharmonik

$$(\text{kleine Diësis})^2 = (\text{Diaschisma}) * (\text{große Diësis}).$$

Auch sie beschreibt symbolisch wie numerisch den intrinsischen Zusammenhang dieser Mikrotonfamilie untereinander.

Wir könnten sicher mit großen Erfolgsaussichten noch etliche weitere Beispiele finden; die Tabelle des Anhangs lädt dazu ein.

5.5 Die Tetrachordik: angewandte musikalische Proportionenlehre

Wer in die antike – vorwiegend griechische – Musiklehre einsteigt, entdeckt zuvordest eine respektable Fülle an Intervallstrukturen – insbesondere, wenn diese in einem „Dreierpaket" zum Tonraum einer Quarte zusammengefügt werden. Es entsteht dann ein Tetrachord. Aus Tetrachorden wurden die frühen Tonleiterskalen gebaut, und die Namen **„dorisch", „phrygisch", „lydisch"** und einige andere sind aus der Architektur dieser Tetrachorde und ihrer Verwendung erklärlich. Die Tab. 5.3 vermittelt uns hiervon sicher einen ersten Eindruck.

Antwort und Frage: *„Gottlob gibt es gleichwohl eine – wenn auch grobe – Ordnung im scheinbaren Wirrwarr dieser – meist durch Proportionen charakterisierten – Aufbau-Elemente". Wie kommen wir zu einer solchen hilfreichen übersichtlichen Ordnung in dieser musikalischen Welt?*

Im Rahmen unserer Möglichkeiten können wir aber nur einen Abriss einer Ordnung für diese Strukturen geben; die Querverbindungen zur Proportionenlehre sind hierbei unsere Leitlinien. Wir beginnen mit der Festlegung eines „Tetrachords":

Ein Tetrachord ist eine Skala, aufgebaut aus genau 3 Aufwärtsintervallen I_1, I_2 und I_3 – beziehungsweise eine Tonfolge von 4 aufsteigenden Tönen – vom Gesamtumfang einer reinen (pythagoräischen) Quart 3:4, ersichtlich in der Abb. 5.2.

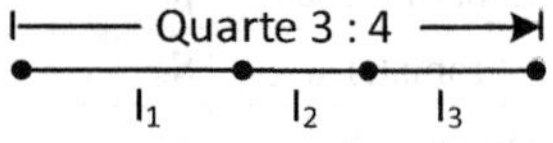

Abb. 5.2 Das Tetrachord-Modell

Quarte 3 : 4

I_1 I_2 I_3

Die Stufenintervalle I_1, I_2 und I_3 können dabei sehr unterschiedlich ausfallen und teilweise bis in Mikro- sprich: Vierteltonbereichen angesiedelt sein.

Für gewöhnlich hat man die Tetrachorde durch ein zweiparametrisches 3×3-Raster von Charakterisierungsmerkmalen klassifiziert. Dies geschieht durch die Einteilung in

A) drei harmonische Geschlechter:
diatonisch – chromatisch – enharmonisch,
B) drei Familien:
dorisch – phrygisch – lydisch

mit folgender Bedeutung:

A) Das **Geschlecht** gibt an, welche Stufentypen (Intervalle I_1, I_2, I_3) im Tetrachord vorkommen, wobei eine ungefähre, aber variable Einteilung dieser Stufen eine Zuordnung zu folgenden Grundtypen ermöglicht (die (variablen) Symbolangaben beziehen sich auf die Tab. 5.2):

- Vierteltöne (Mikrotonos – Symbol μ),
- Halbtöne (Semitonos – Symbol S),
- Ganztöne (Tonos – Symbol T),
- kleine und große Terz (Symbole $T + S$ und $T + T$).

Diese Grundtypen können untereinander tatsächlich auch sehr unterschiedlich ausfallen, und dies hat (leider) einen starken willkürlichen Charakter. Die Tongeschlechter sind dann allein durch das **Vorkommen dieser Grundtypen** festgelegt – und zwar wie folgt:

- **diatonisches Geschlecht** ↔ Tonos, Tonos, Semitonos;
- **chromatisches Geschlecht** ↔ kleine Terz, Semitonos, Semitonos;
- **enharmonisches Geschlecht** ↔ große Terz, Mikrotonos, Mikrotonos.

B) Die drei **Familien** (Gattungen) **„dorisch“, „phrygisch“, „lydisch“** legen fest, in welcher **Reihenfolge** diese Intervalle aus dem Geschlecht (A) im Tetrachord angeordnet sind, wobei im Wesentlichen die Lage des kleinsten und/oder des größten Intervalls hierbei zum Charakteristikum wird.

Tab. 5.2 Grundmuster der Tetrachordik. (Nach Euklid und Nicomachus)

A	B								
	Phrygisch			Dorisch			Lydisch		
Enharmonisch	μ	μ	T + T	T + T	μ	μ	μ	T + T	μ
Chromatisch	S	S	T + S	T + S	S	S	S	T + S	S
Diatonisch	S	T	T	T	S	T	T	T	S

Somit gibt es 9 Tetrachordtypen, und die Tab. 5.2 beschreibt in einer passenden Übersicht die Klassifizierung der Tetrachorde gemäß dieser beiden Merkmale – auch im allgemeinen Fall unterschiedlicher Ganztöne; die Intervallfolgen sind hierbei in der Aufwärtsrichtung angegeben (entgegen der antiken Auflistung, welche den Abwärtsmelodien entsprach). Wobei eine Einheitlichkeit dieser Beschreibung leider weder in der Antike noch in der gegenwärtigen Wissenschaft gegeben war und ist. Wir folgen in der Tab. 5.2 der Auffassung von Thimus, der sich wiederum auf Quellen um Euklid, Nicomachus und Boethius stützt (gleichwohl ihnen aber auch wieder widerspricht).

Im Zusammenhang mit der Lehre der altgriechischen, der gregorianischen und der Kirchentonarten ist nun ausschließlich das **diatonische** Geschlecht von Bedeutung. Hier lässt sich eine eindeutige charakterisierende Beschreibung der Familien leichter angeben:

- **phrygisch-diatonisch** $\leftrightarrow$ Semitonium ist die **vordere Stufe** des Tetrachords,
- **dorisch-diatonisch** $\leftrightarrow$ Semitonium ist die **mittlere Stufe** des Tetrachords,
- **lydisch-diatonisch** $\leftrightarrow$ Semitonium ist die **hintere Stufe** des Tetrachords.

An dieser Stelle müssen wir bemerken, dass – leider und sehr häufig – die beiden Familien „dorisch“ und „phrygisch“ in vertauschten Rollen auftreten können. Was hier dorisch ist, ist dort phrygisch und umgekehrt.

So wird beispielsweise in manchen Lexika die ***altgriechische*** *Skala $e_0 - e_1$ als „dorische“ bezeichnet; die dorische* ***„Kirchentonart“*** *sei dagegen die Skala $d_0 - d_1$, und für den Begriff „phrygisch“ gilt das Umgekehrte (die Tonfolgen sind den „weißen Klavia-tur-Tasten“ gehorchend).*

Die Gründe hierüber sind vielfältig, kontrovers und sie speisen sich aus unterschiedlichen Sichtweisen über die Hintergründe der historischen Prinzipien, welche das **„Systema teleion“** oder auch **„Systema maxima“** als vollkommenes Ton-und Tetrachordsystem für die Entwicklung aller Tonalitäten benutzte. Der Begriff „lydisch“ dagegen obliegt keiner solchen Ambivalenz. Dieser Unterschied macht sich am meisten bemerkbar, wenn Kirchentonarten mit altgriechischen Tonarten verglichen werden und dazu gibt es folgende illustre

Zwischenbemerkung: *Der französische Komponist* ***Jehan Alain*** *(1911–1940) hat ein markantes oevre pour l'orgue hinterlassen. Seine beiden Orgelwerke*

Choral dorien [1935] und Choral phrygien [1935]

gehören zu den gerne und viel gespielten Stücken der französischen Orgelliteratur.

Nur: Der ***„Choral dorien“*** *ist nicht dorisch, sondern phrygisch – nämlich im gregorianischen Modus des Tonus IV, und umgekehrt ist der* ***„Choral phrygien“*** *nicht phrygisch, sondern dorisch im Tonus gregorianus II. (Die Unterschiedlichkeiten rühren letztlich aus fehlerhaften Quellen früherer spätmittelalterlicher Literaturen.)*

Die Tab. 5.3 vermittelt einen Eindruck von dem Reichtum tetrachordischer Gebilde, und es lohnt, die eine oder andere Proportionenkette zu konstruieren und sie hinsichtlich ihrer arithmetischen beziehungsweise harmonischen Medietätenmuster zu durchleuchten.

Tab. 5.3 Proportionentabelle einiger altgriechischer Tetrachorde

Tetrachordtypus	Proportionenmaße der Stufen			Centmaße (gerundet)		
Archytas von Tarent (4. Jahrhundert v. Chr.)						
Dorisch Enharmonion	4:5	35:36	27:28	386	49	63
Dorisch Chroma	27:32	224:243	27:28	294	141	63
Phrygisch Diatonon	15:16	8:9	9:10	112	204	182
Lydisch Diatonon	8:9	7:8	27:28	204	231	63
Erathostenes (3. Jahrhundert v. Chr.)						
Dorisch Enharmonion	15:19	38:39	39:40	409	45	44
Dorisch Chroma	5:6	18:19	19:20	316	93	89
Lydisch Diatonon	8:9	8:9	243:256	204	204	90
Didymos (1. Jahrhundert. v. Chr.)						
Dorisch Enharmonion	4:5	30:31	31:32	386	57	55
Dorisch Chroma	5:6	24:25	15:16	316	71	112
Lydisch Diatonon	8:9	9:10	15:16	204	182	112
Ptolemäus (1. Jahrhundert n. Chr.)						
Dorisch Enharmonion	4:5	23:24	45:46	386	74	38
Dorisch weiches Chroma	5:6	14:15	27:28	316	119	63
Dorisch hartes Chroma	6:7	11:12	21:22	266	151	81
Lydisch weiches Diatonon	7:8	9:10	20:21	231	182	84
Lydisch Ganzton-Diatonon	8:9	7:8	27:28	204	231	63
Lydisch pythag. Diatonon	8:9	8:9	243:256	204	204	90
Lydisch hartes Diatonon	9:10	8:9	15:16	182	204	112
Lydisch gleichm. Diatonon	9:10	9:10	25:27	182	182	134

So ist die Proportionenkette des **„dorischen Chroma des Eratosthenes"** die Reihung

$$15:18:19:20;$$

sie enthält die arithmetische Teilkette 18:19:20 mit neuen ekmelischen Semitonia der Differenzintervalle – der Primzahl 19 sei gedankt.

Alle diese Begriffe übertragen sich unmittelbar auf die dazugehörigen Proportionenketten, und wir erkennen auch sehr schnell gewisse Symmetrien zwischen einer tetrachordischen Proportionenkette und ihrer Reziproken:

- Für **enharmonische und chromatische** Ketten sind „dorisch" und „phrygisch" reziprok, und die Eigenschaft „lydisch" bleibt erhalten. Für **diatonische** Ketten sind „phrygisch" und „lydisch" reziprok, und die Eigenschaft „dorisch" bleibt erhalten.

Die folgenden Beispiele bedienen sich nun dieser Klassifizierung, und sie verbinden die Tetrachordlehre mit der Proportionenlehre. Wir beginnen mit dem

Beispiel 5.14

Pythagoräisch-diatonische Tetrachorde

Pythagoräisch-diatonische Tetrachorde sind ausschließlich aus dem einzigen Ganztontyp Tonos 8:9 und folglich auch aus dem Semitonium des Limma 243:256 aufgebaut. Daher lassen sich die drei Gattungen schnell beschreiben:

A) Das **lydisch-pythagoräisch-diatonische Tetrachord** trägt das Klassifikationsmuster $1 - 1 - 1/2$, und wir haben daher die Proportionenkette

$$[8,9] \oplus [8,9] \oplus [243,256] \rightleftarrows 192{:}216{:}243{:}256.$$

B) Das **phrygisch-pythagoräisch-diatonische Tetrachord** trägt das Klassifikationsmuster $1/2 - 1 - 1$, und wir haben daher die Proportionenkette

$$[243,256] \oplus [8,9] \oplus [8,9] \rightleftarrows 243{:}256{:}288{:}324.$$

C) Das **dorisch-pythagoräisch-diatonische Tetrachord** trägt das Klassifikationsmuster $1 - 1/2 - 1$, und wir haben daher die Proportionenkette

$$[8,9] \oplus [243,256] \oplus [8,9] \rightleftarrows 216{:}243{:}256{:}288.$$

Wir sehen hierbei sofort die Symmetrien, dass die lydischen und phrygischen reziprok zueinander sind und dass die dorischen Tetrachorde symmetrisch sind – wenn wir dies alles durch die Proportionenbrille betrachten.

Diesem Beispiel lassen wir nun das wichtige Bauelement der Diatonik folgen:

Beispiel 5.15

Lydisch- und phrygisch-diatonische Tetrachorde des Archytas

A) Das **lydisch-diatonische Tetrachord des Archytas** trägt als Merkmal des diatonischen Geschlechts der lydischen Form das Klassifikationsmuster $1 - 1 - 1/2$, und es besitzt die genauere Intervallstruktur beziehungsweise Proportionenkette

$$[8,9] \oplus [9,10] \oplus [15,16] \rightleftarrows 24{:}27{:}30{:}32.$$

Dem entspräche beispielsweise die Tonfolge $c - d - e - f$ mit den genaueren (!) Stufen

pythagoräischer Ganzton $\oplus$ diatonischer Ganzton $\oplus$ diatonischer Halbton.

Vertauschen wir die beiden Ganztonschritte, so entsteht ein weiteres, fast identisch erscheinendes lydisch-diatonisches Tetrachord

$$[9,10] \oplus [8,9] \oplus [15,16] \rightleftarrows 36{:}40{:}45{:}48.$$

Beide Tetrachorde – verbunden durch einen pythagoräischen Ganztonschritt – definieren überdies die wichtige **reine diatonische heptatonische Oktavskala.** Im Beispiel 5.4 haben wir deren Proportionenverlauf bereits vorgestellt.

B) Eine Reziproke dieses lydisch-diatonischen Tetrachords mit dem folglich ebenfalls reziproken Klassifikationsmuster $1/2 - 1 - 1$ ist nun das **phrygisch-diatonische Tetrachord von Archytas,**

$$\text{diatonischer Halbton} \oplus \text{diatonischer Ganzton} \oplus \text{pythagoräischer Ganzton.}$$

Allerdings ließe es sich ohne Vertauschung der beiden Ganztonschritte (GT) nicht auf der gleichen weißen Tastatur spielen wie das lydisch-diatonische, denn dort ist keine Aufwärtsschrittfolge „diatonischer GT – pythagoräischer GT" implantiert.

Die Proportionenkette dieses dorisch-diatonischen Tetrachords ist die Adjunktion

$$(15:16) \oplus (9:10) \oplus (8:9) \cong (135:144) \oplus (144:160) \oplus (8:9)$$
$$\cong (135:144:160) \oplus (160:180) \cong 135:144:160:180.$$

Im nächsten Beispiel sehen wir ein deutlich anderes Tetrachord, welches gleichwohl die Klassifizierung lydisch-diatonisch besitzt:

Beispiel 5.16

Lydisch- und phrygisch-diatonische Tetrachorde des Ptolemäus

A) Das **lydisch-diatonische Tetrachord des Ptolemäus** besitzt folgenden Aufbau: Auf den ekmelischen Ganzton 7:8 folgt der rein-diatonische Ganzton 9:10 sowie ein kleiner Halbton 20:21 (etwa 84, 5 ct), welcher die Bilanz zur reinen Quart garantiert.

$$[7, 8] \oplus [9, 10] \oplus [20, 21] \rightleftarrows 63:72:80:84.$$

B) Die reziproke Kette liefert das **phrygisch-diatonische Tetrachord des Ptolemäus**

$$[20, 21] \oplus [9, 10] \oplus [7, 8] \rightleftarrows 60:63:70:80.$$

Auch hier kann die Berechnung der Proportionenkette am schnellsten schrittweise durch passende Erweiterung der jeweiligen Innenmagnituden erfolgen.

Jetzt geben wir ein Beispiel eines phrygisch-chromatischen – mithin eines nicht-diatonischen – Tetrachords – und seines reziproken Partners, einem dorisch-chromatischen Tetrachord.

Beispiel 5.17

Dorisch- und phrygisch-chromatische Tetrachorde von Didymos

A) Wir starten mit einem Tetrachord, das auf Didymos (1. Jh. v. Chr.) zurückgeht: Die Architektur zeigt sich in folgenden Stufenproportionen mit der dazugehörenden Proportionenkette:

$$(5:6) \oplus (24:25) \oplus (15:16) \rightleftarrows 60:72:75:80.$$

Wir erkennen hierbei vertraute Intervalle wieder; es hat nämlich den Aufbau

$$\text{kleine reine Terz} \oplus \text{kleines Chroma} \oplus \text{diatonischer Halbton},$$

und die gesamte Proportionenkette gehört zum rein-diatonischen Intervallkreis des Senarius. Alle Intervalle sind einfach-superpartikular. Das kleine Chroma ist das Komplementärintervall des diatonischen Halbtons im kleinen Ganzton – mithin zählt es zur Klasse der „Halbtöne". Folglich hat das Tetrachord den klassifizierenden Aufbau

$$3/2 - 1/2 - 1/2$$

und rechtfertigt somit den Namen **„dorisch-chromatisches Tetrachord" des Didymos.**

B) Das hierzu reziproke Tetrachord wird also die Proportionenstruktur

$$(15{:}16) \oplus (24{:}25) \oplus (5{:}6) \rightleftarrows 45{:}48{:}50{:}60$$

tragen und ist nach Klassifikation ein **phrygisch-chromatisches Tetrachord des Didymos.**

Schließlich sollte auch aus der Familie der enharmonischen Tetrachorde ein Beispiel folgen, und dazu dient uns ein Tetrachord mit recht merkwürdigen Proportionen, nämlich das Tetrachord von Eratosthenes (ca. 296–194 v. Chr.):

Beispiel 5.18

Dorisch- und phrygisch-enharmonische Tetrachorde von Eratosthenes

A) Auf Eratosthenes geht folgendes Konstrukt zurück: Der mikrotonale Aufbau seines **dorisch-enharmonischen Tetrachords** hat die Proportionen

$$(15{:}19) \oplus (38{:}39) \oplus (39{:}40) \rightleftarrows 30{:}38{:}39{:}40.$$

Hierbei gibt es nun wirklich keine „vertrauten" Intervalle des Senariums mehr; schließlich erkennen wir ja, dass die erzeugenden Primzahlfaktoren außer 2, 3 und 5 auch 13 und am Ende sogar noch 19 sind. Die Centzahlen der Stufen sind diese:

$$409{,}2\,\text{ct} - 45{,}0\,\text{ct} - 43{,}8\,\text{ct},$$

und das Intervall (15:19) ist mit seinen 409, 2 ct somit beinahe identisch mit dem Ditonos, der pythagoräischen großen Terz (64:81) mit 407, 8 ct.

Wie nahe diese beiden Intervalle beieinander sind, erkennt man auch unabhängig von den wohl nicht leicht berechenbaren Centzahlen auch anhand ihrer Proportionen. Dazu bauen wir beide Proportionen auf einer einheitlichen Magnitude auf. Dann ist nämlich

$$15{:}19 \cong 960{:}1216 \text{ und } 64{:}81 \cong 960{:}1215,$$

mithin ein kaum messbarer (wie auch hörbarer) Unterschied, eigentlich sind sie „gleich".

B) Die reziproke Umkehrung führt auf das **phrygisch-enharmonische Tetrachord**

$$(39{:}40) \oplus (38{:}39) \oplus (15{:}19) \rightleftarrows 741{:}760{:}780{:}988,$$

dessen Proportionenkette erwartungsgemäß große Zahlenwerte aufweist, da in diesem Fall die Verbindungsmagnituden ungünstig zueinander passen.

Im nächsten Beispiel begegnet uns ein recht interessantes Tetrachord: Wie wir sehen werden, besitzt es in vielerlei Hinsicht einen Ausnahmecharakter.

Wir fragen uns einmal, wie die Proportionen eines Tetrachords aussähen, wenn die äußere Proportion – also die Quart 3:4 – harmonisch und arithmetisch („musikalisch") geteilt würde. Weil insbesondere beim harmonischen Mittel das Gesamtintervall dann selber wieder im Verhältnis 3:4 zu teilen ist, dagegen beim arithmetischen Mittel nur im Verhältnis 1:1 zu halbieren ist, kommen wir – wie auch immer – auf die Idee, a priori die zu 3:4 ähnliche Proportion 42:56 zu verwenden. Dann haben wir tatsächlich die ganzzahligen Medietäten 49 (arithmetisches Mittel von 42 und 56) und 48 (harmonisches Mittel von 42 und 56), und es ergibt sich die Medietätenkette

$$42{:}48(= y_{\text{harm}}){:}49(= x_{\text{arith}}){:}56,$$

welche die Proportionenkette unseres anvisierten Tetrachords definiert. Diese Zahlenfolge spiegelt also die berühmte musikalische **Proportion des Iamblichos** wider, von der wir auch wissen, dass die erste und die dritte Proportion gleich (das heißt: ähnlich) sind.

Beispiel 5.19

Das Tetrachord zur musikalischen Proportionenkette

Die arithmetisch-harmonische Teilung der Quarte ergibt die Proportionenkette des babylonischen Kanons $P_{\text{mus}}(3{:}4)$ gemäß den Gesetzen unserer Harmonia perfecta maxima babylonica aus dem Abschn. 3.2, und sie ist simultan ein Tetrachord mit dem Adjunktionsaufbau

$$42{:}48{:}49{:}56 \rightleftarrows (7{:}8) \oplus (48{:}49) \oplus (7{:}8).$$

Dieses Tetrachord ist das **Tetrachord zur musikalischen Proportionenkette des Iamblichos** – oder auch **„Tetrachord der harmonischen und arithmetischen Medietäten".** Es hat folgende Eigenschaften:

1. Es ist gemäß unserer Klassifikation ein dorisch-diatonisches Tetrachord.
2. Die beiden übermäßigen, aber gleich großen Ganztonschritte sind die mit der Primzahl 7 gebildeten ekmelischen Ganztöne 7:8 (zu je $\approx$231,2 ct).

3. Deshalb bleibt dem „Halbtonschritt“ 48:49 (mit gerade mal 35,7 ct) nur noch ein Mikrotoncharakter, und man könnte ihn als einen „knappen Viertelton“ kategorisieren.
4. Das Tetrachord ist symmetrisch und daher identisch zu seiner reziproken Form.
5. Alle Intervalle sind einfach-superpartikular – das heißt, dass die Proportionen von der Form $n{:}(n+1)$ sind; der Zähler des Frequenzmaßbruches ist um 1 größer als der Nenner. Solche Intervalle waren ja in der Antike besonders wichtig, da (vielfach) nur sie als **„konsonant“** galten.
6. Man kann (allerdings mit einigem Aufwand) zeigen:
   Satz: Es gibt genau ein diatonisches Tetrachord mit ausschließlich einfach-superpartikularen Stufen, bei dem die beiden Ganztonstufen gleich groß sind: Und dies ist das vorliegende Tetrachord zur musikalischen Proportionenkette (vgl. [16], Abschn. 4.7).

Interessant wäre auch die Frage, wie denn ein Tetrachord aussähe, wenn das Quartintervall 3:4 durch die beiden Medietäten **„contra-arithmetisch“** und **„contra-harmonisch“** geteilt würde. Nach dem Theorem des Nicomachus beziehungsweise nach der Harmonia perfecta maxima diatonica (Theorem 3.8) müsste wieder ein symmetrisches Tetrachord entstehen – also ein Tetrachord, dessen 1. und 3. Stufe ähnlich sind. Denn es gilt ja nach den Symmetrieregeln unseres Theorems 3.8 zusammen mit der Kreuzregel:

$$a{:}x_{\text{contra-arith}} \cong y_{\text{contra-harm}}{:}b \Leftrightarrow a{:}y_{\text{contra-harm}} \cong x_{\text{contra-arith}}{:}b.$$

Für die im Beispiel 5.19 gewählten Quartmagnituden $a = 42$ *und* $b = 56$ ergäben sich unter Nutzung unserer Medietätenformel des Theorems 3.3 die Werte

$$x_{\text{contra-arith}} = 47{,}04 \text{ sowie } y_{\text{contra-harm}} = 50.$$

Der Wunsch nach Ganzzahligkeit führt (nach Erweiterung mit 25/2) zu einer nicht mehr vereinfachbaren Darstellung:

$$42 : y_{\text{contra-harm}} : x_{\text{contra-arith}} : 56 \cong 525 : 588 : 625 : 700.$$

Dies ist dann das **Tetrachord der contra-harmonischen und contra-arithmetischen Medietäten.** Die Centmaße der Stufen erbringen die Werte

$$196{,}2\,\text{ct} - 105{,}6\,\text{ct} - 196{,}2\,\text{ct}.$$

Interessant: Diese Stufen sind demnach gar nicht sehr weit von denen der gleichstufigen Temperierung entfernt, hier wären es ja die glatten Werte

$$200\,\text{ct} - 100\,\text{ct} - 200\,\text{ct}.$$

Gemäß Klassifizierung ist dieses Tetrachord ebenfalls ein dorisch-diatonisches Tetrachord.

Unser letztes Beispiel zeigt zwei Tetrachorde in der eigenartigen Situation fast gleich großer Intervallschritte; sie verkleinern sich schrittweise in arithmetischer Art: Während das eine einer arithmetischen Proportionenkette entspricht, ist bei dem anderen – dem Reziproken – die Proportionenkette folglich von harmonischem Typus.

Beispiel 5.20

Maramurese-Tetrachord – arithmetisches und harmonisches Tetrachord

A) Definiert man ein Tetrachord durch folgende bemerkenswerte Anordnung

$$[9, 10] \oplus [10, 11] \oplus [11, 12] \rightleftarrows 9{:}10{:}11{:}12,$$

so wird deutlich, dass die Proportionenkette eine arithmetische Proportionenkette ist. Eine simple Überlegung zeigt, dass dies die einzige Möglichkeit ist, eine arithmetische 3-stufige Proportionenkette der Gesamtproportion einer Quarte zu finden. Man nennt die derart gestaffelte Abfolge eine **„Maramurese-Kette“.** Die logarithmischen Maße der Stufenintervalle sind

$$182{,}4\,\text{ct} - 165{,}0\,\text{ct} - 150{,}6\,\text{ct}.$$

B) Nach unserem Theorem 3.5 muss eine reziproke Proportionenkette harmonisch sein; wir berechnen also einmal die Proportionen der umgekehrten Anordnung der Kette

$$\begin{aligned}(11{:}12) \oplus (10{:}11) \oplus (9{:}10) &\cong (55{:}60) \oplus (60{:}66) \oplus (9{:}10)\\ &\cong (55{:}60{:}66) \oplus (9{:}10) \cong (165{:}180{:}198) \oplus (198{:}220)\\ &\cong 165{:}180{:}198{:}220,\end{aligned}$$

und dieser Ausdruck kann nicht weiter per Kürzen ganzzahlig vereinfacht werden. Gleichwohl sehen wir ohne Mühe, dass die Kette harmonisch ist. Denn 180 ist das harmonische Mittel zu 165 und 198 – es ist ja bei Anwendung der Definition

$$(180 - 165){:}(198 - 180) = 15{:}18 \cong (11 * 15){:}(11 * 18) \cong 165{:}198,$$

und ebenso ist auch 198 das harmonische Mittel von 180 und 220 – denn

$$18{:}22 \cong 180{:}220.$$

Sicher entziehen sich beide Tetrachorde der Klassifizierung in das antike Raster der 9 Haupttypen der Tetrachorde (Genus und Familie) – was ihren Reiz aber nicht schmälert:

Satz: Das Tetrachord 9:10:11:12 ist das einzige Tetrachord mit einer arithmetischen Proportionenkette, und folglich ist das Tetrachord

$$165{:}180{:}198{:}220$$

auch der einzige mit einer harmonischen Proportionenkette.

Während die erste dieser beiden Aussagen gewiss trivialer Natur ist, würde der Nachweis der zweiten wohl kaum ohne größere Mühen gelingen, hätten wir nicht die theoretische allgemeine Symmetrieeigenschaft unseres zentralen Theorems 3.5!

Fazit: Die griechische Tetrachordik liefert noch ungezählte weitere Beispiele – teils bizarrer Art, deren systematische Aufarbeitung sicher lohnenswerte Einblicke in die Vielfalt der Skalen- und Intervallstrukturen verschaffen würde. Und zweifellos würde auch hierbei die Theorie der Symmetrien der Medietätenproportionenketten – die Harmonia perfecta – von großem Nutzen sein.

5.6 Modologie: gregorianische Mathematik

Die Lehre der antiken Tonarten ist eine Wissenschaft, von welcher ganze Bibliotheken zu berichten wissen. Wenn schon der Reichtum der Tetrachordik zu Dutzenden Proportionenketten führte – um wie viel mehr müsste das für heptatonische Skalen zutreffen, die man sich aus Tetrachorden (und einem verbindenden großen Ganzton) zusammengesetzt vorzustellen hat. So können wir auch nicht den Versuch unternehmen, eine zufriedenstellende Auskunft über diesen historisch und inhaltlich äußerst umfänglichen Gegenstand zu geben; zu viele Namen, Begriffe und historische Ereignisse würden ihrer Erwähnung und Erklärung harren. Allerdings möchten wir zumindest einen einführenden Überblick anbieten, um wenigstens einige Grundtypen **kirchentonaler Skalen** in ihren Standardproportionenketten vorzustellen. Wir wollen auch in der gebotenen Kürze skizzieren, wie alles irgendwann und irgendwie einmal – vielleicht – entstanden ist.

Eine Beschreibung altgriechischer Tonskalen geht von dem **Systema teleion** (oder auch dem **systema maximum immutabile**) – einem zwei Oktaven umfassenden und „alle Töne enthaltenden" System – aus, welches selber aus vier abwärts verlaufenden Tetrachorden zusammengesetzt ist.

Im Zusammenhang mit diesem Systema teleion und dem Aufbau sowohl der altgriechischen als auch ihren artverwandten kirchentonalen Skalen sind diese Tetrachorde ausschließlich vom **diatonischen** Geschlecht. Und weil das Systema teleion zwei Oktaven umfasst, genügt es auch, dass dieses System ausschließlich durch **phrygische Abwärtstetrachorde** gebildet wird. Es zeigt sich nämlich, dass in deren Zusammenstellungen zu Oktochorden – also in heptatonischen Oktavskalen – sowohl dorische als auch lydische Tetrachorde entstehen.

Das diatonische Tetrachord ist bestimmt durch zwei Ganztöne (die allerdings unterschiedlich sein können) und ein Semitonium, welches die Differenz zur Quarte füllt. Dabei sind es vor allem zwei Typen von Ganztönen, welche besonders in Augenschein treten: Das sind die beiden Ganztonschritte 8:9 und 9:10, und formal ergäben sich die folgenden – in der lydischen Variante – geschriebenen Konstellationen

1. $[8,9] \oplus [8,9] \oplus [243,256]$,
2. $[9,10] \oplus [9,10] \oplus [25,27]$,
3. $[8,9] \oplus [9,10] \oplus [15,16]$ oder $[9,10] \oplus [8,9] \oplus [15,16]$.

Die drei dabei entstehenden Semitonia sind die bereits bekannten Intervalle

Limma L (243:256),

diatonischer Halbton S (15:16)

und der seltener anzutreffende

Euler'sche Halbton E (25:27),

von denen wir im Beispiel 5.10 gesehen haben, dass sie in dieser Aufzählung eine aufsteigende geometrische Kette bilden. Während nun die pythagoräische Form (1) zu den bekannten quintorientierten Skalen führt, ist die Form (2) aus der Sicht, möglichst viele reine Quintintervalle zu erreichen, sehr ungeeignet; die beiden Formen (3) sind die Skalenbausteine der rein diatonischen Tonleitern, bei denen eine ausgewogene Mischung aus reinen Terzen und reinen Quinten angestrebt und erreicht wird (Näheres findet man zum Beispiel bei [16]).

Wir werden uns im Folgenden vornehmlich mit den pythagoräischen Tetrachorden (1) befassen – die interessanten Fälle (3) differieren eher nur in „feineren inneren Strukturen". Zweifellos sind jene aber nicht von geringem Interesse, wenn nämlich semitonale oder gar subsemitonale Analysen zum Beispiel von gregorianischen Melodieverläufen erfolgen oder wenn der Ambitus verschiedener Neumen erforscht wird – Stichwort wäre zum Beispiel die prominente

Frage: *„Soll in einem Melodienverlauf der Ton si-bemolle gesungen werden oder si-naturale – und: was ist das überhaupt?"*

Zur bündigen Erklärung formaler Prozesse kennzeichnen wir die drei Gattungen pythagoräisch-diatonischer Tetrachorde wie folgt:

$$T_{\text{phry}} = \left[\!\left[\ \tfrac{1}{2}\ \mathbf{1}\ \mathbf{1}\ \right]\!\right] = [243, 256] \oplus [8, 9] \oplus [8, 9],$$

und entsprechend sind dann das lydische T_{ly} und das dorische pythagoräisch-diatonische Tetrachord T_{do} beschrieben. Ein einzelner Ganzton (8:9), welcher die funktionale Rolle eines die Tetrachorde verbindenden Intervalls einnimmt, erscheint in dem Symbol ①.

Über das Zusammenspiel dieser Tetrachorde gibt es folgende nützliche Hilfen, deren Richtigkeit man schnell erkennt. *(Man beachte hierbei nochmal, dass die „Inverse" einer Proportionenkette die Magnituden in der umgekehrten Reihung auflistet – und nicht die Stufen.)*

Satz 5.2 (Strukturregeln für pythagoräisch-diatonische Tetrachorde)
Die Adjunktion von Ganztönen und pythagoräisch-diatonischen Tetrachorden hat einige nützliche Strukturgesetze, wie beispielsweise diese:

1. ① $\oplus \left[\!\left[\ \tfrac{1}{2}\ \mathbf{1}\ \mathbf{1}\ \right]\!\right] = \left[\!\left[\ \mathbf{1}\ \tfrac{1}{2}\ \mathbf{1}\ \right]\!\right] \oplus$ ① beziehungsweise ① $\oplus\, T_{\text{phry}} = T_{\text{do}} \oplus$ ①.

2. $① \oplus [[\mathbf{1}\ \tfrac{1}{2}\ \mathbf{1}]] = [[\mathbf{1}\ \mathbf{1}\ \tfrac{1}{2}]] \oplus ①$ beziehungsweise $① \oplus T_{\text{do}} = T_{\text{ly}} \oplus ①$.
3. $[[\tfrac{1}{2}\ \mathbf{1}\ \mathbf{1}]]^{\text{rez}} = [[\mathbf{1}\ \mathbf{1}\ \tfrac{1}{2}]]$ und $[[\mathbf{1}\ \mathbf{1}\ \tfrac{1}{2}]]^{\text{rez}} = [[\tfrac{1}{2}\ \mathbf{1}\ \mathbf{1}]]$
und $[[\mathbf{1}\ \tfrac{1}{2}\ \mathbf{1}]]^{\text{rez}} = [[\mathbf{1}\ \tfrac{1}{2}\ \mathbf{1}]]$.
4. $(T_{\text{phry}})^{\text{inv}} = [[\tfrac{1}{2}\ \mathbf{1}\ \mathbf{1}]]^{\text{inv}} = [9,8] \oplus [9,8] \oplus [256,243]$,

und entsprechende Ausdrücke gelten für die anderen beiden Tetrachorde.

Im weiteren Text ist vermehrt von **„Oktochorden"** die Rede. Dem Wort nach ist ein solches Oktochord lediglich eine 8-saitige Laute – ein 8-faches Monochord. Wir spezifizieren dies aber generell auf die Situation einer Oktave: Das allgemeine Oktochord ist eine heptatonische Oktavskala von acht Tönen in sieben differenten Stufen. Hinzu kommt noch eine Bedingung des internen Aufbaus. Dieses und das **Systema teleion** der altgriechischen Musiktheorie ist nun so bestimmt:

Definition 5.3 (Das Oktochord und das Systema teleion)
Ein **Oktochord** ist eine heptatonische Oktavskala – somit eine Folge von 7 Stufenintervallen respektive Proportionen, die in der Form einer Adjunktion von genau zwei gleichen Tetrachorden (dorisch, phrygisch oder lydisch) und einem – notwendigerweise – pythagoräischen Ganzton 8:9 strukturiert ist.

Die – in der Regel abwärts notierte – Ton- beziehungsweise Intervallfolge oder auch Proportionenkette **„Systema teleion"** ist die Anordnung von vier phrygischen Abwärtstetrachorden und zwei Abwärtsganztonschritten nach folgendem Muster:

Konsequenterweise ist der Umfang des Systema teleion genau zwei Oktaven, und es besteht aus der Adjunktion zweier identischer Oktavskalen **(Oktochorden)**, die – als Proportionenketten geschrieben – in Aufwärtsrichtung den Aufbau haben:

Oktochord des Systema teleion

$$[8,9] \oplus T_{\text{phry}} \oplus T_{\text{phry}}.$$

Nach dem Theorem 2.2 – dem Oktavierungsprinzip – sind dann alle Tonpaare des Systema teleion, die um 7 Stufen differieren, reine Oktaven 1:2 respektive 2:1.

Diese nähere Charakterisierung des Oktochords zeigt schon, dass eine funktionale Struktur der Skalen beabsichtigt ist. Für die Kenntnis der gregorianischen Modi ist diese Beobachtung von großem Nutzen.

Die antike Beschreibung dieses als Universaltonvorrat angesehenen Systems gibt auch hierüber trefflich Auskunft – wenn es auch etwas Mühe kostet, die Vielzahl aller Ton- und Stufenbezeichnungen und ihren Sinn zu verstehen. Die Darstellung des Diagramms der Abb. 5.3 zeigt dieses absteigende Doppeloktavsystem „Systema teleion" mit den entsprechenden Tonstufenzeichen der Vokal- und Instrumentalnotation und vermittelt so einen Eindruck von der Stringenz antiker Musiktheorie.

▶ Die altgriechischen Oktavskalen sowie die artverwandten Kirchentonarten entstanden nun als Oktochorde – indem also aus dem als vollständig betrachteten Baukasten musikalischer Töne und Tonschritte eine heptatonische Auswahl (das heißt: vom Umfang einer Oktave) entnommen wurde.

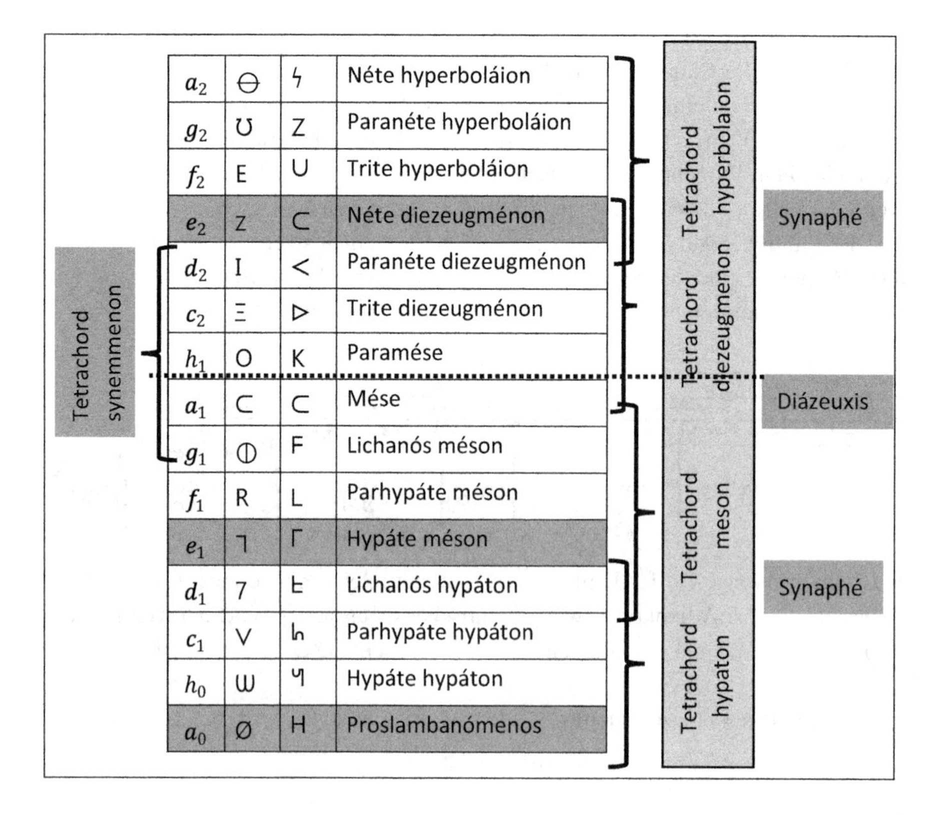

Abb. 5.3 Das giechische Systema maximum (Systema teleion)

Und die Art und Weise, wie und unter welchen Regeln diese Entnahme zu geschehen hatte, verdient eigentlich eine eigene weitläufigere Betrachtung. Wenn wir jedoch vom Ergebnis her die Sache angehen, so finden wir dennoch straffere Zugänge zu den altgriechischen und späteren kirchentonalen Skalen (Modi), und diese wollen wir jetzt skizzieren.

Je nach Zugang und Interpretation gibt es 8, 9 oder 12 verschiedene „Modi", und ihre Konstruktionen verwenden folgende Regeln:

Definition 5.4 (Regeln für die Basisarchitektur der Kirchentonarten)

1. Die Tonmenge wird durch die (aufwärts notierte) Proportionenkette des Systems

$$([8,9] \oplus T_{\text{phry}} \oplus T_{\text{phry}}) \oplus ([8,9] \oplus T_{\text{phry}} \oplus T_{\text{phry}})$$

festgelegt. Dies ist die Adjunktion zweier Oktochorde.

2. Eine altgriechische Oktavskala besteht – als Oktochord – aus der Adjunktion zweier gleicher Tetrachorde und einem Ganzton 8:9 – dem pythagoräischen Tonos. Dabei wirken die Verheftungsgesetze des Satz 5.2.
3. Diese beiden Tetrachorde sind **diatonischen** Geschlechts (T_{phry}, T_{do} oder T_{ly}).

Es gibt nun im Grunde drei unterschiedliche Herangehensweisen, um aus dem Systema teleion die Oktochorde, die altgriechischen beziehungsweise die gregorianischen Skalen zu gewinnen, und wir wollen diese Methoden umreißen:

A) **Die Kombinationsmethode:** Zu zwei gleichen Tetrachorden (T_{phry}, T_{do} oder T_{ly}) fügt man einen Tonos 8:9 hinzu. Dies kann an den drei Positionen:

„vor (v) – zwischen (z) – nach (n)"

den Tetrachorden geschehen.

Dann ergeben sich 9 Oktochorde, und diese wollen wir später mit der Kennzeichnung der beiden verwendeten Tetrachorde sowie der Position des Ganztons kennzeichnen; so gilt beispielsweise die Notation

$$\text{Okt}^{v}_{\text{phry}} = ① \oplus \left[\!\left[\, \tfrac{1}{2}\ \mathbf{1}\ \mathbf{1} \,\right]\!\right] \oplus \left[\!\left[\, \tfrac{1}{2}\ \mathbf{1}\ \mathbf{1} \,\right]\!\right] = ① \oplus T_{\text{phry}} \oplus T_{\text{phry}}.$$

Das Ergebnis aller dieser möglichen Anfügungen ist in der Tab. 5.4 angegeben:

B) **Die Oktochordmethode:** Beginnend beim tiefsten Ton des Systema teleion (dem ***Proslambanómenos*** (a)) errichtet man ein Oktochord, und zwar so, dass dessen Tonmenge zum Systema teleion gehört, und genau hierzu muss man die Gleichungen des vorstehenden Satzes 5.2 anwenden. Dies geschieht dann nacheinander auf allen sieben Tonstufen. Hieraus ergeben sich die gleichen 9 Modelle wie unter Methode (A).

Das Ergebnis zeigt uns die Tab. 5.5.

Tab. 5.4 Konstruktion der Oktochorde und gregorianischen Modi nach der Kombinationsmethode

Verwendete Tetrachorde	Oktochorde: Tetrachord-Ganzton-Kombinationen	Modellskala	Mod. greg.	Griechische Skala
Phrygisch	$\text{①} \oplus [[\frac{1}{2}\ 1\ 1]] \oplus [[\frac{1}{2}\ 1\ 1]]$	**a**-h-c-d-***e***-f-g-a	IX	Aeolisch
Phrygisch	$[[\frac{1}{2}\ 1\ 1]] \oplus \text{①} \oplus [[\frac{1}{2}\ 1\ 1]]$	**e**-f-g-a-***h***-***c***-d-e e-f-g-***a***-h-***c***-d-e	III X	Phrygisch Hypoaeolisch
Phrygisch	$[[\frac{1}{2}\ 1\ 1]] \oplus [[\frac{1}{2}\ 1\ 1]] \oplus \text{①}$	h-c-d-***e***-f-g-***a***-h **h**-c-d-e-f-g-a-h	IV –	Hypophrygisch Lokrisch
Lydisch	$\text{①} \oplus [[1\ 1\ \frac{1}{2}]] \oplus [[1\ 1\ \frac{1}{2}]]$	**f**-g-a-h-***c***-d-e-f f-g-a-**h**-c-d-e-f	V –	Lydisch Hypolokrisch
Lydisch	$[[1\ 1\ \frac{1}{2}]] \oplus \text{①} \oplus [[1\ 1\ \frac{1}{2}]]$	c-d-e-***f***-g-***a***-h-c ***c***-d-e-f-***g***-a-h-c	VI XI	Hypolydisch Ionisch
Lydisch	$[[1\ 1\ \frac{1}{2}]] \oplus [[1\ 1\ \frac{1}{2}]] \oplus \text{①}$	g-a-h-**c**-d-**e**-f-g	XII*	Hypoionisch
Dorisch	$\text{①} \oplus [[1\ \frac{1}{2}\ 1]] \oplus [[1\ \frac{1}{2}\ 1]]$	**g**-a-h-c-***d***-e-f-g	VII	Mixolydisch
Dorisch	$[[1\ \frac{1}{2}\ 1]] \oplus \text{①} \oplus [[1\ \frac{1}{2}\ 1]]$	**d**-e-f-g-***a***-h-c-d d-e-f-**g**-a-h-***c***-d	I VIII	Dorisch Hypomixolydisch
Dorisch	$[[1\ \frac{1}{2}\ 1]] \oplus [[1\ \frac{1}{2}\ 1]] \oplus \text{①}$	a-h-c-**d**-e-***f***-g-a	II	Hypodorisch

Tab. 5.5 Konstruktion der Oktochorde nach der Oktochordmethode

Tonika	Oktochord(e)	Stufenfolge	Altgriechisch
a (la)	$\text{①} \oplus T_{\text{phry}} \oplus T_{\text{phry}}$ $T_{\text{do}} \oplus T_{\text{do}} \oplus \text{①}$	$1 - \frac{1}{2} - 1 - 1 - \frac{1}{2} - 1 - 1$	Aeolisch/hypodorisch
h (si)	$T_{\text{phry}} \oplus T_{\text{phry}} \oplus \text{①}$	$\frac{1}{2} - 1 - 1 - \frac{1}{2} - 1 - 1 - 1$	Lokrisch/hypophrygisch
c (do)	$T_{\text{ly}} \oplus \text{①} \oplus T_{\text{ly}}$	$1 - 1 - \frac{1}{2} - 1 - 1 - 1 - \frac{1}{2}$	Ionisch/hypolydisch
d (re)	$T_{\text{do}} \oplus \text{①} \oplus T_{\text{do}}$	$1 - \frac{1}{2} - 1 - 1 - 1 - \frac{1}{2} - 1$	Dorisch/hypomixolydisch
e (mi)	$T_{\text{phry}} \oplus \text{①} \oplus T_{\text{phry}}$	$\frac{1}{2} - 1 - 1 - 1 - \frac{1}{2} - 1 - 1$	Phrygisch/hypoaeolisch
f (fa)	$\text{①} \oplus T_{\text{ly}} \oplus T_{\text{ly}}$	$1 - 1 - 1 - \frac{1}{2} - 1 - 1 - \frac{1}{2}$	Lydisch/hypolokrisch
g (sol)	$\text{①} \oplus T_{\text{do}} \oplus T_{\text{do}}$ $T_{\text{ly}} \oplus T_{\text{ly}} \oplus \text{①}$	$1 - 1 - \frac{1}{2} - 1 - 1 - \frac{1}{2} - 1$	Mixolydisch/hypoionisch

Um zwei Beispiele zu besprechen: Wenn wir auf der Tonstufe $h =$ si beginnen, legt das Systema teleion schon den Ablauf der Folgestufen fest – in diesem Fall also das Muster

$$\frac{1}{2} - 1 - 1 - \frac{1}{2} - 1 - 1 - 1.$$

Offenbar startet das Oktochord mit T_{phry} diese Reihe, und dann muss dieses Tetrachord auch unmittelbar anschließen; der abschließende Ganzton führt dann zur Tonikaoktave (si). Wenn wir aber auf der Tonika $g =$ sol beginnen, liegt die Abfolge des Systema teleion

$$1 - 1 - \frac{1}{2} - 1 - 1 - \frac{1}{2} - 1$$

zur Auskleidung einer Oktochordstruktur vor.

Fall A: Interpretieren wir den ersten Ganztonschritt als Verbindungsganzton ①, so folgen darauf zwei dorische Tetrachorde T_{do}.

Fall B: Andernfalls ist der Start das lydische Tetrachord T_{ly}. Die Restkette $1 - 1 - \frac{1}{2} - 1$ könnte von der Form ① $\oplus T_{\text{do}}$ oder von der Form $T_{\text{ly}} \oplus$ ① sein; die erstere scheidet aus, da im Oktochord zwei gleiche Tetrachorde vorhanden sein müssen. Somit haben wir hier zwei Lösungen einer Strukturierung des Skalenverlaufs.

C) **Die Stufenmethode:** Man betreibt ein kombinatorisches Spiel eines Skalenaufbaus aus (2) Halb- und (5) Ganztonschritten unter folgenden Regeln:

1. Es dürfen keine zwei Halbtonschritte in Folge auftreten.
2. Es dürfen nicht mehr als drei Ganztonschritte in Folge auftreten.
3. In der Oktavbilanz gibt es genau 5 Ganz- und 2 Halbtonschritte.

Die Regeln 1 und 2 schließen auch eventuelle Skalenfortsetzungen (Oktavüberschreitungen) nach oben oder nach unten mit ein.

Hier erhält man eine Skalenfamilie von genau 7 verschiedenen Modellen, dargestellt in der Tab. 5.6. Wobei hier die letzte (3.) Bedingung eigentlich sogar obsolet ist – die Oktavbilanz erfordert genau diese Konstellation (siehe zum Beispiel [16]).

Man beginnt also einfach durch systematisches Hinschreiben aller möglichen Stufenfolgen aus dem Vorrat der Ganz- und Halbtonschritte und kann dann dank der Regeln alle Fälle bis auf die sieben notierten ausschließen.

Tab. 5.6 Konstruktion der altgriechischen Skalen nach der Stufenmethode

Stufenfolge	Skala	Oktochord	Altgriechische Tonarten
$1-1-1-\frac{1}{2}-1-1-\frac{1}{2}$	f – f′	Okt^v_{ly}	Lydisch oder hypolokrisch
$1-1-\frac{1}{2}-1-1-\frac{1}{2}-1$	g – g′	Okt^v_{do} und Okt^h_{ly}	Mixolydisch oder hypoionisch
$1-1-\frac{1}{2}-1-1-1-\frac{1}{2}$	c – c′	Okt^z_{ly}	Ionisch oder hypolydisch
$1-\frac{1}{2}-1-1-\frac{1}{2}-1-1$	a – a′	$\text{Okt}^v_{\text{phry}}$ und Okt^h_{do}	Aeolisch oder hypodorisch
$1-\frac{1}{2}-1-1-1-\frac{1}{2}-1$	d – d′	Okt^z_{do}	Dorisch oder hypomixolydisch
$\frac{1}{2}-1-1-1-\frac{1}{2}-1-1$	e – e′	$\text{Okt}^z_{\text{phry}}$	Phrygisch oder hypoaeolisch
$\frac{1}{2}-1-1-\frac{1}{2}-1-1-1$	h – h′	$\text{Okt}^h_{\text{phry}}$	LOKRISCH oder hypophrygisch

Die drei Methoden führen letztlich zu einem gemeinsamen Gesamtbild. Dabei treten bei den **altgriechischen Tonskalen** alle Dopplungen offenbar durch die Silbe „hypo“ hervor. Hier steckt ein System dahinter, welches wir im folgenden Theorem beschreiben.

Die **gregorianischen Tonarten** („Kirchentöne“, Modi) sind dabei in allererster Linie durch die Lage der **Finalis** (in Tab. 5.4 fett gedruckt und unterstrichen) und durch die Lage des **Tenor** (Rezitationston, Co-Finalis; in Tab. 5.4 fett-kursiv) bestimmt. Eine in den gregorianischen Lehrbüchern genannte Beschreibung verläuft etwa so:

▶ **„Authentisch“** sind die **ungeraden** Modi – bei ihnen ist die Finalis tief und der Tenor ist eine Quinte darüber. Die **geraden** Modi heißen **„plagal“** – bei ihnen ist die Finalis etwa in der Mitte der Melodie, und der Tenor ist eine Terz oder Quart darüber. Eine andere – am sogenannten Oktoechos orientierte – Klassifizierung gregorianischer Modi nutzt die Verwendung der Grundtypen der Finalis-Stufen-Umgebung

Protus, **Deuterus**, **Tritus** und **Tetrardus**

- jeweils authentisch oder plagal –, um so – über diese gregorianischen „Urmodi“
- zu den acht Hauptmodi zu gelangen (siehe hierzu [11, S. 70 ff.]).

Wenn wir nun im Folgenden von Symmetrien und dergleichen für „Tonarten“ sprechen, so bezieht sich dies auf die sie repräsentierenden Stufenproportionenketten. Wir fassen unsere vorstehenden Gedanken zusammen in folgendem Theorem:

Theorem 5.2 (Das Systema teleion und die Kirchentonarten)
Unter der Voraussetzung, dass wir es mit einem einheitlichen Ganzton zu tun haben, weshalb dann das **pythagoräisch-diatonische Tetrachord** das **Systema teleion** definiert, gelten folgende Aussagen:

1. **Methodik:** Mittels der Oktochordmethode als auch der Kombinationsmethode können die **altgriechischen Skalen** wie auch die **gregorianischen Modi** bestimmt werden. Die Stufenmethode belegt, dass es auch nicht weitere Skalenstrukturen des Systema teleion geben kann.
2. **Bilanzen:** Folgende Gesamtheiten ergeben sich im Systema teleion:
   1. Es gibt genau 7 unterschiedliche Stufenabfolgen.
   2. Es gibt genau 9 unterschiedliche Oktochorde.
   3. Es gibt genau 12 gregorianische Tonarten.
   4. Es gibt genau 14 altgriechische Tonarten.
3. **Authentisch-Plagal:** Man kommt von einer authentischen zu ihrer plagalischen gregorianischen Form mittels folgender Regel:
   Authentisch-Plagal-Regel: Liegt das Oktochord der authentischen Tonart (I, III, V oder VII) in seiner Aufbaustruktur vor, so startet die zugehörige plagalische Form mit Beginn des zweiten Tetrachords dieses Oktochords.

4. **Tonarten und ihre Hypotonarten:** Man kommt von einer altgriechischen Tonart (aeolisch, lokrisch, ionisch, dorisch, phrygisch, lydisch oder mixolydisch) zur ihrer „Hypoform" durch die gleiche Regel wie in (3).
5. **Oktochordsymmetrien:** Auf der Ebene der Stufenproportionen gelten die Symmetriebeziehungen:

$$\mathrm{Okt}^z_{\mathrm{do}} \cong \left(\mathrm{Okt}^z_{\mathrm{do}}\right)^{\mathrm{rez}}.$$

Das bedeutet: Die dorische Tonart ist symmetrisch: Die Stufenproportionenabfolge aufwärts ist die gleiche wie in der Abwärtsbewegung. Keine andere Tonart hat diese Symmetrie. Für die übrigen Oktochorde gibt es dennoch folgende Beziehungen:

$$\mathrm{Okt}^v_{\mathrm{ly}} \cong \left(\mathrm{Okt}^h_{\mathrm{phry}}\right)^{\mathrm{rez}} \text{ sowie } \mathrm{Okt}^z_{\mathrm{ly}} \cong \left(\mathrm{Okt}^z_{\mathrm{phry}}\right)^{\mathrm{rez}}$$
$$\mathrm{Okt}^v_{\mathrm{do}} \cong \mathrm{Okt}^h_{\mathrm{do}} \cong \left(\mathrm{Okt}^v_{\mathrm{phry}}\right)^{\mathrm{rez}} \cong \left(\mathrm{Okt}^h_{\mathrm{ly}}\right)^{\mathrm{rez}}.$$

Aus diesen kann man manche verborgenen Zusammenhänge ausmachen – sowohl in der symbolischen Kombinatorik wie auch in den Skalenaufbauten.

Der Beweis dieses Theorems besteht aus einer beobachtenden Zusammenstellung der drei Tab. 5.4, 5.5 und 5.6, welche – den drei Methoden gehorchend – Skalen und Oktochorde als auch Stufengeometrien zusammenbringen.

Wir möchten auch betonen, dass alle diese Ergebnisse zunächst einmal ausschließlich für den allereinfachsten Modellfall eines bitonalen Systema teleion (Tonos und Limma) gelten. Herrscht zwischen den Ganztönen jedoch eine Differenz (zum Beispiel der wichtige diatonische Fall, dass beide Ganztöne 8:9 und 9:10 vorhanden sind sowie dass am Ende noch verschiedene Semitonia zwangsläufig auftreten), so sind manche unserer obigen Aussagen nur modifiziert nutzbar. Detailliertere Untersuchungen können aber sicher als kleinere Vertiefungsprojekte – die gezeigten Methoden nutzend – gestaltet werden.

Bemerkung: Si-naturale oder Si-bemolle?
Abschließend – wie auch hieran anknüpfend – beleuchten wir ein in der gregorianischen Forschung beständig wiederkehrendes Thema:

Frage: Si-naturale oder Si-bemolle – was hat es damit auf sich?

Nun, im Modell einer rein-diatonischen heptatonischen Skala könn(t)en die in den gregorianischen Melodien gesungenen Töne auf den weißen Tasten einer Klaviatur modelliert – also wiedergegeben – werden. Einzige Ausnahme ist der Ton Si (sprich „h"):

Problem: Hier finden wir sowohl die beiden (!) Alternativen eines Ganztons auf *a* – die also sogar zu **zwei** verschiedenen Tönen *h* der weißen Taste führen wie aber auch simultan mehrere „Halbtöne“ auf *a* definieren, die dann zu „b“ – führen, und gregorianisch nennt man (eigentlich alle) diese Halbtöne „Si-bemolle“.

Wir müssen nun wissen, dass die frühere Notenschrift eigentlich keine war: Lediglich eine paläographische Neumenschrift beschrieb und beschreibt auf recht verschlüsselte Art und Weise, welche Tonschritte von Ton zu Ton wohl gemeint wären, erkennbar ist dies an unserer Abb. 5.4 des Rorate-Introitus, bei welcher die „Neumen“ aus den geheimnisvollen Zeichen oberhalb und unterhalb des später eingerichteten Notenliniensystems bestehen. Und was die Frage der zwei Formen des Tons „Si“ betrifft, so gibt es tatsächlich überall und stets die – durch vergleichende Handschriften der Neumen befeuerte – Diskussion, was wohl richtig, was wohl falsch wäre.

Unsere Abb. 5.4 zeigt den berühmten Introitus „Rorate“ des 4. Adventssonntags in der Vaticana-Notenausgabe, bei welchem eingangs nach dem Quint-Pes „re-la“ ein si-bemolle notiert ist – es könnte aber auch ein si-naturale sein. Die erste Fassung klingt nach „d-Moll“, die zweite nach „dorisch“, tonus *I* der Kirchentonarten.

Der Blick, der diese Diskussionen leitet, ist jedoch – bewusst oder unbewusst – der vertrauten heptatonischen Tastenstruktur gewidmet. Daher vollzieht sich eine gesungene Wiedergabe stets in der bivalenten Alternative „Halbton“ oder „Ganzton“. Hier gibt es eine Reihe kritischer Fragen, und die gregorianische Forschung widmet sich sehr intensiv der **Melodienrestitution.**

1. **Problem:** Welche Stufung ist gemeint, wenn wir an die Tonfolge

   $$\text{a} \to \text{si} - \text{bemolle (b)} \to \text{si} - \text{naturale (h)}$$

   denken? Klar ist nämlich, dass diese beiden Intervalle nicht gleich groß sein können; die Teilung des Tonos 8:9 in zwei gleichstufige Hälften führt auf die Proportionenkette

   $$8{:}z_{\text{geom}}(8,9){:}9 \text{ mit der nicht} - \text{rationalen Zahl } z_{\text{geom}}(8,9) = 6\sqrt{2} \approx 8,485,$$

   und eingedenk der damals vorherrschenden pythagoräischen Intervalltheorie wäre eher an die äußerst unsymmetrische Apotome-Limma-Teilung zu denken.
2. **Problem:** Auch könnte es sein, dass dennoch die altgriechische Tetrachordik auf dem Plan stand und mit absonderlichen kleinen mikrotonalen Stufungen zu Interpretationen Anlass geben könnte, das „Si-bemolle“ als minimale Abschwächung bzw.

Abb. 5.4 Der Beginn des Rorate-Introitus. (Quelle: Graduale Triplex)

„Eintrübung" des Si-naturale aufzufassen – die Stimme gibt halt etwas nach –, oder aber sie erhebt sich von a aus nur „unmerklich". Wir haben ja in der Tetrachordik (Abschn. 5.5) schon einige sonderbare Mikrotonalitäten kennengelernt...

3. **Problem:** Rund um diese Thematik begegnen wir auch Überlegungen, dass womöglich andere Melodieverläufe aus der Neumenschrift heraus interpretierbar wären: So zum Beispiel entwickelt sich ein anderer Melodiencharakter, wenn im Wort „Rorate" statt des Tons „si-bemolle" oder „si-naturale" ein höheres „do" – sprich c – gesetzt würde. Und in der Tat findet man diese Melodieformel in spätmittelalterlichen Kirchenbüchern sogar häufig vor!

Kurz: Dies und eine Reihe anderer Gründe, die wir in den teils bizarren Proportionenketten ausmachen, geben deutlich Anlass, die Si-bemolle-Frage einmal unter einem deutlich erweiterten Rahmen zu betrachten, der zweifellos weitaus mehrere und grundsätzlich andere Lösungen zuließe als nur die bivalente Variante der Klaviertastatur.

5.7 Die Orgel und das Kalkül mit ihren Registerproportionen

Wie bei kaum einem anderen Instrument können wir die Verbindung von Proportionen und klingender Musik unmittelbarer erfahren als bei der Orgel – seien es kleine oder große symphonische Instrumente. Proportionen zeigen sich dabei in den Geometrien des Pfeifenwerks wie aber auch in der Beschreibung der Registrierung – der sogenannten **Disposition.** Wer einmal einen Blick auf die Registerangaben einer Orgel wirft, entdeckt Bezeichnungen wie

$$\text{Subbass } 16' - \text{oder Prinzipal } 8' - \text{oder Oktave } 4' - \text{oder Quinte } 2\frac{2}{3}{}' - \text{oder Terz } 1\frac{3}{5}{}'$$

– um nur die häufigsten zu nennen. Was verbirgt sich dahinter, und was bedeutet der kleine Strich?

Nun, diese Kennziffern heißen zunächst einmal **„Fußzahlen"**, und der kleine signierende Strich deutet auf die „Einheit" der Zahl als sogenannte „Fußzahl" des entsprechenden Registers hin.

Die Orgelleute sagen dann auch „Trompete acht Fuß" und jeder Kundige weiß, dass es sich um ein Register handelt, dessen Pfeifen „wie eine Trompete" klingen und dessen Tonhöhenfrequenzen mit denen entsprechender (lagegleicher) Töne des Klaviers (weitgehend) übereinstimmen.

Die gleiche Taste – mit einem 4-Fuß-Register gespielt – würde eine Oktave höher und ein mit einem 16-Fuß-Register gespielter Ton eine Oktave tiefer klingen.

Der Begriff der **Fußzahl** ist historisch: Es ist die Angabe in der alten Längeneinheit „Fuß", wie groß die Pfeifenlänge beim tiefsten Manualton – in der Regel dem großen C – wäre. So misst die Pfeifenlänge beispielsweise eines (offenen) 8-Fuß-Registers für

„Groß C" gerade 8 Fuß. Die Pfeifenlängen eines einzelnen Registers – also eines in der Orgel enthaltenen „Instruments" – nehmen mit wachsender Tonhöhe ab: Die Physik sagt:

> *„Halbiert sich die Pfeifenlänge, so verdoppelt sich die Tonfrequenz – was dasselbe ist zu sagen, dass der Ton 1 Oktave höher erklingt als derjenige der 8-Fuß-Pfeife."*

Und vier Oktaven höher als das große C hat die Pfeife des 8 Fuß-Registers dann nur noch die Länge von einem halben Fuß, also wenige Zentimeter. Wir haben es hier also mit der „Längenproportion" zu tun. Der Zusammenhang von Tonhöhe (Frequenz) und Pfeifenlänge ist ein Proportionengesetz, das natürlich in Gänze den Monochordregeln gehorcht. Adaptiert an die Orgel wollen wir das wie folgt schildern:

Theorem 5.3 (Die Fußzahlregel der Orgel – „Orgelregistermathematik")
Für zwei Pfeifen des gleichen Registers (von denen wir idealisierend annehmen, dass sie von ähnlicher geometrischer Bauart – wie zum Beispiel oben offen, gleiches Material und dergleichen – sind) besteht zwischen den Tonhöhen T_1 und T_2 (das sind die Grundfrequenzen) einerseits und ihren Längen L_1 und L_2 andererseits das Proportionengesetz

Tonhöhenproportionengesetz der Orgel:

$$L_1{:}L_2 \cong T_2{:}T_1$$

Folgerung: Gegeben seien zwei beliebige Orgelregister

„Flöte A" (mit der Fußzahl a – angegeben in bruch::arithmetischer Form),

„Flöte B" (mit der Fußzahl b – angegeben in brucharithmetischer Form),

dann besteht für jede fest gewählte Tontaste zwischen ihren Tonhöhen T_a und T_b (zum Beispiel gemessen in Hertz) die konstante (tastenunabhängige) Fußzahlenproportion, die wir in der folgenden Regel aufschreiben:

Allgemeine Fußzahlenregel der Orgel:

$$T_a{:}T_b \cong b{:}a,$$

und diese Proportionengleichung können wir auch brucharithmetisch so formulieren, dass wir sagen:

$$T_a * a = T_b * b = \textbf{constant},$$

will sagen: Das Produkt aus Tönhöhe (T_a) **und Fußzahl** (a) ist – für jede fest gewählte Taste – unabhängig vom gewählten Register das gleiche.

Spezialfall: Speziell folgt also für den Tonhöhenzusammenhang eines „Orgelregisters A" mit der Fußzahl a zu einem 8-Fuß-Referenzregister: Bei Anschlag einer beliebigen Taste gilt für die Tonhöhen die Proportion

8-Fuß-Regel der Orgel:

$$\boldsymbol{T_8{:}T_a \cong a{:}8},$$

aus der man dann für gewöhnlich das differierende Intervall in Bezug zur 8-Fuß-Lage bestimmt. Hieraus gewinnen wir die klangliche Einordnung eines Orgelregisters – die vergleichende Tonhöhe betreffend.

Diese Aussagen folgen letztendlich aus dem wohlbekannten Zusammenhang von Längen und Tonhöhen – genauso, wie wir das bei dem Monochord in Abschn. 5.1 besprochen haben. Es macht hierbei keinerlei Unterschiede, ob Saite oder klingende Pfeife – zumindest nicht im physikalisch geleiteten Modell.

▶ **Wichtig**

Wir möchten auch noch bemerken, dass der Vorteil der Proportionengleichung

$$T_a{:}T_b \cong b{:}a$$

genau der ist, dass sie **unabhängig von der Tonhöhe** – das heißt tastenunabhängig – gilt, während die Umformung zur Produktgleichung

$$T_a * a = T_b * b$$

zwar pro Taste für alle beliebigen Register den gleichen Wert hat (also **registerunabhängig** ist) – jedoch pro Register proportional zur Tonhöhe der Tastatur ist.

Wir wollen das mal so stehen lassen und lenken unsere Aufmerksamkeit auf praktische Beispiele.

Wenn wir dann mithilfe dieser Grundregeln die klanglichen Proportionen einer Orgel anhand ihrer Fußzahlencharakteristiken konkret studieren, so ist es dazu sehr hilfreich – ja notwendig – die **brucharithmetischen** Angaben der reinen Intervalle parat zu haben – zumindest sollten große Terzen (4:5 beziehungsweise im Frequenzmaß 5/4) und Quinten (2:3 beziehungsweise 3/2) sowie zuvorderst die wichtigsten und omnipräsenten Oktavkennungen (16 – 8 – 4 – 2 – 1) schnell zur Hand sein.

Beispiel 5.21

Registerproportionen der Orgel

1. Das Register Waldflöte 2′ liegt für jede Taste zwei Oktaven (also eine Doppeloktave) über dem Ton, wenn darauf ein 8-Fuß-Register gespielt würde:

$$T_8{:}T_2 \cong 2{:}8 \cong 1{:}4.$$

2. Das Register Quinte $2\frac{2}{3}'$ zeigt folgende Intervalllage

$$T_8 : T_{2\frac{2}{3}} \cong 2\frac{2}{3} : 8 = \frac{8}{3} : 8 \cong 8 : (3 * 8) \cong 1 : 3 \cong (2 : 3) \odot (1 : 2)$$

und liegt somit 1 Oktave und 1 reine Quinte (das ist eine Duodezime) über dem 8 Fuß-Ton. Aber auch dies ist sofort klar:

$$T_4 : T_{2\frac{2}{3}} \cong 2\frac{2}{3} : 4 \cong \frac{8}{3} : 4 \cong 8 : 12 = 2 : 3,$$

und das ist eine Quinte über dem 4-Fuß-Register.

3. Für die Terz $1\frac{3}{5}'$ haben wir beispielweise folgende Vergleichsproportionen:

$$T_2 : T_{1\frac{3}{5}} \cong 1\frac{3}{5} : 2 = \frac{8}{5} : 2 \cong 8 : 10 \cong 4 : 5 \text{ (Vergleich zum 2-Fuß)},$$
$$T_8 : T_{1\frac{3}{5}} \cong 1\frac{3}{5} : 8 = \frac{8}{5} : 8 \cong 8 : 40 \cong 1 : 5 \text{ (Vergleich zum 8-Fuß)},$$
$$T_{2\frac{2}{3}} : T_{1\frac{3}{5}} \cong 1\frac{3}{5} : 2\frac{2}{3} = \frac{8}{5} : \frac{8}{3} \cong 3 : 5 \text{ (Vergleich zur Duodezime } 2\frac{2}{3}\text{-Fuß)}.$$

4. Völlig ungewöhnlichen Fußzahlenverhältnissen begegnen wir in der Disposition **italienischer Orgeln.** Viele von ihnen enthalten im sogenannten **„Ripieno“** eine Ansammlung extrem hochtöniger Pfeifen.
So finden wir in der **Chiesa Parrocchiale di San Martino Vescovo** im Städtchen Sarnico eine Orgel von Giovanni Giudici aus Bergamo, welche in ihrem Hauptwerk – neben vielen anderen Exoten – auch das Register

$$\text{„Due di Ripieno“ } \frac{1'}{3} - \frac{1'}{4}$$

beherbergt. Es handelt sich um eine kleine **Mixturform,** bestehend aus zwei Pfeifen pro Taste – eine zu 1/3 Fuß, die andere zu 1/4 Fuß. Welche Intervalle, Tonhöhen im Vergleich zur 8 – oder zur 1-Fuß-Lage sind gegeben?

1. 1/4-Fuß: Das sind offenbar 5 Oktaven über dem 8-Fuß, was wir an der Halbierungsreihung $8 - 4 - 2 - 1 - 1/2 - 1/4$ erkennen wie auch nach unserer Fußzahlenregel, denn es ist ja

$$(1/4) : 8 \cong 1 : 32 = 1 : 2^5.$$

2. 1/3-Fuß: Hier machen wir den Vergleich zur 1/2-Fuß-Lage, die ja bereits 4 Oktaven über der 8-Fuß-Lage und somit in der „Nähe“ des fraglichen Registers liegt. Nach der Fußzahlenregel ist

$$(1/3) : (1/2) \cong 2 : 3,$$

und deshalb klingt diese Pfeife um 1 Quinte über der 4. Oktave über der 8-Fuß-Lage.

Zusammen bilden 1/3- und 1/4-Fuß demnach eine entlegene Quarte (nämlich 5 Oktaven aufwärts mit darunterliegender Quarte), eine abenteuerlich extreme Lage. Schon der mittlere Ton a – gespielt auf der eingestrichenen Oktave zu 440 Hz bei 8-Fuß-Lage – erklingt im 1/4-Fuß 5 Oktaven höher: Das sind

$$440 * 2^5 = 440 * 32 = 14080 \text{ Hz (Hertz)},$$

was selbst für Hunde fast zu hoch ist – von Tönen der Tastatur noch höherer Oktaven zu schweigen.

5. **Die Großterz im Schweriner Dom:** Eine gegenüber dem Beispiel (4) diametrale Situation finden wir in der berühmten **Ladegast-Orgel des Schweriner Doms.** Dort gibt es im Pedalwerk eine rein temperierte Großterz, die zusammen mit den 16-Fuß-Bässen einen sogenannten **akustischen 64-Fuß** ergibt, was Tönen entspricht, deren Schwingungsfrequenzen die Bauarchitekten auf den Plan rufen müssten. Angenommen, die Registerbezeichnung dieser Großterz wäre verloren gegangen und der Orgelbauer wüsste nur um den Umstand dieses Phänomens, dann stellt sich die

   Frage: Wie muss die Fußangabe lauten, damit die Paarung eines 16-Fuß-Registers mit dieser „Großterz" den akustischen 64-Fuß ergibt?

   Antwort: Zunächst muss die Terz eine **reine** große Terz über einem 16-Fuß-Registerton darstellen. Warum dann die Überlagerungen den berühmten 64-Fuß erzeugen, klären wir später. Auch hier können wir die Fußzahlenformel nutzen. Es muss demnach die Proportionengleichung gelten:

   $$T_{16}{:}T_a \cong a{:}16 \cong 4{:}5.$$

   Daraus folgt sofort für die Fußzahl a

   $$\boldsymbol{a{:}1 \cong (16 * 4){:}5 = \frac{64}{5}{:}1 \Leftrightarrow a = \frac{128}{10} = 12\frac{4}{5}},$$

   und die Aufgabe ist gelöst.

Der Reichtum großer Orgeln an sogenannten **„Aliquoten"** – das sind alle diejenigen Register, deren Töne **nicht um Oktaven** differieren (also deren Fußzahlen nicht die Form 2^n mit $n = 0, \pm 1 \pm 2$ haben) – ist bisweilen beachtlich. Aliquoten sorgen nicht nur – wie im Beispiel (5) gesehen – für akustische Überlagerungseffekte, sie sind auch maßgeblich bei der Klangfarbengestaltung beteiligt (indem sie nämlich die Obertonstruktur beeinflussen – so wie im Beispiel (4)). Hierzu eine weitere Demonstration:

6. Die neue gigantische Orgel der bedeutendsten portugiesischen Kirche in **Fatima** besitzt sage und schreibe fünf Manuale und Pedal und in der Summe rund 90 Register (vgl. Ars Organi 2/2017, [21]). Im Schwellwerk (Manual III) befindet sich ein 5-fach-Mixturen-Register **(Terziana),** dessen Zusammensetzung einen Satz von Aliquoten mit folgenden exotisch anmutenden Fußzahlen aufweist:

$$5\frac{1}{3} - 3\frac{1}{5} - 2\frac{2}{3} - 1\frac{1}{7} - \frac{8}{9}.$$

Bei jedem Tastendruck erklingt also eine Tonbatterie aus diesen fünf Einzeltönen.

Frage: Welchen Frequenzvielfachen (Obertönen) über einem 16-Fuß-Grundton entsprechen diese Aliquoten?

Antwort: Wir nutzen die Fußzahlenregel diesmal in der invertierten Form

$$T_a{:}T_{16} \cong 16{:}a$$

und setzen für a nacheinander die Aliquotfußzahlen ein. Dann entsteht für die Obertonfolge T_a/T_{16} die Wertefolge

$$3 = \frac{16}{5\frac{1}{3}}, 5 = \frac{16}{3\frac{1}{5}}, 6 = \frac{16}{2\frac{2}{3}}, 14 = \frac{16}{1\frac{1}{7}}, 18 = \frac{16}{\frac{8}{9}}.$$

Diese Obertonfolge kann nun bequem zur tonalen Beschreibung genutzt werden; wir zerlegen diese Verhältniszahlen in Primfaktoren und erhalten

$$3 - 5 - 6 - 14 - 18 \text{ beziehungsweise } 3 - 5 - (2 * 3) - (2 * 7) - (2 * 3 * 3).$$

Dann sind nun die jeweiligen Grundfrequenzen das $3 - 5 - 6 - 14$- bzw. 18-fache des gespielten Grundtons in 16-Fuß-Lage. Und aus der Primfaktorzerlegung sowie aus der Tatsache, dass Frequenzmaßprodukte Schichtungen von Intervallen entsprechen, bedeuten schließlich die proportionellen Umkehrungen

- $T_{16}{:}T_a \cong 1{:}3 \rightleftarrows$ Quinte über der Oktave (Duodezime),
- $T_{16}{:}T_a \cong 1{:}5 \rightleftarrows$ große Terz über der 2. Oktave,
- $T_{16}{:}T_a \cong 1{:}6 \rightleftarrows$ Quinte über der 2. Oktave,
- $T_{16}{:}T_a \cong 1{:}14 \rightleftarrows$ reine Septime über der 3. Oktave,
- $T_{16}{:}T_a \cong 1{:}18 \rightleftarrows$ Ganzton (8:9) über der 4. Oktave.

Mit einem einzigen Tastendruck hat man also dieses Obertonspektrum aktiviert. Übrigens sorgen schon die beiden Teilreihen von $5\frac{1}{3}$-Fuß und $3\frac{1}{5}$-Fuß für einen akustischen 16-Fuß.

Fazit: Aus diesen Proportionen kann man sehr schön die Lagen der Register untereinander sehen: Das Beispiel (3) zeigt, dass diese „Terz $1\frac{3}{5}$“ über dieser „Quinte $2\frac{2}{3}$“ um eine reine Sexte erhöht klingt. Interessante Klangwirkungen lassen sich so erzielen – wie zum Beispiel die Konstruktion eines

„**Cornet**“ aus der Kombination von $8 - 2\frac{2}{3}$ – und $1\frac{3}{5}$ – Fußregistern.

Dies entspricht ja einem gespreizten Dur-Akkord in reiner Temperierung. Beim Anschlag der c_0-Taste erklingt der Akkord

$$c_0 - g_1 - e_2 \rightleftarrows \text{Duodezime} \oplus \text{große Sexte},$$

also ein gespreizter Dur-Akkord. Noch eindrucksvoller zeigt sich der Fußzahlen- und Obertonzusammenhang im Beispiel (6) – hier entsteht auf einer einzigen Tontaste c_0 der Akkord

$$\begin{aligned} &c_0 - g_1 - e_2 - g_2 - b_3^* - d_4 \\ &\rightleftarrows \text{Duodezime} \oplus \text{große Sexte} \oplus \text{kleine Terz} \oplus \text{kleine ekmelische Terz} \\ &\quad \oplus \text{große ekmelische Terz.} \end{aligned}$$

Man kann diesen Akkord auch als eine Zuammensetzung eines gespreizten Dur-Akkordes (hier: $c_0 - g_1 - e_2 = C -$ Dur) mit einem auf hoher Quinte hinzugefügten Fast-Mollakkord ($g_2 - b_3^* - d_4 = g -$ moll) deuten; der Ton b_3^* liegt allerdings etwa hälftig zwischen *a* und *b*; in der Grundoktave hat die Proportion 4:7 das Centmaß 968,8 ct; in der Wirkung ist der Gesamtakkord also vom Typ eines (stark) verminderten C^7-Septim-Akkords mit ajoutierter hohen None (*d*). Wohlgemerkt: Wir sprechen von einem „Akkord", der auf einer einzigen Taste liegt. Gleichwohl empfindet das Ohr – dank passender Amplitudenwahl dieser Obertöne – den Gesamtklang **unisonisch** eingebettet in die Klangfarbe eines Cornetts. Klingt nicht schlecht, wenn man dies zu nutzen versteht.

Bemerkung: Das Phänomen der akustischen Unteroktavenzauberei an der Orgel
Im Orgelbau benutzt man folgendes Phänomen, um aus zwei tiefklingenden Registern noch eine – um eine oder zwei Oktaven – tieferklingende Tonlage zu erreichen, und zwar ohne dass dafür ein **eigenes** Register eingebaut wäre. Dieses Phänomen ist so zu beobachten:

1. Spielt man ein 16-Fuß-Register und eine dazu **rein gestimmte** Quinte – also ein $10\frac{2}{3}$-Fuß-Register – zusammen, entsteht der Eindruck, als erklinge noch zusätzlich ein 32-Fuß – ohne dass also hierzu eine eigene Pfeife nötig wäre.
2. Spielt man ebenso ein 16-Fuß-Register zusammen mit einer reinen Terz darüber – was also nach unserem Beispiel ein $12\frac{4}{5}$-Fuß-Register ist, so entsteht ein Unterton, welcher einer 64-Fuß-Lage entspricht (!).

Bedenken wir, dass solche 32-Fuß-Pfeifen oder gar 64-Fuß-Pfeifen wahre Giganten sind – und sie hätten (und haben) sicher nur in Kathedralen und auf Tiefladern Platz –, so ist schnell klar, dass dieser Trick einer akustischen Überlagerung zweier relativ moderater Register zur Vortäuschung eines nicht vorhandenen Tieftonriesen im Orgelbau bestens genutzt wird.

Frage: Wie kommt es zu diesem Phänomen?

Antwort: Nun, es gibt vornehmlich zwei Varianten, wie wir dies erklären könnten:

a) aus den Proportionen der „Obertöne“ eines idealen Tons,
b) aus der Physik der Überlagerung zweier Grundschwingungen.

Wir wollen auf beide Betrachtungen aber nur andeutungsweise eingehen:

Zu a): Nehmen wir an, wir hätten einen 32-Fuß. Dann steht die erste Oberschwingung (das ist eine Oktave höher) im Verhältnis 1:2 hierzu – sie entspricht einem 16-Fuß; die zweite hat die Proportion 1:3 und entspricht deshalb einem $32/3 = 10\frac{2}{3}$-Fuß (und das ist eine **reine** Quinte über der Oktave, eine Duodezime). Und so geht das weiter. Das Verhältnis der zweiten zur ersten Oberschwingung ist demnach das reine Quintintervall 2:3.

Trick: Klingt nun ein 16-Fuß zusammen mit der darüberliegenden reinen $10\frac{2}{3}$-Quinte, so glaubt das Ohr, den ersten und den zweiten Oberton (eines 32-Fuß) simultan wahrzunehmen – und es „hört sich dann die Grundschwingung (32-Fuß) einfach dazu“.

Beim Verhältnis 4:5 im Falle der Großterz sehen wir eine ähnliche Situation: 16-Fuß und $12\frac{4}{5}$-Fuß sind die 4. und 5. Oberschwingung des 64-Fuß; das Ohr konstruiert daraus rückwärts die Grundschwingung 64-Fuß.

Diese Erklärungen sind zwar nur plausible Überlegungen; sie finden aber ihre Rechtfertigung in der mathematisch-physikalischen Betrachtung b):

Zu b): Überlagern sich zwei Grundschwingungen, deren Frequenzen f_1 und f_2 im – exakten (!) – Verhältnis 2:3 stehen, so entsteht ein neues Schwingungsmuster, welches im Fall dieses exakten Verhältnisses (und nur dann) zunächst einmal periodisch ist. Diese Periode hat nun die Frequenz f_0, die sich aus der einfachen Formel

$$6f_0 = 2f_2 = 3f_1$$

ergibt. Die Erklärung ist einfach: Zwischen Schwingungsdauer T und Frequenz f gilt die reziproke Beziehung

$$T = 1/f.$$

Also haben wir für das Schwingungsdauerverhältnis die Proportion

$$T_1{:}T_2 \cong 1/f_1{:}1/f_2 \cong 1/2{:}1/3 = 3{:}2 \Leftrightarrow 2T_1 = 3T_2,$$

und die Schwingungsdauer T_0 der Überlagerung ist die kleinste, in welche beide ganzzahlig passen. Genau dies drückt sich durch die Gleichung

$$T_0 = 2T_1 = 3T_2$$

aus, und mit $T_0 = 1/f_0$ kommen wir zur gewünschten Frequenzbeziehung.

Wichtig ist aber auch festzuhalten, dass diese Periode zur Frequenz f_0 sich in der Praxis über einen bestimmten Zeitraum – von mindestens einigen wenigen Sekunden – halten muss, ansonsten ist das 2:3-Verhältnis sofort gestört und eine Überlagerung kann nicht eine Unteroktave simulieren. Daher muss diese Quinte $10\frac{2}{3}$ „sehr" rein zur 16-Fuß-Lage bei im Übrigen auch deutlich reduzierter Amplitude gestimmt werden, will man den trickreichen Effekt des vorgetäuschten 32-Fuß merklich erreichen.

Ist die Amplitude – also die Lautstärke – nämlich zu groß, hört man ein störendes Quintintervall; ist die Quinte nicht rein zum 16-Fuß-Register (weil man etwa die Abstände der gleichstufigen statt der reinen Temperierung beibehält), so schwindet der gewünschte Effekt merklich.

32'-POSAUNE

♫ - $\int e^{2\pi i\omega(t)}$

Aber das ist eine Wissenschaft für sich – mit den Proportionen hat es aber allemal zu tun.

Anhang

A.1 Proportionentabelle der wichtigsten reinen Intervalle

Die nachfolgende Tab. A.1 listet die häufigsten „reinen" Intervalle (der Größe nach geordnet) auf: Dabei geben wir die Proportionenangaben sowohl in der im Buch benutzten Proportionenform als auch in der heute üblichen „Frequenzmaßform" wieder. Im Übrigen verweisen wir auf den Abschnitt „Zum Gebrauch" im Eingangsteil des Buches.

In der Tabelle geben wir das Frequenzmaß b/a einer Proportion *a*:*b* gleich in der Primfaktorzerlegung (das sind hier vornehmlich die Primzahlen 2, 3 und 5) an. Das ermöglicht nämlich eine einfache **Rückverfolgung** der definierenden Darstellung des Intervalls als **adjunktive Zusammensetzung** aus

Oktaven (1:2), Quinten (2:3) und Terzen (4:5).

Dann sind die Exponenten des Primfaktors 3 genau die Anzahl der benötigten Quinten und der Exponent 5 die Anzahl der benötigten Terzen und die Oktavenanzahl kann hieraus leicht ermittelt werden, weil ja in jeder Quinte eine und in jeder Terz zwei Abwärtsoktaven stecken; im Nenner stehende Faktoren („negative Exponenten") entsprechen natürlich Subtraktionen der entsprechenden Intervalle. Ein Beispiel möge dieses näher erläutern:

Beispiel

zur Ermittlung der adjunktiven Zusammensetzung

Im **großen Chroma** 128:135 lesen wir das Frequenzmaß $3^3 5^1/2^7$ ab, und dies verarbeiten wir so:

$$3^3 5^1/2^7 = 2^{-7} 3^3 5^1 = 2^{-7+3+2}(3/2)^3 * (5/4)^1 = 2^{-2} * (3/2)^3 * (5/4)^1.$$

K. Schüffler, *Proportionen und ihre Musik*, https://doi.org/10.1007/978-3-662-59805-4

Dann entspricht dies einem Intervall, welches aus dem Zusammenfügen dreier Quinten (2:3) und einer Terz (4:5) und der (anschließenden) Subtraktion von zwei Oktaven besteht. Und man sieht sofort, dass diese Bilanz identisch ist mit der Differenz des diatonischen Halbtons 15:16 im großen Ganzton 8:9 (diese Differenz ist nämlich die ursprüngliche Definition des großen Chroma), es gilt ja die einfache Gleichung

$$(9/8) * (15/16) = 135/128.$$

Angegeben ist auch das **Centmaß** (gerundet bis auf eine Nachkommastelle); dieses **logarithmische Maß** ist für Intervalle mit antikem Proportionenmaß a:b (und folglich mit dem Frequenzmaß b/a) durch die Formel

$$\mathrm{ct}(\mathrm{I}) = 1200 \log_2 (|\mathrm{I}|) = 1200 \log_2 \left(\frac{b}{a}\right) = 1200 \frac{\ln |\mathrm{I}|}{\ln 2}$$

definiert, und hierbei steht das Symbol $\log_2$ für den „Logarithmus zur Basis 2“; das Symbol ln steht für den Logarithmus naturalis, und die Formel kann somit auch bei simplen Taschenrechnern die Berechnung der Centwerte zu den Daten a und b eines Frequenzmaßbruchs b/a ermöglichen.

Darüber hinaus sind vor allem in der Theorie der Skalen, welche durch Schichtungen von

$$\text{Terz } (4{:}5), \text{Quint } (2{:}3) \text{ und Oktave } (1{:}2)$$

aufgebaut sind und welche historisch das Zentrum der **Temperierungstheorie** darstellen, folgende charakteristische **„Kommata“** – meist im Viertel-Halbtonbereich – bekannt und von großer Bedeutung (siehe auch [16]) (Tab. A.2):

Tab. A.1 Tabelle der wichtigsten reinen Intervalle und ihrer Proportionen

Intervalle	Proportion	Frequenzmaß (Bruch)	Centmaß (ct)
Prim	1:1	$1/1 = 1$	0
Kleines Chroma	24:25	$5^2/2^3 3^1$	70,5
Pythagoräisches Limma	243:256	$2^8/3^5$	90,2
Großes Chroma	128:135	$3^3 5^1/2^7$	92,2
Diatonischer Halbton	15:16	$2^4/3^1 5^1$	111,7
Pythagoräische Apotome	2048:2187	$3^7/2^{11}$	113,7
Euler-Halbton	25:27	$3^3/5^2$	133,2
Diatonischer Ganzton	9:10	$2^1 5^1/3^2$	182,4
Pythagoräischer Ganzton (Tonos)	8:9	$3^2/2^3$	203,9
Kleine pythagoräische Terz	27:32	$2^5/3^3$	294,1
Kleine reine Terz	5:6	$2^1 3^1/5^1$	315,6
Große reine Terz	4:5	$5^1/2^2$	386,3
Große pythagoräische Terz (Ditonos)	64:81	$3^4/2^6$	407,8
Reine (pythagoräische) Quarte	3:4	$2^2/3^1$	498,0
Reine (pythagoräische) Quinte	2:3	$3^1/2^1$	702,0
Kleine Sexte	5:8	$2^3/5^1$	813,7
Große Sexte	3:5	$5^1/3^1$	884,3
Natur- (ekmelische) Septime	4:7	$7^1/2^2$	968,8
Kleine (diatonische) Septime	5:9	$3^2/5^1$	1017,6
Große (diatonische) Septime	8:15	$3^1 5^1/2^3$	1088,3
Oktave	1:2	$2^1/1$	1200
Große (pythagoräische) None	4:9	$3^2/2^2$	1403,9
Große (diatonische) Dezime	2:5	$5^1/2^1$	1586,3
Doppeloktave	1:4	$2^2/1$	2400

Tab. A.2 Tabelle einiger Kommata der reinen Diatonik

Intervalle	Proportion	Frequenzmaß (Bruch)	Centmaß (ct)
Diaschisma	2025:2048	$2^{11}/3^4 5^2$	19,5
Syntonisches Komma	80:81	$3^4/2^4 5^1$	21,5
Pythagoräisches Komma	524.288:531.441	$3^{12}/2^{19}$	23,5
Kleine Diësis	125:128	$2^7/5^3$	41
Große Diësis	625:648	$2^3 3^4/5^4$	62,5

A.2 Abbildungen der analytischen Medietätenfunktionen

In diesem Teil sind die Graphen der im Text vorkommenden vier analytischen Funktionen in ihren jeweiligen relevanten Definitionsbereichen aufgeführt; das sind die folgenden Funktionen:

- die Proportionenfunktion $y = f(x) = (x - a)/(b - x)$ (Abb. A.1),
- die Mittelwertefunktion $x = g(y) = a + \frac{y}{1+y}(b - a)$ (Abb. A.2),
- die Hyperbel des Archytas $y = ab/x$ beziehungsweise $xy = ab$ (Abb. A.3),
- die harmonische Hyperbel $y = ax/(2x - a)$ (Abb. A.4).

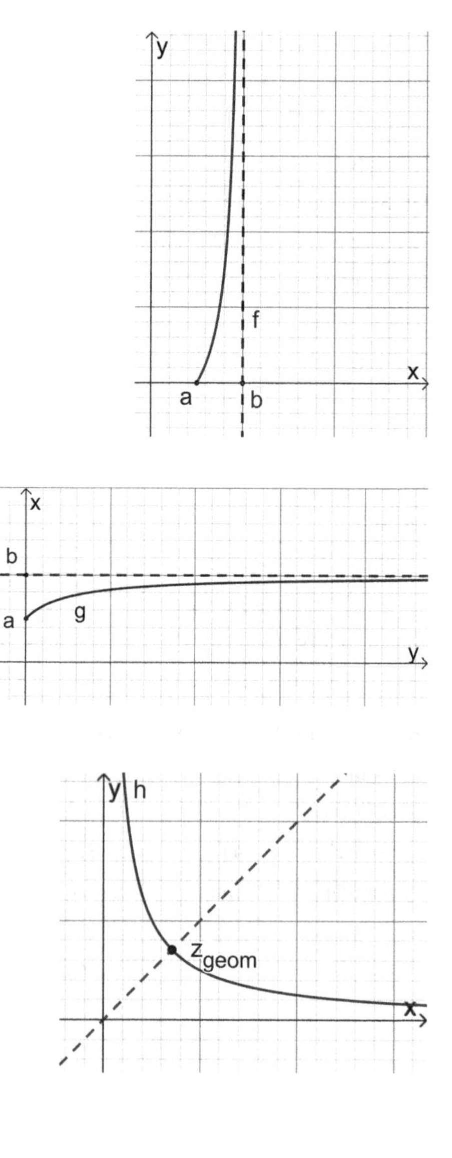

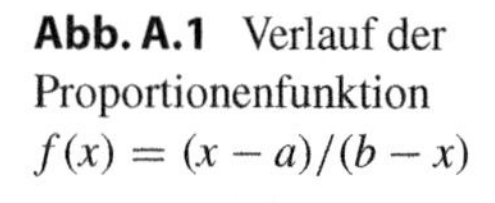

Abb. A.1 Verlauf der Proportionenfunktion $f(x) = (x - a)/(b - x)$

Abb. A.2 Verlauf der Mittelwertefunktion $g(y) = a + \frac{y}{1+y}(b - a)$

Abb. A.3 Verlauf der Hyperbel des Archytas $y = ab/x$

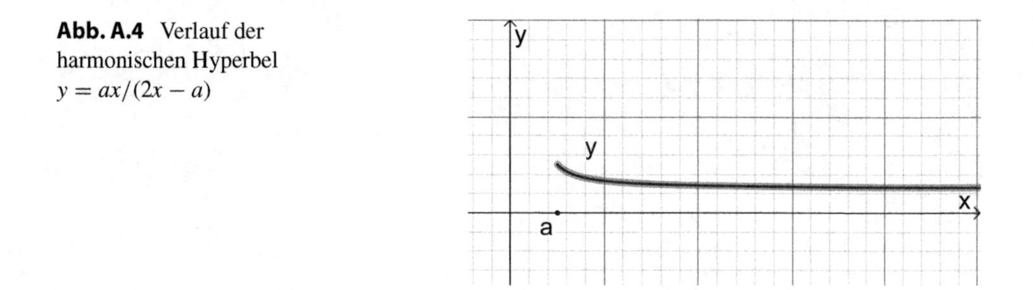

Abb. A.4 Verlauf der harmonischen Hyperbel $y = ax/(2x - a)$

Literatur

1. Ambros, A.W.: Geschichte der Musik. Leuckart, Leipzig (1911)
2. Assayag, G. (Hrsg.): Mathematics and Music. Springer, Berlin (2002)
3. Aumann, G.: Euklids Erbe. Wiss. Buchgesellschaft, Darmstadt (2009)
4. Bühler, W.: Musikalische Skalen bei Naturwissenschaftlern der frühen Neuzeit. Lang, Frankfurt (2013)
5. Flotzinger, R.: Harmonie. Böhlau, Wien (2016)
6. von Freiherr Thimus, A.: Die harmonikale Symbolik des Altertums I. Georg Olms, Nachdruck, Hildesheim (1988). (Erstveröffentlichung 1868)
7. von Freiherr Thimus, A.: Die harmonikale Symbolik des Altertums II. Georg Olms, Nachdruck, Hildesheim (1988). (Erstveröffentlichung 1868)
8. Gericke, H.: Mathematik in Antike und Orient. Fourier, Wiebaden (1992)
9. Gow, J.: A Short History of Greek Mathematics. Chelsea, NY (1968)
10. Kayser, H.: Der hörende Mensch. Lambert Schneider, Berlin (1930)
11. Klöckner, S.: Handbuch Gregorianik. ConBrio, Regensburg (2009)
12. Mazzola, G.: Geometrie der Töne. Birkhäuser, Basel (1990)
13. Reimer, M.: Der Klang als Formel. Oldenbourg, München (2010)
14. Rossing, T.D., Fletcher, N.H.: Principles of Vibration and Sound, 2. Aufl. Springer, New York (2004)
15. Schröder, E.: Mathematik im Reich der Töne. BSB Teubner, Leipzig (1990)
16. Schüffler, K.: Pythagoras, der Quintenwolf und das Komma. Springer Fachmedien, Wiesbaden (2017)
17. van der Waerden, B.L.: Geometry and Algebra in Ancient Civilizations. Springer, Berlin (1983)

Ergänzende Literatur zum Thema Mathematik

18. Heuser, H.: Lehrbuch der Analysis. ViewegTeubner, Stuttgart (1991)
19. Hewitt, E., Stromberg, K.: Real and Abstract Analysis. Springer, Heidelberg (1965)
20. Walter, W.: Analysis (Grundwissen). Springer, Heidelberg (1985)

K. Schüffler, *Proportionen und ihre Musik,* https://doi.org/10.1007/978-3-662-59805-4

Ergänzende Literatur zum Thema Orgel

21. Ars organi, internationale Zeitschrift für das Orgelwesen, GdO (Hg.)
22. Reichling, A. (Hrsg.): Orgel. Bärenreiter, Kassel (2001)

Stichwortverzeichnis

K. Schüffler, *Proportionen und ihre Musik,* https://doi.org/10.1007/978-3-662-59805-4

Z

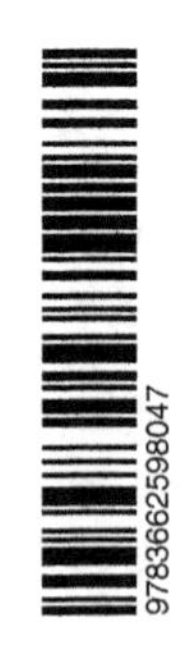